환각

HALLUCINATIONS
Copyright ⓒ 2012, Oliver Sacks
All rights reserved

Korean translation Copyright ⓒ 2013 Alma Inc.
This Korean translation published by arrangement with Oliver Sacks c/o
The Wylie Agency (UK) LTD through Milkwood Agency.

이 책의 한국어판 저작권은 밀크우드에이전시를 통해 The Wylie Agency(UK)와
독점 계약한 ㈜알마에 있습니다. 저작권법에 의해 한국 내에서 보호받는
저작물이므로 무단 전재와 무단 복제를 할 수 없습니다.

존재하지 않는 것을
본 적이 있는가?

환각

올리버 색스 Oliver Sacks 지음
김한영 옮김

머리말

16세기 초에 '환각'이란 말이 처음 등장했을 때, 이 단어는 단지 '종잡을 수 없는 마음'을 의미했다. 1830년대에 프랑스 정신과 의사 장–에티엔느 에스퀴롤이 그 용어에 현재와 같은 의미를 부여했고, 그 전까지 우리가 현재 환각이라 부르는 현상은 단지 '헛것apparition'으로 취급되었다. 환각이라는 단어의 엄밀한 정의는 지금도 상당히 다양한데, 주된 이유는 환각, 오지각, 착각의 경계를 구분하기가 쉽지 않은 데 있다. 그러나 일반적으로 환각은 외적 실체가 없는 상황에서 발생하는 지각 표상으로 정의한다. 다시 말해, 실제로 존재하지 않는 것을 보거나 듣는 경우에 환각이라고 한다.

지각은 어느 정도 남들과 공유할 수 있다. 나무가 있다면, 당신과 나는 나무가 있다고 동의할 수 있다. 하지만 내가 "저기 나무가 보인다"라고 말하는데 당신의 눈에는 나무 같은 것이 전혀 보이지 않는다면, 당신은 내가 본 '나무'를 환각으로, 즉 나의 뇌나 마음이 꾸며낸 결과물이라서 당신이나 다른 사람은 지각할 수 없는 어떤 것으로 여길 것이다.[1] 하지만 환각 경험자들에게 환각은 매우 진짜처럼 여겨진다. 그들은 환각이 외부 세계에 어떻게 투영되는지부터 시작해서, 지각의 모든 측면을 자세히 모사하곤 한다.

환각은 당사자를 깜짝 놀라게 하는 경향이 있다. 이는 방 한가운데를 기어가는 거대한 거미나 키가 6인치밖에 안 되는 소인들 같은 환각의 내용물 때문이기도 하지만, 근본적으로는 '상호 확인consensual validation'이 전혀 불가능하기 때문이다. 다시 말해, 내가 보고 있는 것을 다른 누구도 보지 못하고, 그래서 '내 머릿속에' 있어야 할 이미지가 밖으로 나왔음을 깨닫고 충격에 빠진다.

보통 직사각형, 친구의 얼굴, 에펠탑 같은 이미지를 떠올릴 때, 그 이미지는 머릿속에 머물러 있다. 이미지들은 환각처럼 외부 공간에 투영되지 않으며, 지각 표상이나 환각과는 달리 세부적이지도 않다. 우리는 자발적인 이미지를 능동적으로 만들어내고, 원하는 대로 수정할 수도 있다. 반면에 환각 앞에서 우리는 수동적이고 무기력하다. 환각은 우연히, 자동적으로 찾아오고, 내가 원할 때가 아니라 환각이 원할 때 나타나고 사라진다.

유사 환각이라고 불리는 다른 형태의 환각이 있다. 이때 환각은 외부 공간으로 튀어나오지 않고 당사자의 눈꺼풀 안쪽에 나타난다. 그런 환각은 일반적으로 눈을 감은 채 거의 잠이 든 상태에서 발생한다. 그러나 이

---

1. 나는 1890년 윌리엄 제임스가 《심리학 원리Principles of Psychology》에서 제시한 정의를 선호한다. "환각은 순전히 지각적인 의식 형태, 즉 현실의 물체가 실제로 존재하고 있는 것처럼 충실하고 진실하게 지각되는 현상이다. 그 사물은 실제로 존재하지 않고, 지각만 존재한다." 다른 많은 연구자들도 저마다 정의를 내렸으며, 얀 디르크 블롬은 백과사전 형식으로 저술한 《환각 사전Dictionary of Hallucinations》에 20여 개의 정의를 수록했다.

점을 제외하면 내적 환각은 일반적인 환각과 똑같은 특징을 모두 갖고 있다. 즉, 정상적인 시각적 이미지와 달리 비자발적이고, 통제할 수 없으며, 초자연적인 색과 세부적 특성을 지니거나 기이한 형태와 변형을 띤다.

환각은 오지각 및 착각과 부분적으로 겹칠 수 있다. 사람의 얼굴을 볼 때 반쪽만 보인다면 이는 오지각이다. 상황이 복잡해지면 양자의 차이는 더 애매해진다. 어떤 사람이 내 앞에 서 있는데 한 명이 아니라 똑같은 사람 다섯 명이 한 줄로 늘어서 있다면, 이러한 복시(複視, polyopia, 한 물체가 여러 개로 보이는 증상―옮긴이)는 오지각일까, 환각일까? 어떤 사람이 방 안에서 좌에서 우로 이동하는데 그가 정확히 똑같은 모습으로 반복해서 방 안을 이동한다면, 이런 종류의 반복(반복시反復視, palinopsia)은 지각적 착오일까, 환각일까, 아니면 둘 다일까? 예를 들어 인간의 형체처럼 출발점이 될 만한 어떤 것이 있었다면 그런 것들은 대개 오지각이나 착각이라 불리지만, 환각은 난데없이 무에서 출현한다. 그러나 나의 환자들 중 많은 사람이 순전한 환각, 착각, 복합적 오지각을 모두 경험하는데, 가끔은 명확히 선을 그어 구분하기가 어렵다.

환각이라는 현상은 아마 인간의 뇌만큼 오래되었을 테지만, 환각에 대한 우리의 이해는 지난 수십 년에 걸쳐 급격히 증가했다.[2] 새로운 지식은 특히 환각을 겪고 있는 사람의 뇌를 촬영하고 뇌의 전기 활동과 대사 활동을 모니터링하는 기술로 인한 것이다. 그런 기술이 전

---

2. 다른 동물들도 환각을 경험하는지는 분명치 않지만, 로널드 K. 시겔과 머리 E. 자비크가 이 주제에 관해 발표한 과학 평론에 따르면 실험실의 동물뿐 아니라 자연 상태에 있는 동물들에게서도 '환각적 행동'이 관찰되었다고 한다.

극 이식(외과 수술이 필요한 난치성 간질 환자에게 시행한다) 연구와 결합하여 오늘날에는 각기 다른 종류의 환각이 뇌의 어느 부위에서 비롯되는지 확인할 수 있게 되었다. 예를 들어 우뇌 하측두피질의 한 영역은 정상일 때 얼굴 인식에 관여하지만, 비정상적으로 활성화하면 얼굴 환각을 일으킬 수 있다. 뇌의 반대쪽에 있는 똑같은 부위, 즉 방추상회의 '시각적 단어 형성 영역'은 독서에 관여하지만, 이곳에 비정상적인 자극이 가해지면 글자나 유사 단어 환각을 일으킬 수 있다.

환각은 사고나 질병에 의한 결손 및 기능 상실 같은 부정적인 증상들과 대조적으로, 예로부터 신경학의 기초가 된 '긍정적인' 현상이다. 환각의 현상학은 종종 그와 관련된 뇌 구조 및 메커니즘을 드러내며, 그래서 뇌 기능을 더 직접적으로 들여다볼 수 있는 창이 된다.

인간의 정신적 활동과 문화에서 환각은 항상 중요한 위치를 차지했다. 실제로 환각적 경험이 예술, 민속, 더 나아가 종교의 발생에 어느 정도까지 기여했는지 진지하게 물어야 한다. 편두통과 그 밖의 질환에서 나타나는 기하학적 무늬들이 호주 원주민의 모티프를 만들어낸 재료가 아니었을까? 소인 환각(드물지 않다)이 동화 속의 엘프, 꼬마 도깨비, 레프러콘, 요정 등을 만들어낸 것은 아닐까? 악몽을 꿀 때 악한 존재에게 쫓기거나 목이 졸리는 식의 무서운 환각이 악마와 마녀 또는 나쁜 외계인을 만들어내는 데 중요한 역할을 한 것은 아닐까? 도스토옙스키가 경험한 것과 같은 '무아경' 발작은 신이 존재한다는 느낌에 일조한 것이 아닐까? 유체이탈 체험 때문에 인간의 영혼과 육체가 분리될 수 있다는 느낌이 생겨난 것은 아닐까? 환각의 비실재성이 유령과 혼령에 대한 믿음을 조장하는 것은 아닐까? 왜 우리가 알고 있는 모든 문화는 환각성 약물을 찾고, 무엇보다 신성한 목적에 그것을 이용할까?

이는 새로운 생각이 아니다. 1845년에 환각을 체계적으로 다룬 최초의 의학서를 펴낸 알렉상드르 브리에르 드 부아스몽은 "환각과 심리학, 역사, 죽음, 종교의 관계"라는 장에서 위와 같은 생각들을 탐구했다. 웨스턴 라 바르와 리처드 에반스 슐테스를 비롯한 인류학자들도 전 세계의 여러 사회에서 환각이 어떤 역할을 하는지 기록하고 증명했다.[3] 처음에는 단지 신경 작용의 일탈로 여겼지만, 시간이 흐를수록 학자들은 환각이 문화적으로 대단히 중요하다는 사실을 더 넓고 깊게 이해하게 되었다.

이 책에서 나는 꿈이라는 광범위하고 매력적인 영역(꿈도 일종의 환각이라고 할 수 있다)을 거의 다루지 않을 것이며, 어떤 환각의 꿈과 같은 성질이나 어떤 발작에서 발생하는 '몽환' 상태를 간단히 다룰 때에만 꿈을 언급할 것이다. 어떤 사람들은 꿈의 상태와 환각이 하나의 연속체를 이룬다고 주장하지만(특히 입면 환각[잠에 빠져들며 마비된 채로 꿈을 꾸는 현상—옮긴이]과 출면 환각[수면에서 깨어날 때 현실과 가상을 구분하는 뇌 기능이 마비되어 벌어지는 현상—옮긴이]이 그런 경우에 해당한다), 일반적으로 환각은 꿈과 매우 다르다.

환각은 종종 상상이나 꿈 또는 공상처럼 창조적일 수도 있고, 지각처럼 생생하고 세부적이며 객관적일 수도 있다. 그러나 환각은 양자[꿈과

---

3. 라 바르는 1975년에 펴낸 책의 한 장에서 환각을 바라보는 다양한 인류학적 관점을 폭넓게 검토했다.

지각]와 신경생리학적 메커니즘을 어느 정도 공유할 수는 있지만, 양쪽 어디에도 속하지 않는다. 환각은 의식과 정신 활동에서 고유하고 특별한 범주를 이룬다.

정신분열을 앓는 사람들이 자주 경험하는 환각 역시 따로 생각해야 하고, 그 자체를 독립적으로 설명하는 책이 필요하다. 그들의 환각은 근본적으로 변형된 내면 활동 및 생활 여건과 분리할 수 없기 때문이다. 따라서 나는 정신분열성 환각에 대해서는 거의 언급하지 않을 것이며, 대신 '기질성' 정신병, 즉 때때로 섬망, 간질, 약물 사용 그리고 몇몇 질병과 관련되는 일과성 정신병으로 인해 나타날 수 있는 환각에 집중하려 한다.

많은 문화에서 환각을 꿈처럼 특별하고 특권이 부여된 의식 상태로 여기고, 종교적 의식, 명상, 약물 또는 고독을 통해 적극적으로 추구한다. 반면에 대다수의 환각은 결코 음울한 의미를 내포하지 않지만, 현대의 서양 문화에서는 환각을 광기의 전조라거나 뇌에서 벌어지는 비참한 사건의 전조라고 여기는 경우가 많다. 이는 사회적 낙인이 될 수 있으므로, 환자들은 친구는 물론이고 의사에게까지도 자신이 미쳐가고 있다는 오해를 불러일으키지 않으려고 환각을 경험한다는 사실을 마음 편히 털어놓지 못한다. 매우 다행스럽게도, 나는 진료실에서, 그리고 독자들의 편지(나는 이 편지들이 어떤 면에서 진료의 연장이라고 생각한다)를 통해 자신의 경험을 기꺼이 공유하려는 여러 사람과 만난다. 그중 많은 이들이 자신의 이야기를 털어놓음으로써 환각이라는 주제를 둘러싼, 잔인하기까지 한 오해를 푸는 데 도움이 되기를 바란다고 말한다.

그러므로 나는 이 책을 환각의 자연사 또는 환각의 선집이라 생각하고, 당사자들이 겪은 환각의 경험과 영향을 묘사하려 한다. 환각의 힘은 1인칭 시점으로 설명할 때에만 온전히 이해할 수 있기 때문이다.

이 책의 몇몇 장은 의학적 범주(실명, 감각 박탈, 기면증 등)에 따라, 그 밖의 장은 감각 양식(소리 듣기, 냄새 맡기 등)에 따라 구성되어 있다. 그러나 이 범주들은 많은 부분에서 중복되고 연결되어 있으며, 비슷한 환각이 여러 질병에서 나타나기도 한다. 이 책이 인간 조건에 꼭 필요한 현상인 환각 경험이 얼마나 폭넓고 다양한지 이해할 수 있는 표본 자료가 되기를 희망한다.

차례

머리말 5

1장 침묵의 군중: 샤를보네증후군 15

2장 죄수의 시네마: 감각 박탈 51

3장 몇 나노그램의 와인: 후각 환각 65

4장 헛것이 들리는 사람들 77

5장 파킨슨증이 불러일으키는 지각오인 103

6장 변성 상태 123

7장 무늬: 시각적 편두통 159

8장 '신성한' 질환 173

9장 반쪽 시야를 차지한 환각 207

10장 헛소리를 하는 사람들 225

11장 수면의 문턱에서 247

12장 기면증과 몽마夢魔 269

13장 귀신에 붙들린 마음 283

14장 도플갱어: 나를 보는 환각 311

15장 환상, 환영, 감각 유령 331

감사의 말 355
참고문헌 357
찾아보기 371

1장

침묵의 군중: 샤를보네증후군

2006년 11월 늦은 오후, 내가 일하는 요양원에서 긴급한 전화가 걸려 왔다. 거주자 중에 로잘리 M.이라는 90대 할머니가 갑자기 헛것을 보기 시작했는데, 기기묘묘한 환각들이 실제와 너무 똑같았다. 간호사들은 먼저 정신과 의사에게 전화를 걸어 로잘리를 진찰하게 했지만, 그들도 로잘리의 문제는 [정신이상이 아닌] 신경학적 질환, 즉 알츠하이머나 뇌졸중일 가능성이 높다고 판단했다.

요양원에 도착해서 로잘리와 인사를 나누었을 때, 로잘리가 앞을 전혀 보지 못한다는 사실을 알고 놀랐다. 간호사들은 그 사실에 대해 아무 말도 하지 않았다. 로잘리는 몇 년 동안 앞을 전혀 보지 못했지만, 갑자기 눈앞에 무엇인가가 '보이고' 있었다.

"어떤 것들이 보입니까?"

"동양 옷을 입은 사람들이요!" 할머니는 큰 소리로 대답했다. "축 늘어진 옷을 입고서 계단을 오르락내리락하며 걸어 다녀요. … 한 남자가 내 쪽으로 돌아서서 미소를 지어요. 하지만 입속의 한쪽에 있는 치아들이 굉장히 커요. 동물들도 있어요. 그리고 하얀 건물이 함께 보여요. 눈이 내리고 있어요. 부드러운 눈이 소용돌이치면서 내려요. 말이 있는데(예쁜 말이 아니라 일하는 말), 마구가 채워져서 눈을 치우고 있어요. … 하지만 장면이 계속 바뀌어요. … 아이들이 여러 명 보여요. 아이들이 걸어서 계단을 오르락내리락해요. 밝은 색 옷을 입고 있어요. 옅은 붉은색과 파란색이고, 동양 옷 같아요." 로잘리는 며칠 전부터 계속 그런 장면들을 보고 있었다.

나는 (다른 환자들의 경우와 동일하게) 환각을 경험하는 로잘리를 관찰했다. 그녀는 눈을 뜨고 있었고, 아무것도 볼 수 없는데도 마치 실제 장면을 보고 있는 것처럼 두 눈을 이리저리 움직였다. 처음에 간호사들이 주목한 이유도 그 때문이었다. 어떤 장면을 상상할 때에는 무엇인가를 보거나 살피는 듯한 행동을 하지 않는다. 마음속으로 상을 떠올리거나 그 상에 집중할 때, 사람들은 대부분 눈을 감거나 또는 특별히 어떤 것에 초점을 맞추지 않고 멍하니 허공을 바라본다. 콜린 맥긴이 《심안Mindsight》이라는 저서에서 분명히 밝힌 것처럼, 사람들은 자신의 심상에 놀랍거나 신기한 것이 나타나리라고 기대하지 않지만, 이와 대조적으로 환각은 놀라운 것들로 가득하다. 환각은 심상보다 훨씬 세밀하고, 그래서 자세히 들여다보고 눈여겨보게 만들곤 한다.

로잘리의 말에 따르면, 그녀의 환각은 꿈보다는 마치 "영화 같았고", 영화처럼 때로는 그녀를 매혹시키기도 하고 지루하게도 만들었다("모두 똑같이 위아래로 걸어 다니고, 모두 똑같이 동양 옷을 입고 있다"). 그들은 나타났다 사라질 뿐, 그녀에겐 아무런 행동도 하지 않았다. 그 상들은 침묵을 지켰고, 그녀가 본 사람들은 그녀에게 주목하지 않았다. 어떤 상은 2차원적이었지만, 괴기스러운 침묵을 제외하고는 형상들은 아주 입체적이고 실제처럼 보였다. 로잘리는 이런 일을 난생처음 경험했기 때문에 의아해하지 않을 수 없었다. '내가 미쳐가고 있는 걸까?'

나는 로잘리에게 자세히 질문했지만, 혼란이나 망상을 가리키는 단서는 발견하지 못했다. 그녀의 눈을 검안경으로 들여다보니 망막은 완전히 망가졌지만 다른 곳은 멀쩡했다. 신경학적으로는 완전히 정상이었고, 정신력이 강한 이 할머니는 몇 년 동안 아주 활기차게 생활하고 있었다. 나는 로잘리에게 뇌와 정신에는 아무 문제가 없다고 안심시켰고, 실제로 누가 봐도 정신적으로 아주 건강해 보였다. 이상하게 들릴지 모르지만 환각은 눈이 먼 사람이나 시각이 손상된 사람들에게 종종 발생하며, 환영은 '정신병'이 아니라 실명에 대한 뇌의 반응이라고 설명해주었다. 로잘리의 병은 샤를보네증후군이었다.

로잘리는 내 설명을 잘 이해했지만, 한편으로는 왜 시력을 잃은 지 몇 년이 지난 지금에 와서야 환각이 나타나기 시작했는지 의아해했다. 하지만 자신의 환각이 이미 확인된 병이고 게다가 이름까지 붙어 있다는 말에 매우 기뻐하고 안심하는 눈치였다. 로잘리는 기운을 차리더니 이렇게 말했다. "간호사들한테 말 좀 해줘요. 내 병이 샤를보네증후군이라고요." 그러고는 이렇게 물었다. "그런데 샤를 보네가 누구예요?"

샤를 보네는 18세기의 스위스 박물학자로, 곤충학에서부터 폴립(원통형 몸의 체내가 넓은 강장으로 이루어진 강장동물의 기본적인 체형—옮긴이)을 비롯한 극미동물의 번식과 재생에 이르기까지 자연에 대해 광범위하게 연구했다. 안질환에 걸려서 자신이 좋아하는 현미경 검사를 더이상 못하게 되자 그는 식물학으로 방향을 돌려 광합성에 대한 실험을 개척했고, 다시 심리학으로 넘어갔다가 마지막으로 철학에 안착했다. 할아버지인 샤를 룰린이 '환영'을 보기 시작하자, 보네는 할아버지에게 자세하게 설명을 듣고 한 마디도 빠짐없이 받아 적었다.

존 로크는 1690년에 《인간오성론Essay Concerning Human Understanding》에서 마음은 백지tabula rasa와 같아서 감각을 통해 정보가 들어온 후에야 내용물이 생겨날 수 있다는 개념을 제시했다. '감각론'으로 불리는 이 이론은 18세기 철학자와 합리주의자들 사이에서 인기가 매우 높았다. 보네도 그중 하나였다. 또한 보네는 뇌를 "복잡하게 구성된 기관 또는 각기 다른 기관들의 집합"으로 보았다. 각기 다른 '기관'은 저마다 전담한 기능을 수행했다(뇌를 모듈의 집합으로 바라보는 견해는 당시로서는 급진적이었다. 뇌는 구조와 기능이 무차별적이고 균일하다는 견해가 아직 지배적이었기 때문이다). 따라서 보네는 할아버지에게 환각이 보이는 까닭은 뇌가 여전히 활동하기 때문인데, 그 활동은 뇌의 시각 영역으로 보이는 부위에서 일어나고 있으며, 감각이 아니라 기억에 의존하여 그런 활동이 일어난다고 추론했다.

보네도 나중에 시력이 감퇴했을 때 비슷한 환각을 경험했다. 어쨌든 보네는 1760년에 발표한 《정신 기능에 대한 분석Essay analytique sur les facultés de l'âme》에서 할아버지가 겪은 경험을 간략히 서술했는데, 이 책은 다양한 감각과 정신 상태의 생리학적 기초에 집중한 책이었다. 그러나 노트의 18쪽 분량을 가득 채우고 있던 할아버지에 대한 기록은 그 후 150년 동안 사라졌다가 20세기 초에야 세상에 나타났다. 다우베 드라이스마는 최근에 《정신장애Disturbances of the Mind》를 쓸 때 룰린의 이야기를 번역해서 샤를보네증후군에 관한 상세한 역사에 이를 포함시켰다.[1]

로잘리와 달리 룰린은 시력이 약간 남아 있었기 때문에 그의 환각은 실제 세계의 모습 위에 겹쳐져서 나타났다. 드라이스마는 룰린의 이야기를 다음과 같이 요약했다.

1758년 2월, 이상한 물체들이 시야로 들어와 떠다니기 시작했다. 처음에는 네 귀퉁이에 작은 노란색 원이 새겨진 파란 손수건 같은 것이 나타났다. … 이 손수건은 눈이 움직이는 대로 이동했다. 그가 벽을 보든, 침대를 보든, 태피스트리를 보든, 손수건은 방 안에 있는 정상적인 물체를 모두 가로막았다. 룰린은 의식이 완전히 또렷했기 때문에, 정말로 파란 손수건이 떠다닌다고는 한 순간도 생각하지 않았다. …

8월 어느 날, 두 손녀가 그를 보러 왔다. 룰린은 벽난로를 맞은편에 두고 안락의자에 앉아 있었고, 손녀들은 그의 오른쪽에 서 있었다. 그때 그의 왼쪽에 두 명의 젊은 남자가 나타났다. 두 젊은이는 빨간색과 회색의 근사한 외투를 입고, 테두리를 은으로 장식한 모자를 쓰고 있었다. "아주 잘생긴 신사들을 데려왔구나! 왜 같이 온다고 말하지 않았니?" 하지만 젊은 손녀들은 아무도 보이지 않는다고 맹세했다. 손수건과 마찬가지로, 두 남자의 상도 몇 분만에 눈 녹듯 사라졌다. 다음 몇 주 동안에는 더 많은 가상의 방문자들이 나타났는데, 모두 아름답게 두건을 쓴 여자들로 그중 몇 명은 머리 위에 작은 상자를 이고 있었다.

---

1. 드라이스마의 책은 보네의 일생을 생생히 묘사할 뿐 아니라, 오늘날 신경학 분야에서 기억할 만한 업적을 세우고 여러 증후군에 자신의 이름을 남긴 주요 인물 10여 명의 삶을 멋지게 재구성했다. 대표적인 주인공으로 조르주 질 드 라 투렛, 알로이스 알츠하이머, 조지프 카그라스 등이 있다.

얼마 후 룰린은 창가에 서 있다가 사륜마차가 다가오는 것을 보았다. 마차는 이웃집 앞에 멈춰 서더니, 놀랍게도 점점 커져서 지상에서 약 30피트나 되는 처마의 높이와 비슷해졌고, 그러면서도 모든 것이 완벽한 비율을 유지했다. … 룰린은 눈앞에 보이는 다양한 상에 아연실색했다. 한번은 벌떼 같은 점들이 갑자기 하늘을 나는 비둘기 떼로 변했고, 또 한번은 춤을 추는 나비 떼로 변했다. 한번은 도르래 바퀴가 허공에 뜬 채 빙글빙글 돌아가는 것이 보였는데, 부둣가의 크레인에 달려 있는 것과 같은 종류였다. 어느 날, 그는 시내를 산책하다가 어마어마하게 큰 비계를 보고 감탄했다. 집에 돌아와보니 그것과 똑같은 비계가 거실에 서 있었는데, 이번에는 높이가 1피트도 안 되는 미니어처였다.

룰린이 확인했듯이 샤를보네증후군의 환각은 제멋대로 나타났다가 사라진다. 룰린의 환각은 몇 달 동안 계속되었고, 그러다가 영원히 사라졌다.

로잘리의 경우, 환각은 며칠이 지나자 나타날 때처럼 신비하게도 자취를 감췄다. 하지만 1년쯤 지났을 때 나는 간호사로부터 다시 전화를 받았고, 로잘리의 "상태가 끔찍하다"는 말을 들었다. 내가 방문했을 때, 그녀의 첫 마디는 이러했다. "갑자기, 느닷없이 샤를 보네가 돌아와 복수를 하네요." 그리고 며칠 전에 일어났던 일을 묘사했다. "사람들이 걸어 다니기 시작했어요. 방 안이 가득 찰 정도로 많았어요. 벽들이 커다란 문으로 변하더니 수백 명이 쏟아져 들어왔어요. 여자들은 예쁘게 차려입었는데, 아름다운 초록색 모자를 쓰고 테두리가 금으로 장식된 모피를 둘렀어요. 하지만 남자들은 하나같이 무서웠어요. 크고, 험악하고, 보기 흉하고, 머리가 텁수룩하고, 말을 하는 것처럼 입술을 우물거렸어요."

그 순간 환영은 로잘리에게 완전히 진짜인 것 같았다. 로잘리는 자신에게 샤를보네증후군이 있다는 것을 거의 잊고 있었다. "나는 너무 겁이 나서 마구 비명을 질러댔어요. '이 사람들을 방에서 내보내. 문을 열어! 이 사람들을 당장 내보내!'" 로잘리는 한 간호사가 이렇게 말하는 것을 들었다. "이 할머니는 지금 제정신이 아니야."

그로부터 사흘이 지난 지금, 로잘리는 내게 말했다. "왜 그게 다시 찾아왔는지 알 것 같아요." 로잘리는 환각이 나타나기 전에 아주 힘들고 스트레스가 많은 한 주를 보냈다고 했다. 더운 날씨에 위장 전문가에게 진찰받기 위해 롱아일랜드까지 먼 길을 다녀온 데다, 도중에 심하게 뒤로 넘어지기까지 했다. 그 결과, 충격과 탈수증에 시달리고 대단히 쇠약해진 상태로 예정보다 몇 시간 늦게 도착했다. 그 후 침대에 눕혀져 깊이 잠들었다. 이튿날 아침에 깨어나보니 사방의 벽들을 뚫고 사람들이 쏟아져 들어오는 끔찍한 환영이 나타났고, 이 환각은 무려 36시간이나 지속되었다. 그렇게 하루 반이 지난 뒤에야 다소 진정했고, 무슨 일이 벌어지고 있는지 깨달았다. 그제야 그녀는 젊은 자원봉사자에게 인터넷에서 샤를보네증후군에 관한 정보를 찾아 인쇄해서 요양원 직원들이 그녀의 상태를 올바로 알 수 있도록 모두에게 돌려달라고 부탁했다.

그 후로 며칠 동안 환영은 매우 희미해졌고, 다른 사람과 이야기하거나 음악을 듣는 동안에는 완전히 사라졌다. 그녀는 환각들이 "소심"해졌고, 이제는 저녁에 조용히 앉아 있을 때에만 나타난다고 말했다. 나는 프루스트의 《잃어버린 시간을 찾아서》에 나오는 구절이 떠올랐다. 프루스트는 콩브레Combray의 교회 종소리가 낮에는 잠잠한 듯하다가 한낮의 왁자지껄한 소리와 울림이 잦아든 후에야 들린다고 말했다.

1990년 이전에 샤를보네증후군은 드물다고 여겨졌고, 의학 문헌에도 극소수의 사례만 보고되어 있었다.[2] 나는 이상하다고 생각했다. 30여 년 동안 양로원과 요양원에서 일하면서 전맹이나 부분맹인 환자들이 샤를보네증후군 유형의 복합 환시를 보는 경우를 많이 접했기 때문이다(이와 마찬가지로, 나는 전농이나 부분농 환자들이 청각 환각을 겪는 경우를 많이 봤다. 그들의 환각은 대부분 음악적이었다). 나는 샤를보네증후군이 실제로는 의학 문헌에 나와 있는 것보다 훨씬 흔하지 않을까 하고 생각했다. 샤를보네증후군이 지금도 거의 알려져 있지 않고 심지어 의사들도 잘 모르기 때문에, 다수나 대부분의 환자의 병증을 간과하거나 오진하고 넘어가는 것이 분명했다. 그리고 최근의 연구들은 내 생각이 사실임을 입증한다. 로버트 튜니스와 그의 연구팀은 네덜란드에서 시각 질환을 앓고 있는 600명에 달하는 노인 환자를 연구한 끝에, 그들 중 15퍼센트 정도가 복합 환각을 경험하고, 무려 80퍼센트가 단순 환각을 경험한다는 사실을 밝혀냈다. 복합 환각은 사람, 동물 또는 장면으로 나타나고, 단순 환각은 형태나 색으로 나타나거나 때로는 무늬로 나타나지만 상이나 장면을 형성하진 않는다.

    샤를보네증후군의 병증은 대부분 단순한 무늬나 색과 같은 기본적인 수준에 머물 가능성이 높다. 이런 종류의 단순 환각(또는 일시적이거나 간헐적인 환각)을 겪는 환자들은 의사를 만났을 때 이를 보고할 정도로 크게 주목하지 않거나 기억해둘 필요를 느끼지 않는다. 그러나 어떤 사람들은 지속적으로 기하학적 환각을 경험한다. 황반변성이 있는 어느 할머니는 내가 그런 문제에 관심이 있다는 것을 알고는 시각 장애가 생기고부터 처음 2년 동안 무엇을 보았는지 설명했다.

2. 단지 그렇게 보였을 뿐인지도 모른다. 나는 최근에 트루먼 에이벨이 1845년에 발표한 굉장한 보고서를 우연히 접했다. 내과 의사였던 트루먼은 59세에 시력을 잃기 시작했고, 4년 후인 1842년에 시력을 완전히 잃었다. 그는 〈보스턴 내과·외과 저널Boston Medical and Surgical Journal〉의 한 논문에서 아래와 같이 묘사했다.

"이 상황에서 나는 시력이 회복되어 아름다운 풍경을 보고 있는 꿈을 꾸곤 했다. 그러더니 드디어 그 풍경은 깨어 있을 때에도 축소판으로 나타나기 시작했다. 몇 제곱피트의 작은 들판이 나타났고, 들판은 푸른 풀과 이런저런 채소로 뒤덮여 있었으며, 그중 일부에는 꽃이 피어 있었다. 이런 풍경이 2~3분간 지속되다가 사라졌다." 이런 풍경에 뒤이어 '내면의 시각'이 제공하는 대단히 다양한 '지각착오illusion'들이 나타났는데, 에이벨은 '환각'이란 단어를 쓰지 않았다.
몇 달에 걸쳐 그의 지각착오는 갈수록 복잡해졌다. 때로는 "말 없는, 그러나 뻔뻔스러운 방문객들"이 함부로 들어왔고, 서너 명이 그의 침대에 앉거나, "내 침대 곁으로 다가와 구부정히 서서 내 눈을 똑바로 쳐다보았다."(샤를보네증후군의 환각은 대개 환각 경험자와 상호작용하지 않지만, 그가 본 환각 속 인물들은 그를 알아보는 것 같았다.) 어느 날 밤에 일어난 일을 그는 이렇게 기록했다. "10시경, 나는 황소 떼에게 짓밟힐 것 같은 위협을 느꼈다. 그러나 제정신을 차리고 조용히 앉아 있었더니, 수많은 황소가 나를 건드리지 않고 그냥 지나갔다."
때때로 수천 명의 사람들이 멋진 옷을 차려입은 채 아득한 곳까지 여러 줄을 이루고 있는 것을 보았다. 한번은 "말을 탄 남자들이 폭이 적어도 반 마일이나 되도록 줄을 이루고 서쪽으로 달려갔다. … 그 줄은 몇 시간 동안 계속 지나갔다."
에이벨은 자세한 서술을 끝내며 이렇게 썼다. "지금까지 내가 진술한 내용은 환영의 역사를 모르는 사람들은 믿을 수 없을 것이다. … 나의 설명이 그런 결과에 어느 정도까지 영향을 미쳤는지는 알 수 없다. 지금까지 나는 한 번도 인간의 마음을 소우주나 우주의 축소판에 비유하는 고대의 견해를 이해하지 못했다. … [그러나] 그 모든 것이 심안心眼이라는 기관 안에 갇혀 있었고, 10분의 1 제곱인치도 안 될 법한 좁은 공간을 차지하고 있었다."

커다란 불빛 덩어리가 내 주위를 빙글빙글 돌다가 사라졌고, 그런 다음에는 색깔이 있는 깃발이 아주 또렷이 보였어요. … 영국 국기와 아주 똑같았지요. 그게 어디에서 나왔는지는 모르겠어요. … 몇 달 전부터 육각형들이 보이는데, 분홍색일 때가 많아요. 처음에는 육각형 안에 삼각형을 이루는 선들이 있었는데, 다음에는 노랑, 분홍, 자주, 파랑의 작은 공들이 있었어요. 지금은 검은 육각형만 보여서 온 세상이 타일을 깔아놓은 욕실 같아요.[3]

샤를보네증후군을 겪는 대부분의 사람들은 (종종 환각이 너무 엉뚱하기 때문에) 자신이 환각을 경험하고 있음을 깨닫지만, 어떤 환각들은 정말 그럴듯하고 상황에도 들어맞는다. 룰린의 손녀들과 함께 온 "잘생긴 신사들"이 대표적인 예인데, 그런 환각들은 적어도 처음에는 진짜로 보일 수 있다.[4]

이보다 복잡한 복합 환각은 대개 사람의 얼굴이며, 대부분 완전히 낯선 사람의 얼굴이 나타난다. 데이비드 스튜어트는 미발표 회고록에 아래와 같이 묘사했다.

다시 환각을 보았다. … 이번에는 사람들의 얼굴이었고, 그중 건장한 선장처럼 보이는 얼굴이 가장 두드러졌다. 뽀빠이는 아니었지만 그런 부류에 속했

---

3. 릴라스와 마리야 모크의 훌륭한 저서 《황반변성Macular Degeneration》에는 이런 상태의 환자들이 겪는 환각들이 특히 잘 묘사되어 있다("온 천지에 자줏빛 꽃들이 널려 있다.")
4. 정반대의 경우도 일어날 수 있다. 로버트 튜니스가 내게 들려준 이야기에 따르면, 그의 환자는 자신이 사는 19층 아파트 밖에 한 남자가 떠 있는 것을 보고 이를 또 하나의 환각으로 여겼다. 창밖의 남자는 그에게 손을 흔들어 인사했지만, 그는 답하지 않았다. 알고 보니 그 '환각'은 유리를 닦는 청소부였는데, 거주자에게 친근하게 인사해도 답례가 없자 발끈했다고 한다.

다. 그는 반짝이는 검은색 챙이 달린 파란색 모자를 쓰고 있었다. 안색은 창백하고, 뺨은 통통한 편이었으며, 눈은 반짝거렸고, 완전히 주먹코였다. 한 번도 본 적이 없는 사람이었다. 풍자만화 속의 얼굴이 아니었으며, 인사를 나누고 싶을 정도로 아주 생생해 보였다. 그는 온화하고 완전히 무관심한 표정으로 눈도 깜빡이지 않고 나를 뚫어지게 쳐다보았다.

건장한 선장은 조지 워싱턴의 전기를 녹음한 오디오북에서 언급했던 어떤 선원처럼 보였다고 스튜어트는 적었다. 또한 스튜어트는 "브뤼셀에서 딱 한 번 본 적이 있는 브뤼헐의 그림과 거의 똑같은" 환각을 보았고, 새뮤얼 피프스의 전기를 읽은 직후에는 피프스의 것으로 짐작되는 사륜마차를 보았다고 말했다.

스튜어트가 본 선장처럼 환각 속의 어떤 얼굴들은 온전하고 진짜 같은 반면, 다른 얼굴들은 심하게 왜곡되어 있거나 때로는 몇 개의 파편으로 이루어져서 코, 입의 일부분, 하나의 눈, 엄청나게 크고 덥수룩한 머리를 아무렇게나 맞춰놓은 것처럼 보인다.

때때로 샤를보네증후군 환자들은 글자, 인쇄된 선, 음표, 숫자, 수학 기호 같은 다양한 부호를 본다. 그런 환영들을 묶어 '텍스트 환각'이라 부르지만, 대부분의 경우 환자의 눈에 보이는 것은 읽거나 연주할 수 없고 더 나아가 아주 무의미하다. 도로시 S.는 내게 보낸 편지에 그녀가 본 많은 샤를보네증후군 환각 중 다음과 같은 것이 있다고 썼다.

요즘은 단어들이 보입니다. 내가 전혀 모르는 언어에서 나온 단어들이에요. 어떤 것들은 모음이 하나도 없고 어떤 것들은 모음이 너무 많아요. 예를 들어

'스키이이이크크시이그스키skeeeekkseegsky' 같은 것이죠. 단어들이 옆으로 빠르게 이동하고, 그러면서 앞으로 전진했다가 뒤로 물러나는 바람에 따라잡기가 어렵습니다. … 때로는 '도로Doro'나 '도소이Dorthoy'처럼 내 이름의 일부나 변형된 이름이 언뜻 보이기도 해요.

환각으로 나타나는 기호는 때로 경험과 명백한 관련이 있다. 한 남성은 내게 보낸 편지에, 해마다 유대교의 속죄일이 지나면 6주 정도는 벽에 온통 히브리어 글자가 나타난다고 적었다. 녹내장으로 시력을 거의 상실한 다른 남성 환자는 풍선 꼴 안에 인쇄된 선이 보이고 그 풍선은 "만화의 말풍선처럼 생겼지만", 그 안에 인쇄된 글은 해독하지 못하겠다고 편지를 썼다. 텍스트 환각은 드물지 않다. 샤를보네증후군 환자를 수백 명이나 진료한 도미니크 피체는 자신의 환자 중 약 4분의 1이 이런저런 종류의 텍스트 환각을 경험한다고 추산했다.

1995년 마리오리 J.는 자신이 경험한 자칭 "음악적 눈"에 대해 다음과 같이 썼다.

77세의 여성인 나는 녹내장으로 시야의 하반부를 대부분 잃어버렸습니다. 두 달쯤 전에 음악, 오선, 선 사이의 공간, 음표, 음자리표가 보이기 시작했어요. 내가 무엇을 보든 그곳에는 음악이 적혀 있는데, 실명한 부분에서만 그런답니다. 한동안은 무시하고 지냈지만, 어느 날 시애틀미술관에 갔을 때 작품을 설명하는 여러 줄의 글이 음악으로 보이더군요. 그때 나는 그것이 일종의 환각임을 알았습니다.

… 나는 피아노를 쳤고, 음악 환각을 경험하기 전에는 음악에 깊이 몰입해

있었습니다. … 환각은 백내장을 제거한 직후에 나타나기 시작했고, 음표를 보기 위해 대단히 집중해야만 했지요. 때로는 십자말풀이가 보이기도 하지만… 음악은 사라지지 않아요. 누군가 그러더군요. 내 뇌가 시각적 손상이 있다는 사실을 받아들이길 거부하고, 그 부분을 다른 것이 아닌 음악으로 채워 넣고 있다고 말이에요.

아서 S.도 훌륭한 아마추어 피아니스트이며, 황반변성으로 시각을 잃어가고 있다. 2007년, 그는 처음으로 기보법을 "보기" 시작했다. 그 모습은 대단히 사실적이었다. 하얀 배경에 오선과 음자리표가 굵게 인쇄되어 있어서 "실제 악보와 아주 똑같았다". 아서는 잠시 자신의 뇌에서 어느 한 부위가 자신만의 독창적인 음악을 만들어내고 있는 것은 아닐까 하고 생각했다. 그러나 더 자세히 들여다보니 그 악보는 읽을 수도, 연주할 수도 없었다. 악보는 터무니없이 복잡했고, 선은 다섯 줄이 아니라 넷이나 여섯이었으며, 한 음표기둥에 여섯이나 그 이상의 음이 붙어 있어서 코드가 너무 복잡했고, 올림표와 내림표가 수평으로 여러 개씩 붙어 있었다. 그것은 "완전히 의미 없는 음표들의 포푸리(마른 꽃잎이나 향료 등 갖은 재료를 혼합하여 만든 향기 주머니—옮긴이)"였다. 유사 악보는 몇 초 동안 나타났다가 갑자기 사라졌고, 그런 뒤에는 똑같이 무의미한 다른 악보가 나타났다. 환각은 때때로 침입자처럼 다가왔고, 그가 읽으려 하는 쪽이나 적으려고 하는 글자를 덮어버리곤 했다.

아서는 몇 년째 악보를 읽지 못하지만, 마리오리처럼 그도 평생 음악과 악보에 몰입한 경험이 환각의 형태를 결정한 것은 아닐까 생각한다.[5]

아서는 또한 환각이 계속 발전하고 있다고 추측한다. 기보법이 나타나기 1년쯤 전에는 훨씬 단순한 환각, 즉 체커판 무늬가 보였기 때문이다. 시력이 더 약해지면 기보법 다음으로 사람, 얼굴, 풍경 같은 더 복잡한 환각이 뒤를 이을까?

시력을 잃거나 그러한 위험에 처할 때 발생할 수 있는 시각 장애는 폭넓은 스펙트럼을 이룬다. 그중 '샤를보네증후군'은 원래 안질환이나 그 밖의 눈 문제와 관련하여 환각이 발생하는 경우를 가리키는 말이었다. 그러나 손상이 눈 자체가 아니라 시각계의 상위 부위에 발생해도 기본적으로 비슷한 장애들이 일어날 수 있다. 특히 시지각에 관여하는 피질 영역들, 즉 후두엽 및 신경섬유로 후두엽과 연결된 측두엽과 두정엽이 손상되었을 때 이런 장애들이 나타나곤 한다. 젤다가 그런 경우다.

---

5. 나는 아서와 마리오리처럼 기보법 환영을 보는 사람 열두 명 이상에게서 경험담을 들었다. 일부는 안질환이 있고, 일부는 파킨슨증(파킨슨병과 유사한 증세를 보이지만 그와는 다른 질환 그룹—옮긴이)이 있으며, 일부는 열병이나 섬망을 겪을 때 음악을 보고, 일부는 잠에서 깰 때 비몽사몽 중에 음악을 본다. 한 명을 제외하고 모두 하루에 여러 시간 동안 악보를 들여다보는 음악가다. 이렇게 특수한 인쇄물을 반복적으로 주시하는 것은 음악가 특유의 행동이다. 우리는 하루에 몇 시간 동안 책을 읽기는 해도, (서체 디자이너나 교정자라면 모를까) 대개 인쇄된 글자를 그렇게 집중적으로 주시하지는 않는다.
악보는 인쇄된 종이보다 시각적으로 훨씬 더 복잡하다. 기보법의 경우, 악보에는 음표 자체뿐 아니라 조표, 음자리표, 꾸밈음, 장식음, 악센트, 쉼표, 늘임표, 트릴 등의 기호에 내포된 매우 밀집된 정보가 담겨 있다. 이렇듯 복잡한 부호를 집중적으로 주시하고 연습하는 과정이 부호를 뇌에 각인시키는 것으로 보인다. 그래서 나중에 환각의 가능성이 높아지면, '신경 각인'이 쉽게 기보법 환각으로 나타나는 것으로 보인다.
그러나 도미니크 피체가 지적한 것처럼, 특별히 음악적 훈련을 받지 않았거나 음악에 관심이 없는 사람도 기보법 환각을 경험할 수 있다. 도미니크는 나에게 보낸 편지에서 이렇게 말했다. "음악에 장기간 노출되면 음악적 눈이 생길 가능성이 높아지는 것은 사실이지만, 그것이 필수 조건은 아니다."

역사학자인 젤다는 2008년에 나를 찾아왔다. 그녀는 6년 전 한 극장에서 이상한 시각적 현상이 어떻게 시작되었는지 설명했다. 무대 앞에 쳐져 있는 베이지색 커튼이 갑자기 빨간 장미로 뒤덮였는데 장미는 모두 3차원적이었고 커튼 밖으로 튀어나와 있었다. 눈을 감아도 장미는 사라지지 않았다. 이 환각은 몇 분 동안 지속된 후 사라졌다. 그녀는 이 경험이 당황스럽고 두려워서 안과 의사를 찾아가 검사를 받았지만, 양쪽 눈에서는 시각적 결함이나 병리학적 변화를 발견하지 못했다. 내과 의사와 심장병 전문의도 찾아갔지만, 그들도 그 사건과 그 이후에 벌어진 무수한 사건들을 그럴듯하게 설명하지 못했다. 마지막으로 그녀는 PET(양전자방출단층촬영법)로 뇌를 촬영했고, 그 결과 후두엽과 두정엽의 혈류량이 감소했으며 그것이 환각의 원인이거나 적어도 원인의 하나임을 알게 되었다.

젤다는 단순 환시와 복합 환시를 모두 경험한다. 단순 환각은 주로 책을 읽거나, 글을 쓰거나, 텔레비전을 볼 때 나타난다. 그녀를 진찰한 내과의 중 한 명은 그녀에게 3주 동안 겪은 환영을 일지에 기록하게 했다. 그녀는 이렇게 썼다. "이 글을 쓰는 동안에도 옅은 초록색과 분홍색의 격자들이 점점 종이를 뒤덮고 있다. … 원래 하얀 콘크리트 블록으로 덮여 있어야 할 차고의 벽들이 점점 변해 … 벽돌이나 미늘 벽으로 변하거나, 능직이나 여러 색의 꽃으로 뒤덮인다. … 복도의 벽의 상반부에 동물들의 형체가 나타난다. 동물들의 형체는 파란색 점으로 이루어져 있다."

이보다 더 복잡한 복합 환각, 즉 전투, 다리, 구름다리, 아파트 등은 그녀가 특히 차에 타고 있는 동안 자주 나타난다(6년 전 처음 환각을 경험한 후 그녀는 운전을 포기했다). 한번은 남편과 함께 눈길을 달리고 있을 때,

그녀는 길 양쪽에서 밝은 초록색 덤불을 보고 깜짝 놀랐다. 관목의 잎에는 고드름이 매달려 반짝거리고 있었다. 또 어느 날에는 상당히 충격적인 광경을 보았다.

미용실에서 나와 남편과 함께 차를 타고 가는데, 우리 차의 후드 위에서 10대 남자아이처럼 보이는 형체가 다리를 위로 들고 물구나무를 서고 있었다. 그 아이는 약 5분 동안 그렇게 있었고, 심지어 방향을 돌 때에도 후드 위에서 자세를 유지했다. 식당 주차장으로 들어가 차를 멈추자 아이는 식당 건물 앞에서 공중으로 떠올랐고, 내가 차에서 나올 때까지 허공에 떠 있었다.

어느 날 그녀는 자신의 증손녀가 천장을 향해 위로 솟구치더니 공중에서 사라지는 것을 "보았다". 또 다른 날에는 세 명의 "마녀 같은" 형체가 커다란 매부리코, 툭 튀어나온 턱, 이글거리는 눈을 하고서 미동도 하지 않고 무시무시하게 그녀를 노려보았다. 이 마녀들도 몇 초 후 사라졌다. 젤다는 일지를 쓰기 전에는 자신이 그렇게 많은 환각을 경험하고 있는지 몰랐다고 말했다. 일지를 쓰지 않았다면 대부분 잊히고 말았을 것이다.

젤다는 딱히 환각이라고 할 수 없는 이상한 시각적 경험도 많이 겪는다고 했다. 눈에 보이는 상이 완전한 허상이나 헛것이 아니라, 실제로 시지각에 잡힌 상들이 지속되거나 반복되거나 왜곡되거나 정교하게 보인다는 의미에서다(샤를 룰린도 그런 지각 장애를 많이 겪었다. 샤를보네증후군 환자들에게 드물지 않은 현상이다). 어떤 상은 비교적 단순하다. 한번은 그녀가 나를 보고 있을 때, 내 턱수염이 점점 퍼져 나가 얼굴과 머리 전체를 덮었다가 점차 정상적인 모습으로 되돌아오는 것을 보았다. 때로는 거울을 볼 때 머리카락이 머리 위로 1피트나 솟구치는 바람에, 머리카락을 정상적인 위치로 고정시키려고 손으로 누르고 있어야 했다.

때로는 더 혼란스러운 지각적 변화를 경험하기도 했다. 아파트 로비에서 우편배달원과 마주쳤을 때다. "그녀를 보는 동안 코가 점점 커지더니 기괴한 형태로 변했다. 몇 분 후, 마주 서서 이야기하는 동안 그녀의 얼굴은 정상으로 돌아왔다."

젤다는 한 사물이 둘로 복제되거나 여러 개로 증식하는 것을 종종 경험했는데, 이 때문에 큰 어려움이 발생하기도 했다. "음식을 만들거나 먹기가 아주 어려웠다. 각각의 음식이 여러 개로 보였고, 그중 하나만 실제로 존재했다. 그런 상태가 식사를 마칠 때까지 계속되었다."[6] 복시라고 부르는 시각적 증식은 훨씬 극적인 형태를 띠기도 한다. 언젠가 식당에서 젤다는 줄무늬 셔츠를 입은 남자가 계산대에서 돈을 내는 것을 보았다. 젤다가 보고 있는 동안 그 남자는 예닐곱 명의 똑같은 형체로 복제되었고, 모두 똑같은 줄무늬 셔츠에 똑같은 동작을 취했으며, 잠시 후 다시 한 사람으로 합쳐졌다. 때로는 아주 무섭거나 위험한 복시가 나타나기도 한다. 조수석에 앉아 차를 타고 갈 때 그녀는 눈앞의 길이 네 개의 똑같은 도로로 갈라지는 것을 보았다. 그녀의 눈에는 차가 네 개의 모든 도로를 동시에 달리고 있는 것처럼 보였다.[7]

---

6. 그녀가 이 이야기를 할 때 나는 어느 환자에게 들은 이야기가 생각났다. 그가 움푹한 그릇에 담긴 체리를 다 먹었을 때 환각의 체리들이 그릇을 가득 채울 정도로 무수히 늘어났고, 그러다가 갑자기 텅 빈 그릇만 남았다는 것이었다. 샤를보네증후군을 가진 또다른 남성은 검은딸기를 따고 있었다. 보이는 딸기를 모두 땄는데 못 보고 지나친 딸기가 네 개나 더 남은 것을 발견하고 기뻐했지만, 결국 그 딸기는 환각이었다.

텔레비전 영상을 볼 때 환각적 보속증(자극이 바뀌어도 같은 반응을 되풀이하는 경향, 또는 자극으로 생긴 심리적인 활동이 자극이 없어져도 일정하게 지속되는 증상―옮긴이)이 나타나기도 한다. 어느 날, 텔레비전 프로그램에서 사람들이 비행기에서 내리는 장면이 나오고 있었다. 그때 그 인물들의 작은 복사판들이 계속 내려가더니 화면 밑으로 빠져나와서 텔레비전을 올려둔 나무 콘솔 아래까지 내려가는 환각을 보았다.

젤다는 환각이나 오지각을 매일 수십 차례씩 경험하고 있으며, 지난 6년 동안 거의 쉬지 않고 경험했다. 그러나 그녀는 살림을 하고, 친구들을 초대하고, 남편과 외출하고, 새 책을 완성하는 등 가정과 일에서 매우 충실한 삶을 영위하고 있다.

2009년 젤다의 의사들 중 한 명이 그녀에게 쿠에타핀이란 약을 복용하

---

7. 시각적 움직임, 즉 '광학 흐름 optic flow'(관찰자가 움직일 때 주위 환경에서 지각자의 눈으로 들어오는 빛[자극]의 흐름―옮긴이)은 샤를보네증후군이나 그 밖의 장애를 가진 사람들의 경우 환시가 특별히 잘 자극되는 듯하다. 나는 황반변성이 있는 노년의 정신과 의사를 만난 적이 있다. 그는 샤를보네증후군 환각을 딱 한 번 경험했다. 차를 타고 가던 중, 차도 가장자리에 베르사유를 연상시키는 정교한 18세기 정원들이 보이기 시작했다. 그는 그 경험이 즐거웠고, 도로변에서 흔히 볼 수 있는 평범한 풍경보다 훨씬 흥미롭다고 생각했다.
아이비 L.도 황반변성이 있는 환자인데, 다음과 같이 썼다.

> 승객으로서 차를 타면 종종 나는 눈을 감고 운전을 했다. 이젠 눈을 감으면 움직이는 교통 상황이 작은 장면으로 떠오른다. 나는 훤히 트인 도로와 하늘, 건물과 정원을 '본다'. 사람이나 차량은 보이지 않는다. 장면은 끊임없이 변하고, 차가 이동할 때 아주 세밀한 모습을 갖춘 정체를 알 수 없는 집들이 옆으로 미끄러지듯 지나간다. 이 환각은 달리는 차에 타고 있을 때에만 나타난다.
> (L부인은 또한 샤를보네증후군의 하나인 텍스트 환각을 경험한다고 보고했다. "잠깐씩, 커다란 흰 벽에 손으로 쓴 굉장히 큰 글자들이 보이거나 커튼 위에 소득세 숫자가 새겨져 있는 것이 보이곤 한다.")

기를 권했다. 쿠에타핀은 환각의 심각성을 줄여주는 효과가 있다. 그녀는 2년 넘게 환각에서 완전히 해방되었고, 이 효과에 나도 놀랐지만 누구보다 놀란 사람은 그녀 자신이었다.

그러나 2011년에 심장 수술을 받았고, 그런 뒤 엎친 데 덮친 격으로 낙상 사고를 당해서 슬개골(무릎의 전면에 있는 작은 접시 모양의 뼈—옮긴이)이 부서졌다. 건강 문제로 찾아온 불안과 스트레스 때문인지, 샤를보네증후군의 예측할 수 없는 성격 때문인지, 약물에 대한 내성이 증가해서인지 알 수 없으나, 그녀는 다시 환각을 조금씩 경험했다. 그러나 그 후 시작된 환각은 예전보다 참을 만하다. 그녀는 이렇게 말한다. 차를 타고 갈 때, "사물은 보이지만 사람은 보이지 않아요. 식물이 자라는 들판, 꽃, 그리고 여러 모양의 중세 건물이 나타나요. 현대적인 건물이 오래된 건물로 변하기도 하죠. 환각을 경험할 때마다 매번 다른 것이 나타나요."

새로운 환각 중 어떤 것은 "설명하기가 매우 어렵다"고 젤다는 말했다. "그것은 공연이었어요! 막이 오르고 '무용수들'이 무대 위에서 춤을 췄죠. 그런데 사람은 전혀 없었어요. 까만 히브리어 글자들이 새하얀 발레복을 입고 춤을 췄어요. 아름다운 음악에 맞춰서요. 하지만 음악이 어디에서 흘러나왔는지는 모르겠어요. 철자들은 상반부를 팔처럼 움직이면서 하반부로 아주 우아하게 춤을 췄어요. 무대의 오른쪽에서 왼쪽으로 이동하면서요."

샤를보네증후군의 환각은 대개 유쾌하고, 친근하고, 기분 좋고, 심지어 벅차다고 묘사되지만, 때로는 아주 다른 성격을 띠기도 한다. 이런 일이 로잘리에게 일어났다. 요양원의 친구인 스파이크가 죽었을 때였다. 스파이크는 별나고 잘 웃는 아일랜드인으로, 로잘리와 같은 90대였기 때문에 둘은 몇 년 동안 친한 친구로 지냈다. "그는 옛날 노래를 모두 알고 있었다"고 로잘리는 말했다. 두 사람은 함께 노래를 부르고 농담하고 잡담을 나누며 시간을 보냈다. 그가 갑자기 죽자 로잘리는 망연자실했다. 그녀는 식욕을 잃었고, 사람들과 어울리기를 꺼렸으며, 방에서 혼자 많은 시간을 보냈다. 환각이 돌아왔지만 예전처럼 화려한 옷을 입은 사람들이 아니라 대여섯 명의 남자가 침묵 속에서 움직임도 없이 침대 주변에 서 있었다. 그들은 항상 짙은 갈색 양복을 입었고 짙은 색 모자를 써서 모자 그늘이 얼굴을 가렸다. 로잘리는 그들의 눈을 "볼" 수 없었지만, 그들이 수수께끼 같고 엄숙한 눈초리로 자신을 노려보고 있다고 느꼈다. 그리고 자신의 침대가 임종의 자리이고, 불길한 인물들이 그녀의 죽음을 예고하는 전조라고 느꼈다. 그녀가 보기에 그들은 완전히 진짜 같았고, 손을 휘저으면 그대로 그들을 통과하리라는 사실을 알고 있었지만 그렇게 해볼 용기가 나지 않았다.

　로잘리는 3주 동안 계속 이 환영들을 보았고, 그 후에야 우울함에서 벗어나게 되었다. 음침하고 말이 없는 갈색 옷의 남자들은 사라졌고 환각은 주로 음악과 대화로 가득한 장소인 휴게실에서 나타났다. 환각은 분홍과 파랑의 사각형 무늬로 시작해서 처음에는 바닥을 덮었고, 벽으로 퍼져 나갔으며, 마지막으로 천장을 뒤덮었다. 그녀는 이 "타일"의 색깔 때문에 마치 육아실에 있는 것 같다고 말했다. 그리고 이와 어울리는 환각으로 요정처럼 몇 인치밖에 안 되는 키에 작은 초록색 모자를 쓴 사람들이 자신의 휠체어 양옆으로 기어오르는 것이 보였다. 또 어린아이들이 "바닥에서 종잇조각을 줍거나" 방 한쪽에 있는 가상의 계단을 올라갔다.

로잘리는 아이들이 "사랑스럽다"고 했지만, 아이들의 행동은 무의미해 보였으므로 "멍청한" 행동이라고 표현했다.

아이들과 소인들은 2주 정도 나타났고, 그런 후 환각이 대개 그렇듯 신비하게도 사라졌다. 로잘리는 스파이크를 그리워했지만 요양원에서 다른 친구들을 사귀었고, 지금은 다시 정상적인 생활로 돌아와 잡담을 나누고 오디오북과 이탈리아 오페라를 듣는다. 그녀는 혼자 있는 시간이 거의 없고, 우연인지 아닌지는 몰라도 환각은 한동안 잠잠하다.

샤를 룰린과 젤다처럼 시력의 일부나 전부가 남아 있으면, 시각 환각뿐 아니라 다양한 시지각 장애가 나타날 수 있다. 사람이나 사물이 너무 크거나 작게, 너무 가깝거나 멀게 보일 수 있고, 색이나 깊이가 너무 부족하거나 과할 수도 있으며, 상이 어긋나거나 뒤틀리거나 역전될 수 있고, 운동 지각에 착오가 생길 수도 있다.

물론 로잘리처럼 시력을 완전히 잃은 사람에게는 환각만 나타나지만, 환각도 색, 깊이, 투명도, 운동, 크기, 세부 사항이 기형적으로 나타날 수 있다. 샤를보네증후군 환각은 눈으로 볼 수 있는 어떤 것보다 색이 강렬하거나 세부적으로 정교하고 풍부하기 때문에 눈이 부실 지경이라고 묘사된다. 반복과 증식의 경향이 강하고, 사람들이 나란히 줄을 서거나 네모꼴로 진을 이루어 모두 똑같은 옷을 입고 똑같이 행동한다(초기의 몇몇 관찰자들은 이를 "다수성"이라고 지칭했다). 그리고 공들여 꾸민 듯한 경향도 강하다. 환각적 인물들은 "이국풍의 옷"이나 풍성한 겉옷을 입고 이상한 모자나 머리 장식을 한다. 종종 기이한 부조화가 나타나는데, 예를 들어 꽃이 모자 위가 아니라 얼굴 한가운데에 튀어나오기도 한다. 환각적

인물은 만화 같을 때도 있으며, 특히 얼굴에서 치아나 눈이 기괴하게 왜곡되어 나타나곤 한다. 어떤 사람들은 텍스트나 음악을 환각으로 본다. 그러나 가장 압도적으로 흔한 것은 정사각형, 체커판, 마름모꼴, 사각형, 육각형, 벽돌, 벽, 타일, 쪽매붙임, 벌집, 모자이크와 같은 기하학적 환각이다. 가장 단순하고 흔하다고 추정되는 환각은 빛이나 색이 얼룩이나 구름처럼 나타나는 안내眼內 섬광으로, 더 복잡한 어떤 것으로 분화하기도 하고 섬광으로 머물기도 한다. 어떤 개인도 지각적, 환각적 현상을 모두 경험하지 않지만, 젤다 같은 사람들은 큰 폭의 환각을 경험하는 반면 '음악적 눈'을 가진 마리오리 같은 사람들은 특수한 형태의 환각만을 경험하는 경향이 있다.

지난 10~20년 사이, 런던에서 도미니크 피체와 그의 연구팀은 시각 환각의 신경학적 기초에 대해 선구적인 연구를 수행해왔다. 그들은 수십 명의 대상자에게서 얻은 상세한 보고에 기초하여 환각 분류법을 정했으며, 그 범주에는 모자를 쓴 인물, 어린아이나 소인, 풍경, 차량, 기괴한 얼굴, 텍스트, 만화 같은 얼굴 등이 포함되어 있다(이 분류법은 샌트하우스 등이 2,000쪽에 걸쳐 상세히 묘사했다).

이 분류법으로 피체는 시각 환각의 범주에 따라 환자를 선정한 뒤, 환각의 처음과 끝을 신호로 알리게 하고 그 사이에 그들의 뇌를 정밀하게 촬영했다.

피체 등이 1998년에 발표한 논문에 따르면, 개별 환자의 구체적인 환각 체험은 시각피질 내에서 활성화되는 복측 시각 경로의 구체적인 부위와 "뚜렷이 일치하는 성향"을 보인다고 한다. 예를 들어, 얼굴 환각, 색 환각, 직물 환각, 사물 환각은 저마다 특수한 시각적 기능에 관여한다고 알려진 구체적인 뇌 영역을 활성화시켰다. 색이 보이는 환각이 나타날 때에는 시각피질 중 색 구성에 관여하는 영역이 활성화되었고, 스케치나 만화 같은 인물의 얼굴 환각이 나타날 때에는 방추상회(후두엽과 측두엽에 걸쳐 있는 내측 후두 측두회—옮긴이)가 활성화되었으며, 기형적이거나 해체된 얼굴 또는 과장된 눈이나 치아를 가진 기괴한 얼굴 환각이 나타날 때에는 눈, 치아를 비롯한 얼굴의 부위들을 전담하는 영역인 상측두구(측두엽의 두 가지 큰 고랑 중 위 고랑—옮긴이)가 강하게 활성화되었다. 텍스트 환각이 나타날 때에는 좌반구에 있는 매우 분화된 영역인 시각적 단어 형성 영역이 비정상적으로 활성화되었다.

　더 나아가 피체 등은 정상적인 시각적 상상과 순수한 환각의 명백한 차이를 관찰했다. 예를 들어, 색이 있는 물체를 상상할 때에는 V4 영역(시각 정보 처리 시 색채에 반응하는 선조 외 피질의 하부 영역—옮긴이)이 활성화되지 않은 반면, 색이 있는 환각을 볼 때에는 그 영역이 활성화되었다. 연구 결과를 통해, 환각은 주관적으로나 생리학적으로 상상과 다르고 오히려 지각에 훨씬 가깝다는 사실이 입증되었다. 1760년, 환각에 대한 글에서 보네는 "마음은 환영과 현실(시지각)을 구분하지 못한다"라고 썼다. 피체와 그의 연구팀은 뇌 역시 그 둘을 구분하지 못한다고 입증했다.

　그 이전까지는 환각의 내용물과 구체적인 피질 영역의 상관성을 보여준 어떤 직접적인 증거도 없었다. 우리는 오래전부터 특정한 상해나 뇌졸중을 당한 사람들을 관찰한 결과, 시지각의 여러 양상들(색 지각, 얼굴 인식, 운동 지각 등)이 대단히 분화된 뇌 영역에 의존한다는 사실을 알고 있다. 예를 들어, 시각피질 중 V4라는 작은 영역이 손상되면 색 지각만 망가지고 다른 기능은 멀쩡하게 남는다. 피체의 연구는 환각이 지각 자체와 동일한 시각 영역과 경로를 사용한다는 사실을 최초로 확인했다(그 후 피체는 여러 논문에서 환각의 '호돌로지'[hodology, 사람과 환경이 이루는 심리적 관계를 호도그래프를 써서 나타낸 일종의 기하학적 체계—옮긴이]를 강조하고 있다. 다시 말해 환각이나 어떤 대뇌의 기능을 특정한 뇌 영역의 탓으로 보는 관점은 한계가 있으며, 그 영역들 간의 연관성에도 똑같이 관심을 기울여야 한다는 것이다).[8]

그러나 시각 환각을 신경학적으로 결정하는 범주가 있는가 하면, 그것을 개인적이고 문화적으로 결정하는 요인도 있을 것이다. 일상생활의 어느 시점에 기보법이나 숫자나 철자를 실제로 본 적이 없다면, 어느 누구도 그런 환각들을 경험할 수 없다. 그러므로 경험이나 기억은 심상과 환각 모두에 영향을 미칠 수 있다. 그러나 샤를보네증후군 환각에서 기억은 완전하거나 정확한 형태로 나타나지 않는다. 샤를보네증후군 환자가 사람이나 장소를 환각으로 볼 때 그 사람이나 장소는 단지 그럴듯하거나 창조된 것일 뿐, 전혀 모르는 사람이나 장소에 한정된다. 샤를보네증후군 환각을 살펴보면 하위 차원, 즉 시각계의 초기 단계에 상이나 부분적 상을 분류해놓은 범주 사전이 있다는 인상을 받는다. 예를 들어, 구체적

---

8. 그런 상관성은 뇌의 큰 부위와 관계가 있는 거시적 차원의 현상이다. 적어도 기초적인 기하학적 환각에 존재하는 거시적 차원의 상관성은 신경생리학자 윌리엄 버크가 제안했는데, 양쪽 눈에 황반원공이 발생하여 이러한 환각을 직접 체험했다. 그는 구체적인 환각에 대응하는 시각視角을 어림잡아 계산하고, 이것을 피질의 거리로 추정했다. 즉, 벽돌 환각을 분리하여 이 환각이 시각피질 중 V2 영역의 '줄무늬'가 생리적으로 활성화되는 현상과 일치하고, 또한 점 환각을 분리하여 1차 시각 영역의 '얼룩'과 일치한다고 결론지었다. 버크는 손상된 황반에서 입력되는 축소된 정보로 인해 황반피질의 활동이 축소되어, 환각을 일으키는 피질의 줄무늬와 얼룩에 자동적인 활동을 자극한다고 가정한다.

인 코나 모자나 새가 아니라 일반적인 '코', '모자', '새'의 범주 사전이 있다는 뜻이다. 다시 말해 시각적 재료들이 소환되어서 맥락이나 다른 감각과는 관계없이, 또 감정이나 장소 또는 시간과 특별히 관계를 맺지 않고 환각의 기초 재료나 벽돌로 사용되는 것이다(어떤 연구자들은 그것을 "원시 사물" 또는 "원시 상"이라고 부른다). 이와 같이 샤를보네증후군의 상은 상상이나 회상의 상처럼 개인적이지 않으며, 그보다는 원료에 가깝고 신경학적인 산물로 여겨진다.

텍스트 환각이나 악보 환각은 이 점에서 특히 흥미롭다. 처음에는 진짜 음악이나 텍스트처럼 보이지만, 형태, 멜로디, 구문론이나 문법이 전혀 없다는 점에서 곧 읽을 수 없는 것으로 드러나기 때문이다. 아서 S.는 처음에 환각의 악보를 연주할 수 있다고 생각했지만, 곧 "아무 의미가 없는 기보법의 포푸리"를 보고 있다는 사실을 깨달았다. 이와 마찬가지로 텍스트 환각도 의미가 결여되어 있다. 더 자세히 들여다보면 텍스트 환각은 심지어 실제의 철자가 아니라 단지 철자처럼 생긴 신비한 기호일 때도 있다.

(피체와 그의 연구팀이 수행한 연구들로부터) 텍스트 환각은 시각적 단어 형성 영역의 과도한 활성화와 일치한다는 사실이 밝혀졌다. 기보법 환각도 그와 유사한 활성화와 관계가 있다고 보이지만, (텍스트 환각보다 더 빈번하게 나타나는데도) 아직은 fMRI(기능성자기공명영상)에 '포착'되지 않는다. 텍스트나 악보를 읽는 정상적인 과정에서, 시각계의 초기 단계가 처음 해독한 정보는 구문론의 구조와 의미를 파악하는 시각계의 상위 차원으로 이동한다. 그러나 텍스트나 악보 환각은 초기 단계의 시각계가 무질서하게 활성화되어 일어나기 때문에 철자, 원시 철자 또는 기보법이

구문론과 의미에 정상적으로 구속되지 않는 것으로 보인다. 그 결과, 시각계의 초기 단계가 어떤 힘과 한계를 갖고 있는지 동시에 들여다볼 수 있는 창이 된다.

아서 S.는 실제 악보보다 훨씬 화려하고 기발하게 공을 들인 악보를 보았다. 샤를보네증후군 환각은 종종 기발하고 환상적이다. 브롱크스의 눈먼 할머니인 로잘리는 왜 "동양의 옷"을 입은 사람들을 보았을까? 이국풍을 띠는 강한 성향은 아직 그 이유를 이해할 수는 없지만 샤를보네증후군의 현저한 특징이므로, 이 현상이 문화에 따라 얼마나 다르게 나타나는지 살펴본다면 흥미로울 것이다. 이상하고 때때로 초현실적인 상들, 사람의 머리 위에 앉아 있는 새나 상자, 사람의 뺨에서 튀어나오는 꽃 같은 상을 감안할 때, 그런 환각은 일종의 신경학적 오류로 각기 다른 뇌 영역이 동시에 활성화되어서 비자발적이고 부조화한 충돌이나 융합을 일으키는 것은 아닐까 싶다.

샤를보네증후군의 상은 꿈의 상보다 더 원형적이고 그와 동시에 이해하기가 더 어렵고 무의미하다. 룰린의 노트가 150년 만에 발견되기 전인 1902년에 표지가 바뀌어 한 심리학 저널에 발표되었을 때(프로이트의《꿈의 해석》이 나온 지 불과 2년 후), 어떤 사람들은 프로이트가 꿈이 그렇다고 느낀 것처럼 샤를보네증후군 환각도 무의식으로 들어가는 '왕도'가 아닐까 하고 생각했다. 그러나 이런 의미에서 샤를보네증후군 환각을 '해석'하려는 시도는 아무 결실도 얻지 못했다. 물론 샤를보네증후군 환자들도 다른 사람들처럼 자신만의 정신역학을 지니고 있지만, 그들의 환각을 해석해봤자 빤한 것 이상의 것을 얻을 수 없다는 점이 분명해졌다. 신앙심이 깊은 사람은 기도하는 손을 볼 수 있고 음악가는 악보를 볼 수 있지만,

이 상은 당사자의 무의식적 소원, 욕구 또는 갈등을 깊이 통찰하게 해주진 못한다.

꿈은 심리학적 현상일 뿐 아니라 생리학적 현상이지만, 샤를보네증후군 환각과는 아주 다르다. 꿈을 꾸는 사람은 꿈속에 완전히 갇혀 있고 그 속에서 대개 능동적인 참여자로 활동하는 반면, 샤를보네증후군 환자들은 깨어 있을 때와 마찬가지로 정상적이고 비판적인 의식을 유지한다. 샤를보네증후군 환각은 외부 공간에 투사되지만 상호작용이 없는 것이 특징이므로, 항상 침묵하며 중립적이라서 좀처럼 감정을 전하거나 불러일으키지 않는다. 샤를보네증후군 환각은 시각에만 국한되며 소리, 냄새, 촉각과는 무관하다. 또한 극장의 스크린에 비친 상처럼 동떨어져 있다. 당사자의 마음이 극장이라면, 환각은 개인적 의미에서도 당사자와는 거의 무관하다.

샤를보네증후군 환각의 결정적인 특징 중 하나는 통찰력의 유지된다는 점, 즉 환각이 실제가 아님을 인식한다는 점이다. 샤를보네증후군 환자들은 때때로 환각에 현혹되는데, 특히 환각이 그럴듯하거나 맥락이 적절할 때는 더욱 강하게 현혹된다. 그러나 그들은 그러한 실수를 금방 실수로 인식하고 통찰력을 회복한다. 따라서 샤를보네증후군 환각이 지속적인 망상이나 잘못된 생각으로 이어지는 경우는 거의 없다.

그러나 뇌에 다른 기본적인 문제가 발생하거나 특히 전두엽이 손상되면, 지각이나 환각을 평가하는 능력이 망가질 수 있다. 전두엽은 판단과 자기 평가의 공간이기 때문이다. 예를 들어, 뇌졸중이나 두부 손상, 열병이나 섬망, 다양한 약물, 독소, 대사 불균형, 탈수증이나 수면 부족 등으로 전두엽이 일시적으로 손상되면 그럴 수 있다. 그럴 경우 대뇌 기능이 정상으로 돌아오면 통찰력도 돌아온다. 그러나 알츠하이머병이나 루이소체치매처럼 진행성 치매가 있으면 환각을 환각으로 인식하는 능력이 갈수록 떨어지고, 그 결과 무서운 망상이나 정신병으로 발전할 수 있다.

70대 후반인 말런 S.는 진행성 녹내장과 약한 치매를 앓고 있다. 그는 지난 20년 동안 글을 읽을 수 없었고, 5년 동안 사실상 앞을 보지 못하고 있다. 독실한 기독교 신자로 30년째 감옥에서 평신도 목사로 일하며, 아파트에서 혼자 살지만 매우 적극적으로 사회생활을 한다. 그는 매일 자녀나 가사 도우미와 함께 밖으로 나가 가족 행사나 노인 회관에서 게임을 즐기고 춤을 추고 외식을 하는 등 사회 활동에 활발히 참여한다.

말런은 눈이 멀었지만 아주 시각적이고 때로는 아주 이상한 세계에 사는 것처럼 느낀다. 그는 나에게 주변 환경을 종종 "본다"고 말한다. 그는 평생 브롱크스에서 살았지만, 지금 그의 눈에는 추하고 황폐하게 변한 브롱크스가 보이고(그는 "초라하고, 낡고, 나보다 훨씬 오래되었다"라고 묘사한다), 이 때문에 방향감을 잃곤 한다. 그는 자신의 아파트를 "보지만", 쉽게 길을 잃거나 혼란에 빠진다. 때로는 아파트가 "그레이하운드 버스 터미널"만큼 커졌다가, 어떤 때에는 "기차칸식 아파트"[9]처럼 가늘어진다고 말한다. 대개 환각에 나타나는 아파트는 황폐하고 무질서하다. "집 안 전체가 난파된 배 같고, 3차 세계대전이 일어난 것 같다. … 한참 동안 그렇다가 정상으로 보인다."(그의 딸에게 들은 바에 따르면, 그의 아파트가 실제로 엉망이 되는 유일한 때는 말런이 가구에 "봉쇄"당했다고 생각해서 가구를

---

9. 한 줄로 이어진 각 방이 다음 방으로 가는 통로가 되는 싸구려 아파트.

재배치하려고 이리 밀고 저리 당기고 할 때다.)

그의 환각은 5년 전부터 시작되었고, 처음에는 경미했다. 말런은 "처음에는 동물이 아주 많이 보였지요"라고 말했다. 다음으로 찾아온 환각은 어린아이들이었다. 동물들이 떼를 지어 나타났던 것처럼, 이제는 아이들이 무리를 지어 나타났다. 말런은 이렇게 회상했다. "갑자기 수많은 아이들이 들어와 이리저리 걸어 다녔어요. 내 생각엔 다 좋은 아이들이었어요." 아이들은 말런을 의식하지 않는 듯했고, 저희들끼리 걸어 다니고 놀면서 "제 할 일을 했다". 다른 사람들은 아무도 그 아이들을 보지 못한다는 사실을 알았을 때 말런은 깜짝 놀랐다. 그제야 그는 자신의 "눈이 자신에게 장난을 치고" 있음을 깨달았다.

말런은 라디오에서 나오는 토크쇼, 가스펠, 재즈를 즐겨 듣는데, 그럴 때에는 환각의 사람들이 거실을 가득 메우고 그와 함께 라디오를 듣는다. 때때로 그들은 라디오를 따라 말을 하거나 노래하는 것처럼 입을 움직인다. 환영은 불쾌하지 않고, 일종의 환각적 위안으로 작용한다. 이는 사교적인 장면이고, 말런은 이 상황을 즐긴다.[10]

2년 전부터 말런은 신비한 남자가 갈색 가죽코트와 초록색 바지를 입고 카우보이모자를 쓴 채 나타나는 환각을 보기 시작했다. 말런은 그가 누구인지 전혀 모르고, 이 남자가 특별한 메시지나 의미를 지니고 왔다고 느끼지만 그것이 무엇인지는 도통 알아내지 못했다. 이 인물은 멀리 서 있을 뿐 절대 가까이 다가오지 않는다. 그는 걷는다기보다 허공을 떠다니는 것처럼 보이고, 때로는 "키가 천장에 닿을 정도로" 엄청나게 커진다. 말런은 또한 작고 인상이 고약한 남자 3인조를 본다. "FBI처럼 먼 거리를 유지하고 있는데… 셋 다 아주 진짜 같고, 대단히 흉하고 불쾌하게 생겼다." 말런은 천사와 악마를 믿고, 그래서 3인조가 악한 사람들처럼 보인다고 말한다. 얼마 전부터 말런은 그들이 자신을 감시한다고 의심하기 시작했다.

경미하게 인지 손상을 입은 사람들은 대부분 낮 시간에 조직 활동과 적응 훈련에 참여한다. 말런도 노인복지회관이나 교회의 친목회에서 다른 사람들과 적극적으로 어울린다. 그러나 저녁이 되면 '해넘이' 증후군이 나타나고, 두려움과 혼란이 부풀어 오른다.

대개는 낮 시간에 환각적 인물을 보면 1~2분 정도 잠시 현실로 착각했다가 그들이 허상임을 깨닫는다. 그러나 늦은 시간이 되면 말런은 통찰력을 잃고 그 무시무시한 방문객들을 진짜라고 느낀다. 밤에 그의 아파트에서 "칩입자들"이 보이면 말런은 기겁한다. 그들이 말런에게 아무 관심이

---

10. 나는 샤를보네증후군과 가벼운 치매를 앓고 있는 다른 사람들에게서도 이와 비슷한 묘사를 들은 적이 있다. 재닛 B.는 오디오북을 즐겨 듣는데, 때때로 주위에 다른 사람들이 나타나서 함께 듣는 환각을 경험한다. 그들은 열심히 듣지만 말을 하지 않고, 재닛의 질문에 대답하지도 않는다. 처음에 재닛은 그들이 환각임을 깨달았지만, 치매가 더 진행되자 그들이 진짜라고 주장했다. 재닛을 방문한 딸이 "엄마, 여기에 아무도 없어요"라고 말하자 재닛은 버럭 화를 내며 딸을 쫓아냈다. 텔레비전에서 좋아하는 프로그램을 보고 있을 때는 더 복잡한 망상이 겹쳐져 나타났다. 재닛이 느끼기에는 텔레비전 직원들이 그녀의 아파트를 쓰기로 결정하고 케이블과 카메라를 설치한 뒤 바로 앞에서 실제로 촬영하는 것 같았다. 프로그램이 진행되는 동안 우연히 딸이 전화를 걸었더니, 재닛은 "난 조용히 해야 돼. 사람들이 촬영을 하고 있거든"이라고 말했다. 한 시간 후 딸이 도착했을 때 재닛은 아직도 바닥에 온통 케이블이 깔려 있다고 주장하면서, "그 여자가 안 보이니?"라고 물었다.
재닛은 그 환각이 실제라고 확신했는데, 전부 시각적이었다. 사람들은 무엇인가를 가리키고 동작을 취하고 입을 움직였지만 아무 소리도 나지 않았다. 그리고 재닛은 자신이 직접 참여한다고 느끼지도 않았다. 그녀는 이상한 사건의 한가운데에 놓여 있었지만 그 사건은 그녀와 아무 상관이 없는 듯했다. 재닛은 그들이 실제라고 주장했지만 그녀의 환각은 전형적인 샤를보네증후군 환각의 성격을 띠고 있었다.

없는 것처럼 보여도 소용없다. 그중 많은 인물들이 "범죄자처럼" 보이고, 죄수복을 입고 있으며, 때로는 "펠멜 담배를 피운다". 어느 날 밤, 한 침입자는 피가 묻은 칼을 들고 있었는데, 이를 본 말런은 "예수의 보혈로 명하노니, 썩 물러나라!"라고 소리쳤다. 다른 날에는 한 유령이 "문 밑에" 남아 있다가 액체나 수증기처럼 문틈으로 빠져나갔다. 말런은 그 인물들이 "속이 들어차 있지 않고 유령 같으며", 팔을 휘저으면 그대로 통과한다는 사실을 확인했다. 그래도 그들은 진짜처럼 느껴진다. 나와 이야기하는 동안에는 그렇게 말하면서 웃을 수 있지만, 한밤중에 혼자 있을 때 침입자들이 곁에 있으면 아주 무섭고 쉽게 착각할 것이 분명하다.

샤를보네증후군 환자들은 부분적으로는 눈에 보이는 기본적인 세계, 즉 지각적 세계를 잃어버린 사람들이다. 그러나 그들은 불안정하고 단속적이지만 환각의 세계, 즉 제2의 시각적 세계를 획득한다. 샤를보네증후군이 개인의 삶에 미칠 수 있는 영향은 어떤 종류의 환각이 발생하는지, 얼마나 자주 나타나는지, 상황에 적절한지, 무서운지, 위로가 되는지, 더 나아가 감동을 주는지에 따라 크게 달라진다. 한쪽 극단에는 일생에 단 한 번만 환각을 경험하는 사람들이 있는 반면, 몇 년 동안 시시때때로 환각을 경험하는 사람들이 있다. 환각 경험자는 모든 것 위에 무늬나 거미줄이 겹쳐 보이거나, 접시 위에 담긴 음식이 진짜인지 환각인지 알 수 없어서 괴로움을 겪는다. 어떤 환각은 불쾌함을 불러일으키며, 특히 기형적인 얼굴이나 해체된 얼굴이 나타나는 환각은 아주 불쾌하다. 위험한 환각도 있다. 예를 들어 젤다는 운전할 용기가 나지 않는다. 도로가 갑자기 두 갈래로 나뉘거나 사람이 후드 위에서 펄쩍펄쩍 뛰는 환각을 보기 때문이다.

그러나 대개 샤를보네증후군 환각은 위협적이지 않으며, 일단 적응하면 잠깐 주의를 빼앗는 선에 그친다. 데이비드 스튜어트는 환각이 "아주 친절하다"면서, 자신의 눈이 이렇게 말한다고 상상한다. "실망시켜드려 죄송합니다. 우리도 앞이 안 보이면 도통 재미가 없다는 것을 알고 있습니다. 그래서 이 작은 증후군을 마련했습니다. 앞만 보며 살아오던 당신의 삶에 일종의 피날레 같은 것이죠. 대단하진 않아요. 하지만 이것이 우리가 드릴 수 있는 최선책이랍니다."

샤를 룰린도 자신의 환각을 즐겼고, 때때로 조용한 방에 들어가 잠시 휴식을 취하며 환각에 빠져들었다. 샤를 보네는 할아버지에 대해 이렇게 썼다. "그 상들이 나타나면 할아버지는 즐거워한다. 할아버지의 뇌는 기발한 무대 장치로 멋진 공연을 만들어내는 극장이다. 공연은 예기치 않게 나타나기 때문에 더욱 멋지고 놀랍다."

때때로 샤를보네증후군 환각은 영감을 준다. 버지니아 해밀턴 어데어는 젊었을 때 시를 써서 〈애틀랜틱 먼슬리Atlantic Monthly〉와 〈뉴 리퍼블릭New Republic〉에 발표했다. 그녀는 캘리포니아에서 영문학자이자 교수로 일할 때에도 계속 시를 썼지만 대부분 발표하지 않았다. 그러다가 83세 때 녹내장으로 완전히 실명하고 나서야 그녀는 첫 시집《멜론 위의 개미들Ants on the Melon》을 내서 찬사를 받았다. 그 후 두 권의 시선집이 나왔다. 새로운 시집에서 그녀는 샤를보네증후군 환각이 수시로 찾아오는데 "환각의 천사"가 그녀에게 그 환영들을 보내준다고 표현했다.

어데어는 말년까지 계속 쓰던 일지를 발췌해서 나에게 보냈고, 나중에 그녀의 편집자도 그녀의 글을 보냈다. 그녀의 글에는 환각이 나타났을 때 구술해놓은 묘사들이 가득했다. 한 예로 아래와 같은 묘사가 있다.

나는 몸이 녹아내릴 정도로 부드러운 의자로 이끌려간다. 여느 때처럼 나는 의자에 주저앉아 칠흑 같은 어둠에 잠긴다. … 발밑의 구름바다가 걷히자 알곡이 가득한 들판이 나타나고, 들판 여기저기에 작은 들새 떼가 있다. 거무스름한 깃털의 새들은 생김새가 제각기 다르다. 아주 가냘프고 볏이 작고 꼬리 깃을 활짝 편 공작의 축소판, 포동포동한 몇 마리의 박제, 다리가 긴 바닷새 등이 있다. 몇 마리는 신발을 신고 있는 것처럼 보이는데, 그중에는 발이 넷 달린 새도 있다. 비록 맹인의 환각이라지만 새떼라면 색이 더 풍부해야 할 듯하다. … 새들이 중세의 의상을 입은 작은 남녀로 변해서 모두 어슬렁거리며 내게서 멀어져간다. 그들의 등, 짧은 튜닉, 타이츠나 레깅스, 숄이나 머릿수건이 보인다. … 눈을 뜨면 내 방의 뿌연 스크린 위에는 사파이어로 온몸을 치장한 내가 보이고, 루비가 가득 담긴 자루들이 어둠 속에 흩어져 있다. 체크무늬 셔츠를 입은 다리가 없는 목동이 날뛰면서 반항하는 작은 수송아지의 등 위에 찰싹 달라붙어 있고, 옐로스톤호텔의 쓰레기 구덩이를 지키는 경비원에게 목이 잘린 곰, 불쌍한 것, 그 곰의 보풀거리는 오렌지색 머리가 보인다. 낯익은 우유 배달원이 황금색 말이 끄는 하늘색 달구지를 몰고 장면 안으로 들이닥친다. 며칠 전, 그는 기억나지 않는 어느 동요 책이나 대공황 시절의 시리얼 상자 그림에서 빠져나와 우리에게 합류했다. … 하지만 형형색색의 기이한 환등기 쇼는 어느덧 희미해지고, 나는 다시 형체도, 실체도 없는 검은 벽의 나라로 돌아온다. … 빛이 꺼지고 나는 다시 그곳으로 돌아온다.

2장

죄수의 시네마: 감각 박탈

뇌가 제 기능을 유지하려면 지각 정보가 입력되어야 하며 지각 정보의 변화도 필요하다. 적당한 변화가 없으면 각성과 주의력이 쇠퇴할 뿐 아니라 지각 착란이 발생할 수 있다. 어둠과 고독이 지배하는 환경을 생각해보자. 그런 환경은 성직자들이 동굴에서 수행하며 자발적으로 선택할 수도 있고 지하 동굴에 갇힌 죄수들에게 강제로 주어질 수도 있지만, 어느 경우든 정상적인 시각 입력을 박탈당하면 내면의 눈이 그 빈자리를 메우고 꿈, 생생한 상상, 환각을 만들어낸다. 고독이나 암흑에 갇힌 사람들을 위로하기도 하고 고문하기도 하는 화려한 색과 다양한 성격의 환각에는 심지어 특별한 이름까지 붙어 있다. '죄수의 시네마'가 그것이다.

완전한 시각 박탈로 인해서만 환각이 발생하지는 않는다. 시각적 단조로움도 비슷한 효과를 낸다. 그래서 며칠 동안 잔잔한 바다를 응시하는 선원들에게 헛것이 보이거나 들린다는 보고가 오래전부터 있었다. 낙타를 타고 황량한 사막을 건너는 여행자들이나, 눈과 얼음에 뒤덮인 극지를 탐험하는 사람들도 마찬가지다. 또한 제2차 세계대전이 끝난 후 높은 곳에서 텅 빈 하늘을 몇 시간 동안 비행하는 조종사들이나, 끝없는 도로를 몇 시간 동안 달리는 장거리 트럭 기사들에게 그런 환상은 특별히 위험할 수 있다는 사실이 새롭게 인식되었다. 조종사들과 트럭 기사들, 몇 시간 동안 끊임없이 레이더 화면을 감시하는 사람들처럼 시각적으로 단조로운 업무에 종사하는 사람은 누구나 환각을 일으킬 수 있다(이와 마찬가지로 청각적 단조로움도 청각 환각을 유발할 수 있다).

  1950년대 초, 도널드 헤브 등의 맥길대학교 연구자들은 장기적인 지각 고립을 연구하기 위해 최초로 실험을 고안했다. 지각 고립은 그들이 붙인 용어로, '감각 박탈'이란 말이 나중에 일반화되었다. 윌리엄 벡스턴과 그의 연구팀은 열네 명의 대학생을 대상으로 지각 고립을 연구했다. 학생들은 촉각을 제한하기 위해 장갑과 마분지로 된 소맷부리를 착용하고, 빛과 어둠만 지각할 수 있는 반투명 안경을 쓴 채 각기 방음이 된 작은 방에 수용되었다(식사를 하거나 화장실에 갈 때에만 잠깐씩 나올 수 있었다).

  처음에 실험 대상자들은 시도 때도 없이 잠을 잤지만, 얼마 지나자 깨어 있는 시간 동안 몹시 지루해했고 자극을 갈망했다. 물론 단조롭고 고립된 환경에서는 원하는 자극을 얻을 수 없었다. 이때부터 다양한 종류의 자기 자극이 일어났다. 두뇌 게임, 숫자 세기, 공상에 이어 드디어 시각 환각이 나타났고, 대개 단순 환각에서 복합 환각으로 '진행'하는 양상을 보였다. 벡스턴 등은 다음과 같이 묘사했다.

  가장 단순한 형태의 환각에서는 눈을 감으면 시야가 암흑에서 밝은 색으로 변했다. 그리고 다음 단계에서는 복잡성이 증가하면서 빛의 점, 선 또는 단순한 기하학적 무늬가 나타났다. 열네 명 모두가 그런 심상을 보고했고, 처음 겪는 새로운 경험이라고 말했다. 조금 더 복잡한 형태로는 열한 명이 '벽지 무늬'를 보고했고, 일곱 명이 고립된 인물이나 사물이 배경 없이 나타났다고 보고했다(예를 들어, 검은 모자를 쓰고 입을 벌린 채 일렬로 늘어선 작은 아시아인들 또는 독일군 철모). 마지막으로 여러 장면이 뒤섞인 환각이 나타났다(예를 들어, 다람쥐들이 어깨에 자루를 걸쳐 메고 "무엇인가를 찾아서" 눈밭을 행진하다가 "시야"에서 사라지는 광경, 선사시대 동물들이 정글 속을 배회하는 장면). 열네 명 중 세 명이 그런 장면을 보고했는데, 종종 "만화 같은" 인물과 꿈처럼 왜곡된 그림이 포함되었다.

처음에 상은 마치 납작한 화면에 비친 것처럼 보였지만, 얼마 후 몇몇 대상자에게는 "확연히 3차원적으로" 변했고, 장면의 일부분이 거꾸로 뒤집히거나 옆으로 누워 있기도 했다.

참가자들은 처음에는 깜짝 놀랐다. 그리고 자신의 환각들이 대체로 재미있고 흥미로우며 때때로 짜증난다고("너무 생생해서 잠이 안 온다") 느꼈지만, '의미'는 전혀 없다고 여겼다. 환각은 외부에서 자동적으로 진행되는 것 같았고, 개인 및 상황과의 연관성은 거의 없어 보였다. 환각은 참가자들이 세 자리 곱셈 같은 복잡한 과제를 수행하면 보통 자취를 감췄지만, 운동을 하거나 실험자들과 이야기를 나눌 때에는 사라지지 않았다. 맥길대학교의 연구팀 외에도 많은 연구자들이 시각 환각뿐 아니라 청각 환각과 운동 환각을 보고했다.

이 연구와 이후의 연구들은 과학계에 뜨거운 관심을 불러일으켰고, 연구 결과를 재확인하기 위한 노력이 과학계와 일반인들 사이에서 동시에 진행되었다. 1961년의 한 논문에서 존 주베크와 그의 연구팀은 다수의 실험 대상자들에게서 환각이 나타난 것 외에도 시각적 심상에 변화가 일어났다고 보고했다.

다양한 시간적 간격을 두고 … 대상자들은 호수, 시골 풍경, 집 안 등과 같은 익숙한 장면을 상상했다. 대상자의 반수 이상은 그들이 상상해낸 그림이 특이할 정도로 생생하고 대개는 밝은 색을 띠며 상당히 세부적이라고 보고했다. 그리고 과거에 경험했던 어떤 심상보다도 생생하다는 점에 모두 동의했다. 보통 익숙한 장면을 마음속으로 떠올릴 때 아주 힘들어했던 몇몇 대상자도 이제는 거의 즉시, 아주 생생하게 장면을 떠올렸다. … 한 대상자는 몇 년 전 친구들의 얼굴을 사진처럼 선명하게 떠올렸는데, 지금껏 한 번도 없었던 일이었다. 이 현상은 이틀째나 사흘째에 나타났고, 일반적으로 시간이 흐를수록 더욱 분명해졌다.

그런 시각적 고조는 원인이 질병이든 박탈이든 약물이든 간에 강화된 심상이나 환각, 또는 두 가지 모두의 형태로 나타날 수 있다.

1960년대 초, 연구자들은 온수를 채운 어두운 탱크에 몸을 띄워서 고립 효과를 배가한 감각 박탈 탱크를 고안했다. 주변 환경과의 접촉을 완전히 차단하고 신체적 위치 감각뿐 아니라 신체적 존재감마저 제거하는 장치였다. 온수 탱크는 최초의 실험자들이 기록한 의식 상태보다 훨씬 근본적인 '변성 상태altered states'를 만들어낼 수 있었다. 사람들은 감각 박탈 탱크를 당시에 유행하던 '의식 확장' 약물만큼이나 열렬히 찾고 애용했다(그리고 그런 약물과 같이 사용했다).[1]

감각 박탈 연구는 1950년대와 1960년대에 널리 행해졌다(1969년 주베크가 편집한 《감각 박탈: 15년의 연구Sensory Deprivation: Fifteen Years of Research》에는 1,300개의 참고문헌이 열거되어 있다). 그 후 대중적 관심과 함께 과학적 관심이 꾸준히 감소했지만 최근에 알바로 파스콸-레온과 그의 동료들(메라베 등)이 획기적인 연구를 발표했다. 그들은 순수한 시각 박탈의 효과를 분리해낼 수 있는 연구를 고안했다. 대상자들은 눈을 가린 상태였지만 자유롭게 움직이고, 텔레비전을 "보고", 음악을 듣고, 걸어 다니고, 다른 사람들과 이야기를 나눌 수 있었다. 그들은 앞선 실험 대상자들처럼 졸림, 지루함, 불안을 전혀 경험하지 않았다. 대상자들은 낮 동안 경계심을 유지하고 활발히 활동했으며, 환각이 발생하면 즉시 기록할 수 있도록 녹음기를 들고 다녔다. 밤에는 평온하고 조용하게 수면을 즐겼고, 아침이 되면 기억이 나는 만큼 간밤의 꿈을 구술했다. 눈을 가린 것 때문에 꿈이 의미심장하게 변하는 것 같지는 않았다.

실험 대상자들은 눈을 감거나 움직일 수 있도록 고안된 눈가리개를 96시간 동안 계속 착용했다. 대상자 열세 명 중 열 명이 환각을 경험했는데, 환각은 때로는 눈을 가린 후 처음 몇 시간 동안 나타났지만 항상 이틀째에 나타났고, 눈을 감든 뜨든 상관없었다.

일반적으로 환각은 갑자기, 자동적으로 나타났고, 한 대상자의 경우에

---

1. 환상을 만들어내는 약물을 낭만적으로 사용하는 추세가 한풀 꺾인 것처럼 감각 박탈을 낭만적으로 사용하는 추세도 1960년 이후로 감소했지만, 포로 심문을 위해 정치적으로 이용하는 경우는 여전히 소름 끼칠 정도로 흔하다. 로널드 K. 시겔의 지적에 따르면 그런 환각은 때때로 광기로 확대될 수 있는데, 특히 사회적 고립, 수면 박탈, 굶주림, 갈증, 고문, 살해 위협 등과 결합되면 더욱 쉽게 섬망으로 이어질 수 있다고 한다.

는 셋째 날까지 지속되었지만 대개 나타난 지 몇 초나 몇 분 후 갑자기 사라졌다. 대상자들은 단순 환각(번쩍이는 빛, 안내 섬광, 기하학적 무늬)에서부터 복합 환각(인물, 얼굴, 손, 동물, 건물, 풍경)에 이르는 환각들을 보고했다. 전반적으로 환각은 완전한 형태를 갖춘 채 예고 없이 나타났고, 자발적인 심상이나 회상처럼 천천히 조금씩 형성되는 것 같지 않았다. 대부분의 환각은 감정을 거의 일깨우지 않았고, "재미있다"고 여겨졌다. 두 명의 대상자는 자신의 움직임과 행위와 관련된 환각을 경험했다. 한 대상자는 "손과 팔이 내가 의도하는 대로 움직이면서 혜성의 꼬리처럼 밝은 빛을 남겼다"라고 말했고, 다른 대상자는 "주전자가 보였고, 내가 그 주전자로 물을 따르고 있었다"라고 말했다.

몇몇 대상자들은 환각의 빛깔과 색에 대해 이야기했다. 한 대상자는 "반짝반짝 빛나는 공작 꼬리와 건물들"을 묘사했다. 다른 대상자는 눈이 부실 정도로 청명한 일몰과 더없이 아름다운 풍경을 보았는데, "내가 본 어느 것도 그 아름다움에 비할 수 없었다. 그림을 그리고 싶었다"라고 설명했다.

몇 명은 환각 안에서 일어난 자동적인 변화에 대해 언급했다. 한 대상자의 환각에서는 나비가 일몰로 변하고, 일몰이 수달로 변한 뒤, 결국 꽃으로 변했다. 어떤 대상자도 환각을 임의로 조절할 수 없었고, 마치 환각에 독립적인 '마음'이나 '의지'가 있는 것 같았다.

다른 양식의 감각 활동, 예를 들어 텔레비전 시청이나 음악 청취, 대화, 점자 배우기 등을 의욕적으로 수행할 때에는 환각이 발생하지 않았다(이 연구는 환각뿐 아니라, 눈을 가리면 촉각을 비롯하여 공간 및 주변 세계를 비시각적으로 상상하는 능력이 어떻게 향상되는지 조사했다).

메라베 등은 대상자들이 보고한 환각이 샤를보네증후군 환자들이 경험하는 환각과 완전히 동일하다고 느꼈고, 실험 결과를 통해 시각 박탈만으로도 샤를보네증후군이 발생하기에 충분하다고 추정했다.[2]

그러나 실험대상자들의 뇌에서는(또는 구름 한 점 없는 푸른 하늘에서 이유 없이 추락하는 조종사들이나, 텅 빈 도로에서 헛것을 보는 운전수나, 암흑 속에서 싫든 좋든 '영화'를 보는 죄수들의 뇌에서는) 정확히 어떤 일이 일어나고 있을까?

1990년, 뇌기능 영상 기술의 등장과 함께 뇌가 감각 박탈에 어떻게 반응하는지 그려볼 수 있게 되었다. 더 나아가, 운이 좋으면(환각은 변덕스럽기로 유명하고, fMRI 기계의 내부는 섬세한 감각 경험을 하기에는 이상적인 공간이 아니기 때문에) 미꾸라지 같은 환각의 신경학적 상관관계까지도 포착할 수 있었다. 한 연구에서 바바크 보로예르디와 동료들은 대상자들의 시각을 박탈하면 시각피질의 흥분도가 몇 분 안에 증가한다는 사실을 입증했다. 울프 싱거가 주도하는 신경과학 실험실에서 또다른 팀이 연구한 대상자는 시각적 심상 능력이 매우 뛰어난 시각 예술가였다(시레티아누 외, 2008년 논문에 이에 관한 내용이 있다). 그녀는 22일 동안 눈가리개를 착용했고, 몇 회에 걸쳐 fMRI를 찍었으며, 환각이 나타났다가 사라지는 시간을 정확히 말할 수 있었다. fMRI로 촬영한 결과, 후두피질과 하

---

2. 심한 시각적 손상이나 완전한 시력 상실(실명)이 샤를보네증후군을 동반하지 않을 수도 있다. 그러므로 시각 박탈만으로 샤를보네증후군의 충분한 원인이 될 수 없다. 그러나 시각적 문제를 갖게 된 사람들 중 어떤 사람들은 샤를보네증후군을 겪고 다른 사람들은 그렇지 않은지, 아직도 그 이유는 알지 못한다.

측두피질에 자리한 시각계가 환각과 정확히 일치하여 활성화했다(이와 대조적으로 시각적 심상 능력을 이용해서 환각을 회상하거나 상상하게끔 요구했을 때에는 추가로 전전두피질에 존재하는 실행 영역이 많이 활성화되었다. 단지 환각을 경험할 때에는 상대적으로 비활성 상태였던 영역이었다). 이를 통해, 생리학적 차원에서 시각적 심상은 시각 환각과 근본적으로 다르다는 점이 분명해졌다. 자발적인 시각적 심상이 사용하는 하향식 처리 과정과는 달리, 환각은 복측 시각 경로 부위들이 직접적이고 상향식으로 활성화된 결과다. 이 부위들은 정상적인 시각적 입력 정보가 없으면 쉽게 흥분한다.

1960년대에 구심로 차단(deafferentation, 신경계와 자극의 차단—옮긴이) 탱크가 나오자 시각 박탈은 물론이고 청각, 촉각, 고유수용성 감각(자신의 신체 위치, 자세, 평형 및 움직임에 대한 정보를 파악하여 중추신경계로 전달하는 감각—옮긴이), 운동, 전정(몸의 운동감각이나 위치감각을 감지하여 뇌에 전달하는 기관으로, 특히 눈의 움직임에 따라 평형감각을 조절한다—옮긴이) 지각 등을 박탈할 수 있게 되었다. 어느 감각을 박탈하든 본질적으로 환각을 유발할 수 있다.

운동계 질환으로든 외부적 구속으로든 무운동 상태가 지속되면 환각이 발생하는데, 무운동성 환각은 소아마비가 크게 유행할 때 자주 목격할 수 있었다. 1958년에 헤르베르트 라이더만과 그의 연구팀이 한 논문에서 묘사한 것처럼, 최악의 환자들은 스스로 숨조차 쉬지 못하고 관처럼 생긴 '철폐鐵肺'[철제 호흡 보조 장치] 안에서 죽은 듯이 누워 있었고 그 상태에서 종종 환각을 겪었다. 다른 마비성 질환(심지어 골절 치료를 위한 부목과 석고 붕대)에 의한 무운동도 마찬가지로 환각을 불러일으킬 수 있다. 가장 흔한 사례는 팔다리가 없거나, 비틀려 있거나, 어긋나 있거나, 여러 개로 늘어난 것처럼 느껴지는 신체성 환각이지만, 목소리와 시각 환각은 물론이고 본격적인 정신병까지 보고된 바 있다. 나는 특히 뇌염 후증후군 환자들에게서 이런 경우를 보는데, 그중 많은 환자들이 파킨슨증과 긴장병 속에 꼼짝없이 갇힌다.

수면 박탈이 며칠을 넘기면 환각을 유발하고, 다른 조건이 모두 동일한 수면에서 꿈 박탈이 며칠을 넘겨도 환각을 유발할 수 있다. 수면 박탈이 극도의 피로나 극단적인 신체적 스트레스와 결합하면 훨씬 더 강력한 효과로 이어질 수 있다. 철인 3종 경기 선수인 레이 P.는 자신의 사례를 아래와 같이 묘사했다.

하와이에서 철인3종경기 대회에 참가했을 때였다. 나는 중간 성적이 좋지 않았고, 고열과 탈수증으로 고생하고 있었다. 참으로 괴로웠다. 마라톤 구간에 들어 3마일 정도를 달렸을 때, 도로변에 아내와 어머니가 서 있는 것이 보였다. 나는 두 사람에게 달려가서 결승선에 늦게 도착할 것 같다고 말하려 했다. 그러나 그들 앞에 도착해서 나의 비참한 상황을 전하려는 순간, 아내와 어머니를 조금도 닮지 않은 완전히 낯선 두 사람이 놀란 눈으로 나를 바라보았다.

하와이의 철인3종경기는 극한의 온도와 극심한 조건 아래서 여러 시간 동안 단조로움을 견뎌야 하기 때문에, 선수는 환각을 일으키기 딱 좋다. 영계와의 교류를 구하는 아메리카 원주민들의 통과의례와 아주 흡사하다. 나는 용암이 펼쳐진 들판에서 하와이 화산과 불의 여신인 펠레를 한 번 이상 보았다.

마이클 셔머는 과학사가이자 회의론자 학회Skeptics Society의 이사장으로, 불가사의한 현상들의 본질을 드러내는 일에 일생을 바쳐왔다. 《믿음의 탄생The Believing Brain》에서 그는 마라톤 선수들이 겪은 환각의 예를 들려준다. 아이디타로드Iditarod 개썰매 경주에 참가한 선수들의 환각도 그와 비슷하다.

썰매 경주자들은 9~14일 동안 최소한의 잠을 자고 개들 외에는 혼자 지내며 다른 경쟁자들을 거의 보지 못하는 상태에서, 말, 기차, UFO, 투명 비행기, 오케스트라, 이상한 동물, 주인이 없는 목소리 등을 환각으로 경험하고, 때로는 경주로 옆에 환영이나 가상의 친구가 서 있는 것을 본다. … 조 가니라는 썰매 경주자는 한 남자가 자신의 썰매 배낭 안에 들어가 있다고 확신하고, 그에게 정중히 내려달라고 부탁했다. 그러나 그가 꼼짝도 하지 않자 가니는 그의 어깨를 툭툭 치면서 썰매에서 내리라고 요구했고, 낯선 남자가 그마저 거부하자 가니는 남자를 철썩 때렸다.

셔머도 지구력을 요하는 육상 선수로, 격심한 자전거 마라톤 경기를 하던 중 기이한 경험을 했고 나중에 〈사이언티픽 아메리칸Scientific American〉의 칼럼에 그때의 경험을 묘사했다.

1983년 8월 8일, 매우 이른 아침 시간이었다. 네브래스카 주 헤이글러를 향해 어느 적막한 지방 고속도로를 달리고 있을 때, 밝은 빛을 내는 커다란 우주선이 나를 따라잡고는 도로 가장자리로 밀쳐냈다. 우주선에서 외계인들이 나와서 나를 납치했고, 90분 후에는 우주선 안에서 일어난 일은 아무것도 기억하지 못한 채 다시 도로에 남겨졌다. … 나의 납치 경험은 수면 박탈과 신체적 피로로 인한 것이었다. 대륙을 가로지르는 아메리카대륙횡단대회Race Across America가 시작되고부터 83시간 동안 쉬지 않고 1,259마일을 달린 터였다. 결국 내가 꾸벅꾸벅 졸면서 지그재그로 달리자 나를 호송하던 캠핑카가 전조등을 번쩍거리며 옆으로 다가왔다. 지원팀은 내게 잠시 휴식을 취하라고 말했다. 그 순간, 1960년대의 텔레비전 시리즈 〈인베이더The Invaders〉의 아득한 기억이 백일몽 안으로 밀려 들어왔다. 드라마에서 외계인들은 인간을 복제하여 지구를 점령해나갔지만, 복제된 인간들은 어떤 이유에서인지 새끼손가락이 뻣뻣했다. 갑자기 팀원들이 외계인으로 변신했다. 나는 그들의 손가락을 뚫어지게 쳐다보았고, 그들에게 기술적인 문제와 개인적인 문제에 대해 호된 심문을 받았다.

잠시 수면을 취한 뒤 셔머는 그것이 환각임을 깨달았지만, 당시에는 완전히 현실 같았다.

3장

몇 나노그램의 와인: 후각 환각

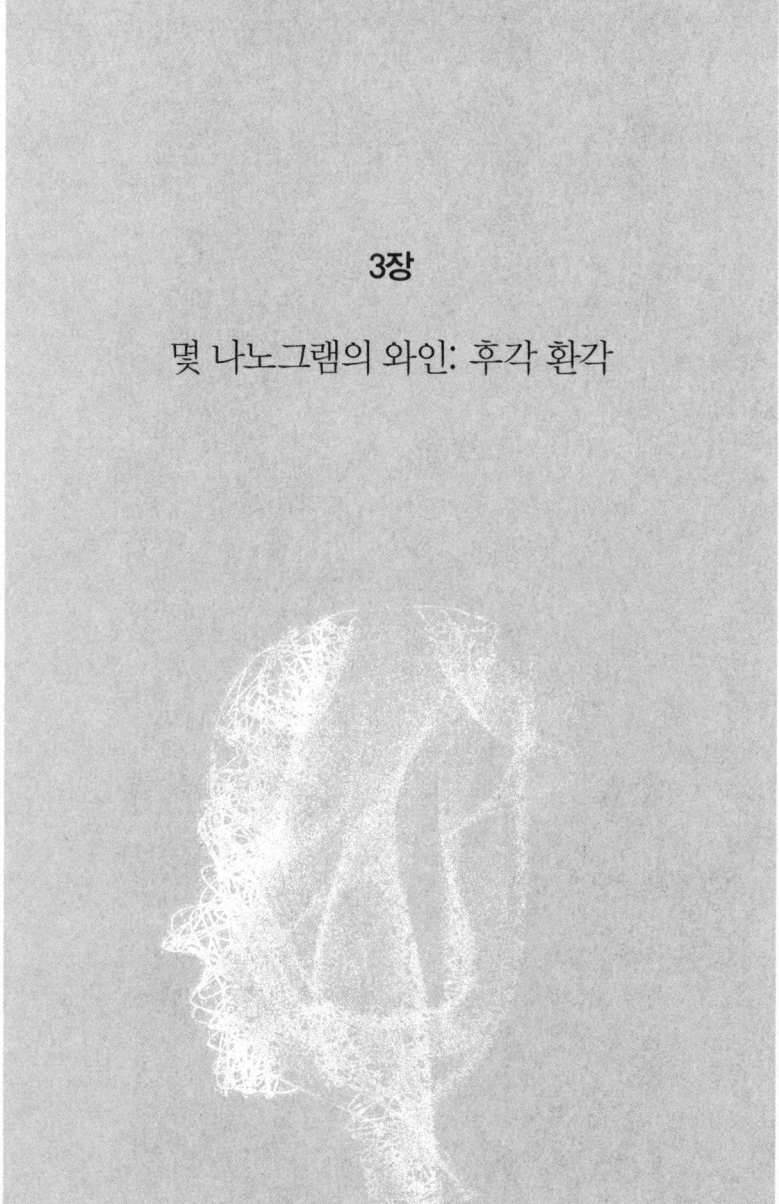

정상적인 상황에서 냄새를 상상하는 능력은 그리 흔하지 않다. 대부분의 사람은 장면이나 소리를 상상하는 데는 뛰어나지만 냄새를 명확히 상상하지는 못한다. 상상으로 냄새를 맡는 능력은 보기 드문 재능으로, 고든 C.는 2011년 나에게 아래와 같은 편지를 보냈다.

눈앞에 없는 물건의 냄새를 맡는 것은 기억하는 한 평생 동안 나를 따라다닌 내 삶의 일부였습니다. … 예를 들어 오래전에 돌아가신 할머니를 생각하고 있으면, 할머니가 애용하던 분가루 냄새가 즉시 나의 감각기관에 완벽하게 되살아납니다. 누군가에게 라일락이나 특정한 꽃에 대해 편지를 쓸 때 나의 후각은 어느덧 그 향기를 만들어냅니다. 그렇다고 해서 '장미'라는 단어를 쓰면 그 향기가 난다는 말은 아닙니다. 장미든 무엇이든, 그와 연관된 구체적인 사건을 회상해야 그런 효과가 일어납니다. 나는 이런 능력을 아주 당연하게 여겼고, 10대 후반이 되어서야 그것이 모두에게 있는 정상적인 능력이 아님을 알게 되었습니다. 지금은 그 능력이 나의 특별한 뇌에 주어진 멋진 재능이라고 여깁니다.

이와 대조적으로 대부분의 사람들은 아무리 강하게 암시해도 쉽게 냄새를 떠올리지 못한다. 이상하게도 어떤 냄새가 실제인지 아닌지 알아내는 것도 어려울 수 있다. 일전에, 내가 성장하고 우리 가족이 60년 동안 살았던 집을 찾아갔다. 그 집은 1990년에 영국정신치료학회에 매각되어서 우리 가족이 식사하던 식당은 사무실로 바뀌어 있었다. 1995년 그곳을 방문하던 날, 식당에 들어가자 즉시 붉은 코셔 와인(유대교의 율법에 따라 만든 와인—옮긴이) 냄새가 강하게 후각을 자극했다. 평소에 식당 벽면의 나무로 만든 찬장에 보관하다가 안식일이 되면 키뒤시 기도(안식일이나 축제일 밤에 포도주와 빵을 통해 신을 찬미하는 기도—옮긴이)를 올리며 마시던 술이었다. 한때 더없이 편하고 소중했던 환경에 거의 60년이 지난 기억과 연상이 합쳐진 결과로 그 냄새를 상상한 것이었을까? 아니면 페인트를 다시 칠하고 전체를 개보수하고도 방 어딘가에 몇 나노그램의 와인이 남아 있던 것일까? 냄새는 이상하리만치 오래 남을 수 있고, 그래서 나는 그날의 경험을 고조된 지각이라 해야 할지, 환각이라 해야 할지, 기억이라 해야 할지, 혹은 이 모든 것의 조합이라 해야 할지 정확히 판단하지 못한다.

우리 아버지는 젊은 시절에 후각이 예민했다. 그래서 아버지는 당대의 다른 의사들처럼 환자를 진찰할 때 후각에 의존했다. 아버지는 환자의 집에 들어가는 순간, 당뇨병 환자의 소변 냄새나 폐농양 환자의 악취를 감지했다. 중년에 몇 번 부비동염[축농증]에 걸려 후각이 무뎌진 후부터 아버지는 더이상 코를 진단 수단으로 사용하지 못했다. 그러나 아버지가 후각을 완전히 잃어버리지 않은 것이 그나마 다행이었다. 후각을 완전히 잃어버리면(이를 후각상실증anosmia이라 하며, 무려 5퍼센트에 이르는 사람들이 이 상태인 것으로 추산된다) 많은 문제가 발생하기 때문이다. 후각을 상실한 사람은 가스, 연기, 불쾌한 음식 냄새를 맡지 못하고, 자신이 배출한 고약한 냄새를 확인하지 못해서 사회적으로 불안감에 시달릴 수 있다. 또한 세상의 온갖 좋은 냄새를 즐기지 못하고, 음식의 미묘한 맛도 놓치게 된다(대부분의 맛은 미각뿐 아니라 냄새에도 의존하기 때문이다).[1]

나는 《아내를 모자로 착각한 남자》에서 후각상실증 환자를 묘사했다. 그는 두부 손상을 당한 후에 갑자기 후각을 완전히 잃고 말았다(후삭[뇌 기저부의 후구에서 뇌로 들어가는 신경 다발—옮긴이]은 뇌의 기저부를 길게 지나가기 때문에 쉽게 절단될 수 있고, 그래서 비교적 약한 두부 손상도 후각상실로 이어질 수 있다). 그전에 남자는 후각에 대해 의식적으로 생각해본 적이 거의 없었지만, 일단 후각을 잃어버리자 자신의 삶이 근본적으로 피폐해졌음을 깨달았다. 그는 사람, 책, 도시, 봄날의 냄새를 그리워했다. 그는 행여 잃어버린 감각이 되돌아올지 모른다는 기대를 버리지 않았다. 그리고 정말 몇 달 후, 감각이 돌아온 것 같았다. 놀랍고 기쁘게도 보글보글 끓고 있는 모닝커피의 냄새가 코끝을 자극했다. 그는 내친김에 여러 달 전에 끊었던 파이프 담배를 빨아보았다. 그리고 떨리는 가슴을 안고 신경과 의사를 찾아갔지만, 세밀하게 검사를 받은 후 회복의 기미는 없다는 말을 들었다. 하지만 그는 분명 후각적인 경험을 했으므로, 기억과 연상이 충만한 상황에서 그의 후각상실증이 냄새를 상상하는 능력

---

1. 야심 찬 주방장이었으나 자동차 사고를 당한 후 후각상실증에 걸린 몰리 번바움은 회고록 《간을 맞추다Season to Taste》에서 후각상실증 환자가 어떤 곤경을 겪는지를 감동적으로 묘사했다.

을 강화시킨 것이라고 나는 생각할 수밖에 없었다. 이는 시력을 잃은 사람이 심상을 떠올리는 능력이 강해지는 것과 같은 이치다.

장면, 냄새, 소리가 정상적으로 입력되지 않을 때 감각계의 민감성이 높아진다고 해서 이를 축복으로 여길 수만은 없다. 장면, 냄새, 소리의 환각으로, 즉 고리타분하지만 여전히 쓸모 있는 용어로 바꿔 말하자면, 환시phantopsia, 환후phantosmia, 환청phantacusis으로 이어질 수 있기 때문이다. 시각을 상실한 사람들 중 10~20퍼센트가 샤를보네증후군을 겪는 것처럼, 후각을 상실한 사람들 중에서도 그와 비슷한 비율이 후각 환각을 경험한다. 어떤 경우에는 부비동염이나 두부 손상에 뒤이어 환취가 나타나기도 하지만, 때로는 편두통, 간질, 파킨슨증, 외상후 스트레스장애나 그 밖의 질환과도 연관이 있다.[2]

샤를보네증후군인데 시력이 남아 있으면 온갖 종류의 지각 왜곡이 나타날 수 있다. 이와 마찬가지로 후각을 완전히 잃어버리지 않은 사람들도 후각적 왜곡을 겪는 경향이 있는데, 자신이 맡은 냄새를 불쾌한 것으로 오인하는 경우가 많다(이를 후각착오parosmia 또는 후각부전dysosmia이라 한다).

캐나다 여성인 메리 B.는 전신 마취로 수술을 받고 두 달이 지난 후 후각부전을 겪었다. 8년 후 그녀는 자신의 경험을 상세히 적어 보냈고, 여기에 "내 뇌 속의 유령"이란 제목을 붙였다.

순식간에 일어나더군요. 1999년 9월, 나는 아주 건강했습니다. 그해 여름 나는 자궁절제술을 받았지만 9월엔 이미 예전처럼 매일 필라테스와 발레 수

업에 참석했죠. 건강했고 활기찼어요. 4개월 후에도 나는 여전히 건강하고 활기찼는데, 아무도 볼 수 없고 알아주지 못할 것 같은 이상한 장애 때문에 보이지 않는 감옥에 갇히고 말았어요. 그 장애의 이름이 무엇인지조차 알아낼 수 없었지요.

처음에는 서서히 변해갔어요. 9월에 토마토와 오렌지에서 쇳내가 나고 약간 썩은 맛이 나기 시작하더군요. 또 코티지치즈에서 시큼한 우유 맛이 났어요. 다른 제품을 사봤지만 전부 다 상했더군요.

---

2. 연관된 질환 중 하나로 단순포진 바이러스 감염이 있다. 이것은 신경(때로는 후각 신경을 포함한다)을 공격하여 신경을 손상하는 동시에 자극할 수 있다. 바이러스는 신경절에 깊숙이 틀어박혀 오랫동안 잠복해 있다가, 몇 달 또는 몇 년의 간격을 두고 갑자기 나타난다. 미생물학자인 한 남성은 내게 다음과 같이 써 보냈다. "2006년 여름, 나는 '냄새'를 맡기 시작했습니다. 널리 퍼진 희미한 냄새였는데, 정확히 무슨 냄새인지는 알 수 없었지요(곰곰이 생각해보니… 젖은 판지의 냄새 같기도 했습니다)." 그런데 그 전에는 "코가 대단히 예민해서 냄새만으로도 실험실에서 배양하는 세균을 확인할 수 있었고, 유기용제나 희미한 향수의 미세한 차이를 감지할 수 있었"다고 한다.

그는 곧 썩은 생선 냄새가 지속적으로 나는 환각을 겪기 시작했는데, 이 환취는 1년이 지난 후에야 사라졌고 그와 함께 "대부분의 음식에 대한 후각적 예리함과 섬세함"도 사라졌다. 그는 이렇게 썼다.

> 어떤 냄새들은 영영 사라졌습니다. 똥 냄새(!), 빵 굽는 냄새, 쿠키 냄새, 칠면조 굽는 냄새, 쓰레기 냄새, 장미 냄새, 스트렙토미세스(흙 속이나 마른풀 등에 기생하는 미생물 — 옮긴이)의 신선한 흙냄새. … 이 모든 것이 사라지고 말았지요. 추수감사절의 냄새들은 그립지만, 공중화장실의 냄새는 절대 아닙니다.

후각착오와 환후는 여러 해 전에 걸린 단순포진 2형 바이러스의 재발 때문이었다. 그는 단순포진이 발병하기 전에 항상 환취를 경험한다며 흥미로워했다. "헤르페스가 다시 활동하기 시작하면 냄새가 납니다. 신경염이 발병하기 하루나 이틀 전이면 지난번에 났던 그 강한 냄새를 환각으로 경험하고 발병을 알아차립니다. [이 냄새는] 계속되다가 신경염이 가라앉으면 사라집니다. … 환각의 강도는 전체적인 신경염의 경중과 상관있습니다."

10월에는 상추에서 송진 냄새와 맛이 나고, 시금치, 사과, 당근, 꽃양배추에서는 살짝 썩은 맛이 나기 시작했어요. 생선과 고기, 그중에서도 특히 닭고기는 일주일 전부터 썩은 것 같은 냄새가 났답니다. 남편은 상한 맛을 전혀 느끼지 못하더군요. 나는 이렇게 생각했죠. 나에게 음식 알레르기가 생긴 것일까? …

곧이어 식당 주방의 배기 팬에서 묘하게 불쾌한 냄새가 나기 시작했어요. 빵 맛도 고약하고, 초콜릿은 기계유 같았죠. 먹을 수 있는 고기나 생선은 훈제 연어뿐이었어요. 그때부터 일주일에 세 번씩 훈제 연어를 먹었죠. 12월 초에 우리는 친구들과 외식을 했어요. 나는 메뉴를 신중히 골랐고 맛있게 먹었지만 미네랄워터에서 표백제 냄새가 나더군요. 하지만 다른 사람들은 즐겁게 마시고 있었기 때문에, 나는 주방에서 내 물 잔만 깨끗이 헹구지 않은 것이라 생각하고 넘어갔어요. 다음 주가 되자 냄새와 맛이 급격히 나빠졌습니다. 차량에서 나는 냄새가 너무 심해서 외출할 때마다 고역을 치렀죠. 필라테스와 발레 수업을 받으러 갈 때는 보행자 전용도로로 멀리 돌아갔어요. 와인 냄새도 역겨웠고, 사람한테서 향수 냄새가 나도 속이 메슥거렸어요. 남편의 모닝커피 냄새도 계속 나빠지고 있었지만, 하루 이틀 사이에 갑자기 참을 수 없는 지독한 악취로 변했고, 온 집 안에 퍼져서 몇 시간 동안 가시지 않더군요. 이안은 결국 직장에 가서 커피를 마시기 시작했어요.

메리 B. 부인은 신중하게 일지를 작성해가며 장애에 대한 설명까지는 아니더라도 최소한 패턴이라도 찾으려 했지만, 아무것도 알아낼 수 없었다. 그녀는 이렇게 썼다. "어떤 까닭도 이유도 없었어요. 어째서 레몬 맛은 괜찮은데 오렌지 맛은 고약할 수 있나요? 어째서 마늘은 괜찮은데 양파는 그렇지 않은 걸까요?"

완전한 후각상실에 이르면 지각된 냄새가 과장되거나 왜곡되는 대신, 냄새 환각만 경험하게 된다. 이 환각도 매우 다양하고, 때로는 정의하거나 묘사하기가 어렵다. 헤더 A.는 아래와 같은 경험담을 꺼냈다.

그 환각은 대개 냄새를 나타내는 한 단어로 설명할 수가 없어요(어느 날, 저녁이 다 가도록 딜 피클 냄새가 났을 때는 예외였지만요). 하지만 여러 냄새가 뒤섞인 무엇이라고는 어느 정도 설명할 수 있습니다(쇳내가 나는 볼펜식 탈취제, 달콤함과 씁쓸함이 가득 뒤섞인 케이크, 사흘 전부터 쓰레기 더미에 묻혀 있던 녹아내린 플라스틱). 나는 이런 식으로 냄새 환각에 이름을 붙이고 설명하는 것을 재미있는 놀이로 삼고 있습니다. 초기에는 2주 간격으로 하루에 몇 번씩 환각이 찾아오는 단계를 거쳤습니다. 몇 달 후 환각으로 경험하는 냄새의 가계도가 상당히 불어났고, 지금은 하루에 몇 번씩 환각에 이름을 붙이고 있습니다. 때때로 새로운 냄새가 불쑥 나타났다가 다시는 찾아오지 않습니다. 환각의 경험은 그때그때 다릅니다. 어느 때에는 바로 코 밑에 달라붙어 있는 것처럼 강렬하지만 금방 사라지고, 또 어느 때에는 미세하고 오래가는데 때로는 거의 알아차리지 못할 정도입니다.

어떤 사람들은 특별한 냄새를 환각으로 경험하는데, 이는 상황이나 암시에 의해 영향을 받았기 때문일 수 있다. 로라 H.는 개두술을 받은 후 후각의 대부분을 상실했다. 내게 보낸 편지에서 그녀는 잠깐씩 진짜 같은 냄새들이 훅 몰려오지만, 그것이 후각을 상실하기 전에 맡았던 어떤 것의 냄새인지 항상 정확히 기억나지는 않는다고 말했다. 때로는 완전히 뜬금없는 냄새가 나기도 했다.

주방을 개조하던 중, 어느 날 저녁에 가전기구에 합선이 일어났어요. 남편은 조금도 위험하지 않다며 나를 안심시켰지만 나는 합선으로 화재가 날 수도 있다는 생각에 몹시 불안했어요. … 한밤중에 전기화재 냄새가 나는 것 같아, 잠에서 깨어 주방을 둘러보았죠. … 주방, 복도, 찬장을 구석구석 점검했지만 화재의 흔적은 어디에도 없었습니다. … 문득, 그 냄새가 벽 뒤쪽이나 안 보이는 곳에서 난다는 생각이 들더군요.

로라는 남편을 깨웠고 남편은 아무 냄새도 맡지 못했지만 그녀는 계속 강한 연기 냄새를 맡았다. "난 충격에 빠졌어요. 실제로 존재하지 않는 냄새가 그렇게 강하게 날 수 있다니요."

어떤 사람들은 세상의 나쁜 냄새를 모두 합쳐놓은 것 같은 복합적인 냄새가 지속적으로 따라다는 환각을 경험한다. 보니 블로짓은 《냄새를 기억하며Remembering Smell》라는 저서에서, 부비동염에 감염되어 강력한 비강 스프레이를 사용한 후 그녀를 완전히 에워싼 환각의 세계를 묘사한다. 그녀가 처음 "기이한" 냄새를 감지한 것은 주립 고속도로를 따라 운전하고 있을 때였다. 주유소에 들러 타이어를 점검했지만 타이어는 모두 깨끗했다. 그리고 나서 그녀는 자동차의 히터팬에 문제가 생겼을지 모른다고 생각했다. 혹시 죽은 새가 끼어든 것일까? 그 냄새는 그녀를 끈질기게 따라다녔고 강도가 세졌다 약해지곤 했지만 완전히 사라지진 않았다.

그녀는 10여 개의 외부적 가능성을 찾아본 끝에, 마지못해 그 냄새가 자신의 머릿속에서 난다고 인정했다. 물론 정신과적인 의미가 아니라 신경학적인 의미에서였다. 로라는 그 냄새를 이렇게 묘사했다. "똥, 토사물, 타는 고기, 썩은 달걀 같아요. 연기, 화공약품, 소변, 곰팡이는 말할 것도 없고요. 내 뇌는 완전히 망가졌어요."(특별히 불쾌한 냄새를 맡는 환각을 악취증cacosmia이라 한다.)

인간은 1,000여 가지의 냄새를 감지하고 식별할 수 있지만, 가능한 냄새의 수는 그보다 훨씬 많다. 사람의 비점막에는 500여 개의 후각 수용체 자리가 있지만, 수용체에 가해질 수 있는 자극의 조합은 수조 가지에 이르기 때문이다. 어떤 환각적 냄새는 설명하기가 불가능하다. 그런 냄새는 실제 세계에서 경험할 수 있는 어떤 냄새와도 다르고, 그래서 기억이나 연상을 전혀 불러일으키지 않는다. 처음 접하는 새로운 경험은 환각의 보증수표가 될 수 있다. 현실의 제약에서 해방될 때 뇌는 어떤 소리, 상, 냄새든 만들어서 레퍼토리에 집어넣을 수 있고, 가끔 그 요소는 복잡하고 '불가능한' 조합을 이루기 때문이다.

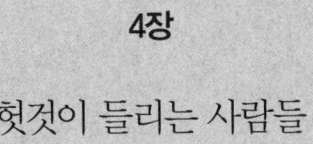

4장

헛것이 들리는 사람들

1973년, 〈사이언스〉 저널에 실린 기사 하나가 열광적인 반응을 불러일으켰다. "정신 나간 곳에서 제정신으로 지내다On Being Sane in Insane Places"라는 제목의 기사는 정신병력이 전혀 없는 8명의 '가짜 환자'들이 미국 전역의 여러 병원을 찾아가 어떤 경험을 했는지 묘사했다. 그들의 유일한 증상은 "목소리가 들리는" 것이었다. 그들은 의사에게, 무슨 말인지 알아들을 순 없지만 "공허한" "무의미한" "둔탁한" 단어들이 들린다고 하소연했다. 이 가짜 증세를 제외하고 그들은 정상적으로 행동했고, (정상적인) 과거의 경험과 병력을 제시했다. 그런데도 그들은 모두 정신분열증으로 진단받았고(한 명은 '조울병'으로 진단받았다) 2개월이나 병원에 입원했으며, 항정신병약을 처방받았다(그들은 그 약을 삼키지 않았다). 일단 정신병동에 입원한 뒤에도 그들은 계속 정상적으로 말하고 행동했다. 그들은 의료진에게 환청이 사라졌고 건강 상태가 좋다고 말했다. 심지어 그들은 매일 실험 과정을 드러내놓고 기록했지만(한 병원의 간호 일지에는 가짜 환자가 "글 쓰는 행동"을 한다고 기록했다), 단 한 명도 의료진에게 가짜 환자라는 사실이 발각되지 않았다.[1] 스탠퍼드대학교의 심리학 교수인 데이비드 로젠한이 고안한(그리고 가짜 환자로 직접 참여한) 이 실험이 무엇보다 강조한 사실은 '목소리가 들리는' 단일한 증상이 다른 증상이나 비정상적인 행동이 없어도 즉시 정신분열증의 범주로 진단받는다는 점이었다. '목소리가 들린다'는 것은 광기의 주문에 홀린 결과이며 심각한 정신장애를 겪지 않고서는 절대 일어나지 않는다는 공리에 가까운 믿음이 정신의학을 지배하고 더 나아가 사회 전반을 뒤덮고 있는 것이다.

이 믿음은 상당히 최근에 생겨났다. 초기에 정신분열증을 연구한 사람들은 신중하고 인도적인 유보 조항을 분명히 적용했다. 그러나 1970년대에 들어 항정신병 약물과 신경안정제가 다른 치료법을 대신하기 시작했고, 환자의 병력과 일생을 주의 깊게 청취하는 방법은 DSM(Diagnostic and Statistical Manual of Mental Disorders, 정신질환 진단 및 통계 편람)의 기준에 따라 단박에 진단하는 방법으로 대체되었다.

오이겐 블로일러는 1898년부터 1927년까지 거대한 부르크횔츨리 요양소를 운영한 스위스 심리학자로, 자신이 맡고 있던 수백 명의 정신분열병 환자를 세심하고 따뜻하게 치료했다. 그는 환자들이 듣는 '목소리'가 남들에겐 아무리 이상스럽게 보여도, 실은 그들의 정신 상태 및 망상과 밀접한 관련이 있음을 알아냈다. 그는 그 목소리들이야말로 "그들의 모든 고투와 두려움 … 그들과 외부 세계와의 관계 … 무엇보다

---

1. 그러나 진짜 환자들은 더 주의 깊게 관찰했다. 한 환자는 이렇게 말했다. "당신은 미치지 않았어. 당신은 기자 아니면 교수야."

… [그들을 에워싼] 병리적이거나 적대적인 힘들과의 변질되어버린 관계 전반"을 구체적으로 나타낸다고 썼다. 1911년에 발표한 위대한 연구논문 〈조발성 치매: 정신분열증군 Dementia Praecox; or, The Group of Schizophrenias〉에서 블로일러는 그 목소리들을 생생하고 자세히 묘사했다.

목소리는 환자에게 말만 하는 것이 아니라 몸에 전기가 통하게 하고, 환자를 때리고, 마비시키고, 생각을 빼앗는다. 환자들은 목소리를 사람으로 가정하곤 하지만, 사람이 아닌 아주 기이한 것으로 생각하기도 한다. 예를 들어 한 환자는 '목소리'가 자신의 양쪽 귀에 새처럼 걸터앉아 있다고 주장한다. 한 목소리는 조금 크고 다른 목소리는 조금 작지만 둘 다 크기가 대략 호두만 하고 모양은 크고 못생긴 입과 비슷하다.

'목소리'의 가장 일반적이고 주된 내용은 위협이나 저주다. 이 목소리들은 밤낮을 가리지 않고 모든 곳에서, 즉 벽에서, 위아래에서, 지하실과 지붕에서, 천국과 지옥에서, 가까운 곳과 먼 곳에서 다가온다. … 어느 환자는 식사를 할 때 "네가 먹는 음식은 다 훔친 것이지"라고 말하는 목소리를 듣는다. 그 환자가 물건을 떨어뜨리면 그 목소리는 "네 발이 으스러지길 바랐는데, 아쉽군"이라고 말한다.

목소리는 아주 모순적일 때가 많다. 어떤 때는 환자에게 적대적이고 … 다른 때는 정반대다. … 찬성과 반대의 역할은 각기 다른 사람의 목소리로 들린다. … 한 환자의 경우, 딸의 목소리로 "그는 산 채로 불에 타 죽을 거야"라고 말하는 반면, 어머니의 목소리로 "그는 불에 타 죽지 않을 거야"라고 말한다. 환자들은 그들을 박해하는 목소리와 함께 보호자의 목소리도 듣는다.

목소리는 종종 신체에 자리 잡는다. … 폴립(피부나 점막에 발생하는 버섯 모양의 융기―옮긴이)이 있으면 목소리가 코에 자리하곤 한다. 장에 문제가 있으면 목소리는 복부와 연결된다. … 성적 콤플렉스가 있는 경우에는 음경, 방광 속의 소변 또는 코가 음란한 말을 한다. … 실제나 가상으로 임신한 환자는 한 명이나 여러 명의 아이들이 자궁 안에서 말하는 것을 듣는다. …
무생물체도 말을 할 수 있다. 레모네이드가 말하고, 우유 잔에서 환자의 이름이 들리는 사례도 있다. 가구도 말을 한다.

블로일러는 "입원해 있는 거의 모든 정신분열증 환자가 '목소리'를 듣는다"고 썼지만, 그 반대는 성립하지 않는다고 강조했다. 목소리를 듣는다고 해서 반드시 정신분열병은 아니라는 뜻이다. 그러나 일반인이 상상하기에 환청은 정신분열병과 거의 동일한 의미를 지니는데, 이는 큰 오해다. 목소리를 듣는 사람 대부분은 정신분열병 환자가 아니기 때문이다.

많은 사람들이 목소리가 정확히 자신을 겨냥해서 말하지는 않는다고 보고한다. 낸시 C.는 이렇게 적어 보냈다.

밤에 잠이 들려고 할 때 자주 대화 소리가 들려요. 대화는 진짜 같아요. 내 귀에는 진짜 사람들이 바로 그 시각에 실제로, 하지만 다른 곳에서 말하는 것처럼 들립니다. 부부싸움을 하는 소리를 비롯해 온갖 소리가 들려요. 내가 아는 목소리가 아니니까, 아는 사람들은 아니겠죠. 마치 내가 다른 사람의 세계에 주파수가 맞춰진 라디오가 된 기분이랍니다(물론 항상 미국식 영어를 사용하는 세계죠). 이 경험이 환각이 아니면 대체 무엇이라고 해야 할까요? 대화에는 한 번도 끼어본 적이 없어요. 나한테는 절대 말을 걸지 않습니다.

난 그저 듣기만 한답니다.

'멀쩡한 사람들의 환각'은 19세기에도 잘 알려져 있었고, 신경학이 출현한 후 연구자들은 환각의 원인이 무엇인지 더 분명히 이해하려고 노력했다. 1880년대 영국에서 헛것이나 환각, 특히 유족들이 겪는 환영이나 환각에 관한 보고를 수집하고 조사할 목적으로 심령연구협회가 결성되자, 많은 저명한 과학자들(생리학자들과 심리학자들뿐 아니라 물리학자들까지)이 협회에 가입했다(윌리엄 제임스는 미국 지부에서 활동했다). 텔레파시, 투시력, 사자死者와의 소통, 영계의 본질 등이 체계적인 연구의 주제로 부상했다.

초기 연구자들은 일반 대중들 사이에 환각이 드물지 않다는 사실을 알게 되었다. 1894년, "정신이 온전한 사람들의 각성 시 환각에 대한 국제적 통계 조사"에서 그들은 정상적인 사람들이 정상적인 환경에서 겪는 환각의 발생과 성격을 조사했다(그들은 확실한 질병이나 정신병이 있는 사람들을 배제하기 위해 조심했다). 그들은 1만 7000명에게 똑같은 질문을 보냈다.

자신이 완전히 깨어 있다고 믿고 있을 때, 어떤 생명체나 무생물체가 눈에 보이거나, 당신의 몸을 건드리거나, 목소리가 들리는 것처럼 생생하게 느껴지는데도 무엇이 그런 느낌을 주는지 확인하기 위해 아무리 둘러봐도 실제로는 외부에서 물리적인 원인을 찾을 수 없었던 적이 있습니까?

10퍼센트가 넘는 사람들이 그렇다고 답했고, 그중 3분의 1 이상이 목소리를 들었다. 존 왓킨스는 《목소리를 듣다Hearing Voices》라는 저서에서 "이 사람들의 보고 중 환청의 내용이 종교적이거나 초자연적인 비율은 낮지만 유의미하다"라고 기록했다. 그러나 대부분의 환청은 평범하고 시시한 내용이었다.

가장 흔한 환청은 자신의 이름을 듣는 경우로, 익숙한 목소리일 수도 있고 낯선 목소리일 수도 있다. 이에 대해 프로이트는 《일상생활의 정신병리학The Psychopathology of Everyday Life》에서 다음과 같이 썼다.

> 젊은 시절에 외국의 도시에서 혼자 살고 있을 때였다. 대낮에 아주 종종 확실하고도 사랑스러운 목소리가 갑자기 내 이름을 부르곤 했다. 그러면 나는 환각이 일어나는 순간을 정확히 메모했고, 불안한 마음에 집 안에 있는 사람들에게 그 순간 무슨 일이 일어났는지 물었다. 아무 일도 없었다.[2]

정신분열병 환자들에게도 때때로 목소리가 들리는데, 그 내용은 비난하거나, 위협하거나, 조롱하거나, 괴롭히는 경향이 있다. 이와 정반대로 '정상인'의 환청은 대개 아주 평이하다. 대니얼 스미스는 《뮤즈, 광인, 예언자: 환청과 온전한 정신의 경계Muses, Madmen, and Prophets: Hearing Voices and the Borders of Sanity》에서 그런 사례를 밝혔다. 스미스의 아버지와 할아버지는 환청을 들었지만, 두 사람은 아주 다르게 반응했다. 스미스의 아버지는 열세 살에 목소리를 듣기 시작했다. 스미스는 다음과 같이 썼다.

---

2. 프로이트는 텔레파시 개념에 어느 정도 공감했다. 사후에 발간되었지만, 1921년에 그는 《정신분석과 텔레파시Psychoanalysis and Telepathy》를 썼다.

그 목소리들은 자세히 말하지 않았고, 불안감을 주는 내용을 말하지도 않았다. 그들은 단순한 명령을 내렸다. 예를 들어, 식탁 위에 있는 잔을 이쪽에서 저쪽으로 옮기라거나, 특정한 지하철 회전문을 이용하라고 지시했다. 그러나 목소리를 듣고 그 지시에 따를 때 아버지는 누가 봐도 견딜 수 없어 하는 것 같았다.

이와 반대로 스미스의 할아버지는 환각의 목소리가 들려도 태연했고, 심지어 장난스럽게 대처했다. 스미스는 할아버지가 환청을 이용해서 경마에 돈을 걸곤 하던 때를 묘사했다("효과는 없었단다. 이 말이 우승할 수 있다거나 저 말이 우승할 준비가 되어 있다고 말하는 목소리들 때문에 정신이 없었지"). 친구들과 카드 게임을 할 때에는 성공률이 훨씬 높았다. 할아버지와 아버지는 둘 다 초자연적인 것에 이끌리는 성향이 없었고, 특별히 정신질환을 앓지도 않았다. 그들은 일상적인 일에 대해 이러쿵저러쿵 말하는 특별하지 않은 목소리들을 들었을 뿐이다. 그들 외에도 수백만 명이 그런 목소리를 듣는다.

스미스의 아버지와 할아버지는 목소리에 대해 좀처럼 이야기하지 않았다. 그들은 은밀하고 조용히 목소리에 귀를 기울였다. 목소리가 들린다고 고백하면 미친 사람처럼 보이거나 최소한 심한 정신적 혼란에 빠진 사람처럼 보이리라고 느꼈을 것이다. 그러나 최근에 나온 많은 연구들은 목소리를 듣는 경험이 그리 드물지 않고, 목소리를 듣는 사람들 중 대다수는 정신병자가 아님을 확인해준다. 그들은 스미스의 아버지와 할아버지 쪽에 더 가깝다.[3]

분명 환청에 대한 태도는 대단히 중요하다. 스미스의 아버지처럼 어떤 사람은 목소리 때문에 괴로워하고, 그의 할아버지처럼 어떤 사람은 목소리를 받아들이고 느긋하게 대처한다. 개인적인 태도는 사회적 태도가 바탕이 되며, 사회적 태도는 시대와 장소에 따라 근본적으로 달라진다.

환청은 모든 문화에 존재하고, 많은 문화에서 매우 중요하게 취급된다. 그리스신화의 신은 종종 인간에게 말을 걸었고, 주요한 일신교의 신도 마찬가지였다. 이 점에서 환청은 항상, 어쩌면 환영보다 더 중요했을지 모른다. 목소리는 언어이므로, 이미지만으로는 전달할 수 없는 명시적인 메시지나 명령을 전달할 수 있기 때문이다.

18세기까지 사람들은 환영처럼 목소리도 신이나 악마, 천사나 악령 같은 초자연적인 행위체에게서 나온다고 믿었다. 분명 목소리는 정신이상이나 히스테리의 목소리와 겹치기도 했겠지만, 대개는 목소리를 병리학적으로 보지 않았다. 목소리가 두드러지지 않고 사적인 차원에 머문다면, 사람들은 그것을 그저 인간 본성의 일부로, 어떤 사람들에게는 자연스럽게 일어나는 삶의 일부로 받아들였다.

18세기 중반 무렵에 새로운 세속 철학이 출현하면서 계몽운동을 주도하는 철학자들과 과학자들 사이에 세력을 넓혔고, 시각 환각과 환청은 생리학적 기초를 얻으면서 뇌의 몇몇 중추들이 과도하게 활성화한 결과

---

3. 최근에 목소리를 듣는 많은 사람들이 여러 나라에서 통신망을 조직하여, 그들에겐 목소리를 듣고, 타인들에게서 목소리를 존중받게 하고 사소하거나 병리적으로 가볍게 취급당하지 않게 할 '권리'가 있다고 주장하고 있다. 이반 로이더와 필립 토머스는 《이성의 목소리, 광기의 목소리 Voices of Reason, Voices of Madness》에서 이 운동과 의미에 대해 논했으며, 산드라 에셔와 마리우스 롬메는 2012년에 이 주제를 다룬 평론을 발표했다.

로 여겨지게 되었다.

그러나 여전히 '영감'이라는 낭만적인 개념도 통했다. 예술가, 특히 작가 스스로, 혹은 남들이 보기에는 초월적인 음성의 기록자 내지 필기자였고, 때로는 (릴케처럼) 목소리가 말하는 것을 듣기 위해 몇 년을 기다리기도 했다.[4]

혼잣말을 하는 행위는 인간에게 기본적이다. 우리는 언어적 동물이기 때문이다. 러시아의 위대한 심리학자 레프 비고츠키는 '내적 언어'가 모든 자발적 행위의 선행 조건이라고 생각했다. 수많은 사람들처럼 나 역시 하루의 많은 시간 동안 혼잣말을 하면서 나 자신을 훈계하고("이 바보 같은 녀석! 안경을 어디에 둔 거야?"), 나 자신을 격려하고("난 할 수 있어!"), 불평하고("저 앞 차는 왜 저래?"), 드물긴 하지만 나 자신을 축하한다("다 했어!"). 이 목소리들은 밖에서 들리지 않는다. 나는 단 한 번도 그런 목소리를 신이나 다른 사람의 목소리로 착각한 적이 없다.

그러나 언젠가 내가 위험에 처했을 때, 즉 심하게 다친 다리를 이끌고 산을 내려가다가 평소의 중얼거리는 내적 언어와는 완전히 다른 내면의 소리를 들었다. 다리에 힘이 풀리고 무릎이 삐끗거리는 상태에서 나는 죽을힘을 다해 개울을 건넜다. 그렇게 안간힘을 쓰고 나자 기진맥진하여 몇 분 동안 꼼짝도 할 수 없었다. 그때 달콤한 무기력감이 온몸에 퍼졌

---

4. 유디트 바이스만은 《두 마음에 관하여: 목소리를 듣는 시인들Of Two Minds: Poets Who Hear Voices》에서, 특히 시인들이 직접 말한 내용에 근거하여 분명한 증거를 제시한다. 호머에서 예이츠에 이르기까지, 많은 시인들이 단지 비유적인 의미로의 목소리가 아니라 진짜 청각적인 음성으로 들리는 환청에 의해 영감을 받았다는 것이다.

다. 나는 '여기서 쉬면 어떨까? 잠시 낮잠을 자면 어떨까?'라고 생각했다. 그 즉시 강하고, 분명하고, 위엄 있는 목소리가 내 생각을 되받아쳤다. "여기서 쉬면 안 돼. 어디에서도 쉬면 안 된다. 계속 가야 해. 회복할 수 있는 장소를 찾을 때까지 쉬지 말고 가야 해." 이 좋은 목소리, 생명의 목소리에 나는 힘을 내고 결의를 다졌다. 나는 더이상 떨지 않았고, 다시는 비틀대지 않았다.

조 심슨 역시 안데스에서 산을 오르다가 끔찍한 사고를 당했다. 빙벽에서 떨어져 깊은 크레바스에 빠지면서 다리가 부러진 것이다. 《난 꼭 살아 돌아간다Touching the Void》에서 자세히 묘사한 것처럼, 그는 살아남기 위해 분투했고 이때 그를 격려하고 이끌어주는 목소리가 결정적인 역할을 했다.

정적과 눈, 생명체라고는 전무한 맑은 하늘, 그리고 내가 있었다. 나는 그 자리에 앉아 모든 상황을 받아들였고, 내가 무엇을 해내야 하는지 인정했다. 판단을 가로막는 사악한 힘은 없었다. 머릿속에 뒤엉킨 복잡한 생각을 뚫고 어떤 목소리가 튀어나와 차갑고 이성적인 소리로, 그것은 진실이라고 말했다. 마치 내 안에서 두 개의 마음이 이미 정해진 결정을 놓고 집요하게 다툼을 벌이는 듯했다. 목소리는 분명하고 날카롭고 위엄이 있었다. 목소리는 항상 옳았고, 나는 목소리가 들릴 때마다 귀를 기울이고 그 결정에 따라 행동했다. 다른 마음은 앞뒤가 이어지지 않는 일련의 상들 그리고 기억과 희망을 두서없이 만들어냈고, 내가 몽롱한 상태에서 목소리의 명령에 따라 움직이려 할 때마다 주의를 빼앗았다. 나는 빙하로 가야만 했다. … 목소리는 나에게 정확한 명령을 내렸고 나는 그 명령에 따랐지만, 그러는 동안에도 나의 다른 마음은 멍한 상태로 이 생각에서 저 생각으로 … 빙하에서 나오는 열기가 나를 멈춰 세우고 졸음과 피로와 몽롱함에 빠뜨릴 때마다, 목소리 그리고 시계가 나에게 움직이라고 재촉했다. 벌써 3시였고, 해가 질 때까지는 세 시간 반밖에 남지 않았다. 나는 계속 움직였지만, 답답할 정도로 천천히 나아가고 있음을 곧 깨달았다. 그러나 내가 달팽이처럼 움직이고 있다는 사실은 중요하지 않은 듯했다. 그 목소리에 복종하는 한 아무 문제가 없을 것 같았다.

그런 목소리는 극단적인 위협이나 위험이 닥친 상황에서는 누구에게나 들릴 수 있다. 프로이트는 그런 상황에서 두 번이나 목소리를 들었고, 《실어증에 관하여On Aphasia》에서 아래와 같이 언급했다.

내 기억으로, 나는 살아오면서 생명의 위협을 두 번 겪었고, 그때마다 아주 갑자기 위기의식을 느꼈다. 두 번 모두 "이제 끝이구나"라고 생각했다. 나의 내적 언어가 단지 불분명한 소리 이미지와 미세한 입술의 움직임에 머물러 있는 동안, 위험한 상황에서 어떤 사람이 내 귀에 대고 소리치고 있는 것처럼 그 말이 들렸고, 그와 동시에 그 말이 마치 종이에 인쇄되어 공중에 떠다니는 것처럼 보였다.

생명의 위협은 내면에서 나올 수도 있는데, 그럴 때 목소리가 사람들의 자살 시도를 몇 번이나 막았는지는 알 수 없지만 실제로 그런 경우가 드물지 않으리라고 나는 생각한다. 내 친구 리즈는 사랑이 깨진 후 크게 상심하고 낙담했다. 입에 수면제를 한 움큼 털어놓고 위스키로 단숨에 넘기려는 순간, 그녀는 목소리를 듣고 깜짝 놀랐다. "안 돼. 그건 네가 원하는 일이 아냐." 뒤이어 "아무리 큰 아픔도 시간이 지나면 사라진다는 것을 기억하라"라는 말이 들렸다. 목소리는 외부에서 들리는 것 같았고, 구체적으로 누군지는 알 수 없었지만 남자의 목소리였다. 리즈는 기어들어가는 목소리로 "누구세요?"라고 물었다. 아무 대답이 없었지만, (그녀의 표현을 빌리자면) "과립으로 이루어진" 사람이 맞은편 의자에 형체를 갖추고 나타났다. 18세기의 옷을 입은 젊은 남자임을 어렴풋이 알 수 있었지만, 그 형체는 몇 초 후 사라졌다. 그리고 주체할 수 없을 만큼 안도감과 기쁨이 찾아왔다. 리즈는 그 목소리가 분명 자신의 가장 깊은 내면에서 나왔다는 사실을 알고 있지만, 장난스럽게 그 남자를 "과립 천사"로 부르곤 한다.

사람들이 왜 목소리를 듣는지에 대해 다양한 설명이 존재한다. 상황에 따라 각기 다른 설명이 필요하기 때문이다. 예를 들어 확연히 적대적이거나 괴롭히는 정신병의 목소리는 빈집에서 자신의 이름을 듣는 경험과 근본적으로 다르고, 자신의 이름이 들리는 환청은 긴급상황이나 절박한 상황에서 찾아오는 목소리와 본질적으로 다르다.

청각 환각은 1차 청각피질의 비정상적인 활성화와 관련이 있다. 이 주제는 정신병이 있는 사람들뿐 아니라 다수의 일반인에 대해서도 매우 광범위하게 조사할 필요가 있다. 지금까지 대부분의 연구는 정신병 환자들의 청각 환각만을 조사해왔다.

몇몇 연구자들은 청각 환각이 내면에서 생성된 언어를 자신의 것으로 인식하지 못한 결과라는 견해를 제시한다(또는 청각 영역에 교차활성[독립된 감각 영역들이 상호 관련되어 활성화하는 것—옮긴이]이 일어나서, 정상적인 사람들은 자신의 생각으로 이해되는 것이 환청을 듣는 사람들에겐 '음성화' 되기 때문이라는 이론이 있다).

어쩌면 보통 사람에게는 생리적 울타리나 억제 과정이 있어, 내면의 목소리를 외부의 소리로 '듣지' 못하게 막아주는지도 모른다. 어쩌면 지속적으로 목소리를 듣는 사람들에게는 울타리가 어떤 이유에서든 망가지거나 발달하지 못했을지도 모른다. 그러나 우리는 이 문제를 거꾸로 뒤집어, 왜 대부분의 사람은 목소리를 듣지 못하는지를 물어야 할지도 모른다. 줄리언 제인스는 큰 영향을 미친 1976년의 저서 《의식의 기원 The Origin of Consciousness in the Breakdown of the Bicameral Mind》에서, 그리 멀지 않은 과거에 모든 인간이 목소리를 들었다고 추측했다. 그 목소리는 내면에서, 즉 뇌의 우반구에서 생성되어 (좌반구에 의해) 지각되었고 사람들은 이를 신과의 직접적인 대화로 간주했다. 기원전 1000년경 어느 시점에 근대적 의식이 출현하자 목소리는 내면화되었고, 사람들은 그것을 자신의 소리로 인식하게 되었다.[5]

다른 학자들은 청각 환각이란 언어적 사고와 나란히 진행하는 하위 음성에 비정상적으로 주의를 기울이기 때문에 발생한다는 견해를 제시한다. 결국 '목소리를 듣는다'는 것과 '청각 환각'은 여러 다양한 현상을 포괄하는 용어임이 분명하다.

---

5. 제인스는 정신분열증과 그 밖의 몇몇 질환에서 '양원성'이 역전되어 있을지 모른다고 생각했다. 일부 정신의학자들(나스랄라, 1985)은 이 견해에 찬성하거나, 적어도 정신분열증의 환청은 우뇌에서 발생하지만 환자가 자신의 소리로 인식하지 못하고 소외된 것(남의 것)으로 지각한다는 개념(소외증후군)에 찬성한다.

목소리는 사소하든 불길하든 어떤 의미를 전달하지만, 기이한 소음에 불과한 청각 환각도 있다. 가장 흔한 예는 귀울림 또는 이명耳鳴일 것이다. 귀울림은 쉿 소리나 벨 소리가 거의 쉬지 않고 울리고 청력 상실로까지 이어지며, 때로는 참을 수 없을 만큼 크게 울리기도 한다.

허밍, 중얼거림, 재잘거림, 톡톡 두드림, 바삭거림, 벨 소리, 입을 막고 내는 듯한 목소리 등의 소음이 들리는 현상은 대개 청력과 관계가 있으며, 섬망, 치매, 독소, 스트레스 등에 의해 악화될 수 있다. 예를 들어 레지던트들이 장시간 대기 상태에 있을 때 수면 박탈로 인해 어느 감각 양식이든 다양한 환각이 발생할 수 있다. 한 젊은 신경과 의사는 나에게 보낸 편지에, 30시간 이상 대기하고 있으면 병원의 원격측정기와 환풍기의 경보음이 들리고, 때로는 집에 도착한 후에도 귀에서 전화벨 소리가 계속 울린다고 말했다.[6]

음악의 악절이나 노래가 목소리나 소음과 함께 들릴 수도 있지만 대다수 사람들은 단지 음악이나 악절만 '듣는다'. 음악 환각은 뇌졸중, 종양, 동맥류, 감염증, 신경변성의 진행, 중독성 장애나 대사 장애 등으로 유발될 수 있다. 그런 상황에서 발생한 환각은 대개 유발 요인

---

6. 새러 리프먼은 자신의 블로그(www.reallysarahsyndication.com)에서, 휴대전화에서 벨이 울린다고 상상하거나 환청을 듣는 '벨 소리 환청' 현상(일명 '벨소리증후군')을 언급한다. 그녀는 노크 소리를 듣거나 아기의 울음소리를 듣는다고 생각할 때처럼, 이 현상도 경계, 기대 또는 불안 상태와 관계가 있다고 본다. 그녀는 나에게 이렇게 편지를 보냈다. "내 의식의 일부가 그 소리를 모니터링하기 위해 긴장하고 있는 것이죠. 내가 보기에는 과민 반응 상태가 환청의 원인인 것 같습니다."

이 치료되거나 가라앉으면 즉시 사라진다.[7]

  때때로 음악 환각은 구체적인 원인을 정확히 집어내기가 어렵지만, 내 연구에 응해준 아주 연로한 환자들의 경우를 보면 음악 환각의 가장 일반적인 원인은 청력 상실이나 난청이며, 보청기나 달팽이관 이식으로 청력을 개선해도 환청은 끈질기게 들릴 수 있다. 다이앤 G.는 아래와 같은 편지를 썼다.

  기억이 미치는 한 나에겐 항상 귀울림이 있었어요. 거의 하루 종일, 일주일 내내 귀에 붙어 다녔고, 아주 높은 소리였죠. 한여름에 무리를 지어 롱아일랜드로 돌아와 울어대는 매미 떼의 소리와 아주 똑같았습니다. 작년 어느 때쯤엔 머릿속에서 음악 소리가 난다는 것도 알게 되었어요. 친구들이 오케스트라와 함께 빙 크로스비의 〈화이트 크리스마스〉를 계속 되풀이하며 불러댔죠. 나는 다른 방에서 틀어놓은 라디오에서 들리는 것이라 생각했지만, 결국에는 외부에서 들릴 가능성이 전혀 없다고 결론지었죠. 그 소리는 며칠 동안 계속되었는데, 소리를 끄거나 볼륨을 조절할 수 없다는 걸 즉시 알겠더군요. 하지만 연습해보니 가사, 빠르기, 화음은 바꿀 수 있었어요. 그 후로는 주로 저녁까지 매일같이 그 음악이 들렸고, 때로는 대화할 때 상대방의 소리가 안 들릴 정도로 크게 들렸어요. 음악은 항상 찬송가처럼 내가 잘 알고 있는 멜로디, 내가 좋아하고 오랫동안 연주했던 피아노곡, 어린 시절부터 기억하고 있

---

7. 측두엽 간질 도중에 발작성 음악 환각이 일어날 수 있다. 그러나 그런 경우 음악 환각은 정해진 불변의 형식을 띤다. 즉, 환각이 다른 증상들(시각 환각이나 후각 환각 또는 기시감[지금 자신에게 일어나는 일을 전에도 경험한 것처럼 느끼는 증상—옮긴이])과 함께 나타나고, 다른 때에는 절대 나타나지 않는다. 약물이나 수술로 간질을 억제하면 간질성 음악은 사라진다.

는 노래의 멜로디였어요. 모두 다 가사가 붙어 있어요. …

이 소음에 더해 세 번째 종류의 소리가 들리기 시작했어요. 다른 방에서 어떤 사람이 라디오나 텔레비전의 전화 토론 프로그램을 듣는 것 같은 소리가 들리는 거예요. 남자들과 여자들의 목소리가 지속적으로 흘러나오는데, 현실적으로 끊기기도 하고, 음조가 변하고, 목소리가 커지거나 작아지곤 해요. 하지만 무슨 말을 하는지 알아듣지는 못하겠어요.

어린 시절부터 진행성 청력 상실을 겪어온 다이앤은 음악과 대화를 모두 환청으로 듣는다는 점에서 특이한 사례다.[8]

개인들이 듣는 음악 환각의 성격은 매우 폭이 넓다. 때로는 부드럽고, 때로는 괴로울 정도로 시끄럽고, 때로는 단순하고, 때로는 복잡하다. 그러나 모든 음악에는 몇 개의 공통적인 특징이 있다. 가장 우선적이고 중요한 특징은 속성이 마치 지각과 같아서 외부 음원에서 들려오듯이 느껴진다는 점이다. 이 점에서 음악 환각은 심상과 다르고, 더 나아가 '귀벌레 현상earworm'과도 다르다(귀벌레 현상은 종종 성가시게 어떤

---

8. 음악 환각을 경험하는 사람들은 대부분 연로하고 청력을 어느 정도 잃은 사람들이다. 그래서 그들은 섬망, 정신이상 또는 저능인 것처럼 취급당하곤 한다. 진 G.는 심장 발작으로 입원하고 나서 며칠 후부터 "남성 합창단이 멀리 숲속에서 노래하는 것을 듣기" 시작했다(몇 년 후 나에게 편지를 쓸 때에도 그녀는 여전히 그 소리를 들었고, 특히 스트레스를 받을 때나 극도로 피곤할 때 환청을 들었다). 그녀는 이렇게 썼다. "하지만 나에게 '할머니, 이름이 뭐예요? 오늘이 무슨 요일이에요?'라고 묻는 간호사를 볼 때에는 즉시 이 음악에 대한 이야기를 멈추지요. 난 이렇게 대답해요. '그래, 난 오늘이 무슨 요일인지 알아. 오늘은 내가 퇴원해서 집으로 가는 날이잖아'."

음악적 심상이 [또는 어떤 말이] 계속 되풀이되는 현상을 말하며, 대부분의 사람들이 가끔씩 겪는다[뇌벌레 현상이라고도 한다—옮긴이]). 음악 환각을 겪는 사람들은 라디오, 이웃집의 텔레비전, 거리의 악대 같은 것에서 외적 원인을 찾고, 외적 원인을 발견하지 못할 때에야 비로소 그 원천이 자신의 내면에 있음을 깨닫는다. 그래서 그들은 환청의 출처를 조절이 가능한 내적 자아의 일부가 아니라 자동적이고 독립적인 것, 예를 들어 뇌 속의 녹음기나 아이팟에 비유하곤 한다.

자신의 머릿속에 이런 것이 있다는 생각을 하면 사람들은 당황하거나 두려워한다. 자신이 미쳤다거나 음악적 환청이 종양, 뇌졸중, 치매 등의 징후일지 모른다고 두려워하는 것이다. 그런 두려움 때문에 사람들은 환각 증세를 겪고 있다는 사실을 인정하지 않는다. 어쩌면 그런 이유로 오랫동안 음악 환각은 드문 현상으로 여겨졌을지 모르지만, 이제는 그렇지 않다는 사실이 분명해졌다.[9]

음악 환각은 명백한 계기 없이 갑자기 나타날 때가 많다. 그러나 음악 환각에 이어서 귀울림이나 외부적 소음(비행기 엔진이나 잔디 깎는 기계의 윙윙거림 같은)이 들리거나, 진짜 음악이나 구체적인 악곡이나 음악 양식을 암시하는 소리가 들리는 경우가 자주 있다. 때로는 외부적 연상이 음악 환각을 촉발한다. 예를 들어 나의 한 환자는 프랑스 빵집을 지나칠 때마다 프랑스 노래 〈종다리, 귀여운 종다리〉가 들린다고 한다.

어떤 사람들은 음악 환각을 거의 쉬지 않고 듣는 반면, 다른 사람들은

---

9. 나는 《뮤지코필리아》에서 음악 환각(그리고 침입성 음악적 심상 또는 '귀울림')에 대해 아주 상세히 서술했다.

간헐적으로 듣는다. 환청으로 들리는 음악은 대개 익숙한 음악이다(그러나 항상 좋아하는 음악이 들리는 것은 아니다. 한 환자는 어린 시절에 무서워하면서 들었던 나치의 행진곡들을 들었다). 음악은 노래이거나 악기 연주일 수 있고, 고전음악이거나 대중음악일 수 있지만, 대부분 환자가 어렸을 때 들었던 것이다. 때로는, 내게 편지를 보낸 재능 있는 음악가의 표현을 빌리자면 "무의미한 악절과 패턴"이 들리기도 한다.

환청 음악은 매우 세밀할 수 있고, 그래서 한 곡의 모든 음, 오케스트라의 모든 악기가 또렷이 들린다. 세밀함과 정확성은 환청을 경험하는 사람에게 큰 놀라움을 안겨주곤 한다. 정상일 때에는 정교한 합창곡이나 기악곡은 물론이고 간단한 곡 하나도 외울 줄 모르는 사람들에겐 당연히 놀라울 법하다(이는 시각 환각들이 대체로 대단히 명료하고 특이할 정도로 세밀한 것과 유사하다). 레코드 바늘이 튀는 것처럼, 몇 마디밖에 안 되는 하나의 주제가 반복해서 들리는 경우가 많다. 한 환자는 "참 반가운 신도여"라는 구절만 10분 동안 열아홉 번 반을 들었고(남편이 횟수를 셌다), 단 한 번도 찬송가 전체가 들리지 않아서 괴로웠다. 환각적 음악은 강도가 서서히 높아지다 서서히 낮아질 수 있지만, 마디 중간에 갑자기 폭발적으로 커졌다가 커질 때와 마찬가지로 돌연 뚝 끊길 수도 있다(켜고 끄는 스위치 같다고 환자들은 자주 말한다). 어떤 환자들은 음악 환각에 맞춰 노래를 부르기도 하고 어떤 환자들은 환청을 무시하지만, 이는 결코 중요한 차이가 아니다. 음악 환각은 경험자가 주의를 기울이든 무시하든 상관없이 자동적으로 계속된다. 그리고 경험자가 귀를 기울이든 다른 곡을 연주하든 상관없이 제 나름대로 정한 경로에 따라 진행된다. 바이올리니스트인 고든 B.는 가끔 연주회에서 실제로 어떤 곡을 연주하는 동안 완전히 다른 곡을 환청으로 듣곤 했다.

환청 음악은 늘어나는 경향이 있다. 처음에는 익숙한 곡, 오래전의 노래로 시작하지만 며칠이나 몇 주 사이에 다른 노래가 가세하고, 그 후 또 다른 노래가 합류하여 결국 환청 음악의 레퍼토리가 완성된다. 그리고 레퍼토리 자체도 변하는 경향이 있다. 다시 말해 한 곡이 빠지고 다른 곡이 그 자리를 대신할 수 있다. 경험자는 환각을 임의로 시작하거나 중단하지 못하지만, 어떤 사람들은 이따금 한 곡을 다른 곡으로 대체할 줄 아는 듯하다. 따라서 자신의 "두개골에 주크박스가" 있다고 말한 남성은 "주크박스" 자체를 켜고 끄지는 못하지만, 스타일이나 리듬이 어느 정도 비슷하면 마음 내키는 대로 한 "레코드"를 다른 "레코드"로 바꿀 수 있다고 말했다.

지속적인 침묵이나 청각적 단조로움도 청각 환각의 원인이 될 수 있다. 나의 환자들 중에는 명상원에서 명상하거나 긴 항해를 하던 중 청각 환각을 경험했다고 보고했다. 제시카 K.는 정상적인 청력을 가진 젊은 여성인데, 환각이 청각적 단조로움으로 인한 것이라고 편지를 썼다.

흐르는 물소리나 중앙식 냉난방기 소리 같은 백색소음에 둘러싸여 있을 때 자주 음악이나 목소리가 들립니다. 그 소리는 분명하게 들리지만(초기에는 다른 방에 켜져 있는 라디오를 찾아다니곤 했어요), 가사가 있는 음악이나 목소리(항상 진짜 대화가 아니라 라디오의 전화 토론 프로그램처럼 들립니다)가 들릴 경우에는 단어를 알아들을 수 있을 정도로 잘 들리진 않습니다. 그 소리들이 백색소음에 "끼워져" 있고 경쟁하는 다른 소리가 있기 때문이지, 그렇지 않을 때에는 결코 그런 소리가 들리지 않습니다.

음악 환각은 아이들에겐 상대적으로 드문 편이지만, 내가 만난 마이클이란 소년은 대여섯 살 때부터 음악 환각을 들었다. 마이클의 음악은 끊임없이 이어지고 압도적이었으며, 다른 일에도 집중할 수 없게 했다. 그러나 목소리를 듣는 사람들의 환청이 어린 나이에 시작해서 평생 지속되는 것과 달리, 음악 환각은 나중에 시작되는 경우가 훨씬 많다.

음악 환각을 지속적으로 경험하는 사람들 중 어떤 사람들은 환각 때문에 괴로워하지만, 대부분의 사람들은 자신에게 강요되는 음악을 수용하고 그에 맞춰 사는 법을 터득하며, 소수의 사람들은 내면의 음악을 즐기고 그 음악이 삶을 풍요롭게 한다고 느낀다. 활기차고 표현력이 뛰어난 85세의 할머니 아이비 L.은 황반변성의 영향으로 시각 환각을 겪고 있지만, 또 한편으로는 청력 손상으로 인해 음악 환각을 겪고 있다. 아이비 할머니는 이렇게 편지를 썼다.

2008년에 의사는 내 병을 우울증이라 진단했고 나는 내 병을 슬픔이라고 진단했지만, 어쨌든 파록세틴[항우울제]을 처방받았어요. 남편을 잃고 매사추세츠에서 세인트루이스로 이사한 후였지요. 파록세틴을 먹기 시작하고 일주일이 지났을 때였어요. 올림픽을 보고 있는데, 남자 수영 경기에 축 처진 음악이 흘러나와 깜짝 놀랐어요. 텔레비전을 꺼도 그 음악은 계속 들렸고, 그 후로는 깨어 있을 때는 항상 귓전을 맴돌았어요.
음악이 들리기 시작했을 때, 한 의사가 도움이 될지 모른다며 자이프렉사[정신분열병 치료제]를 줬어요. 그걸 먹으니 밤에 시각 환각이 일어나서 천장이 갈색 거품으로 자욱해지더군요. 그래서 다른 약을 처방받았더니, 이번에는 내 욕실에서 예쁘고 투명한 열대식물들이 자라는 환상이 보였어요. 그래서 약을 끊었더니 시각 환각이 사라지더군요. 하지만 음악은 계속 들렸어요. 무슨 노래인지는 도통 '기억나지' 않아요. 집 안에서 들리는 음악은 CD나 연주회처럼 크고 맑아요. 슈퍼마켓처럼 큰 장소에서는 볼륨이 올라가지요. 음악에는 노래를 부르는 사람이나 가사가 없어요. '목소리'를 들어본 적은 없지만, 한번은 졸고 있을 때 다급하게 내 이름을 부르는 소리가 들리더군요. 한동안 울리지도 않는 초인종, 전화벨, 알람시계 소리를 '들을' 때가 있었어요. 이제 그런 소리는 사라졌죠. 음악 외에도 가끔씩 여치 소리, 참새 소리 또는 오른쪽에서 멈춰 서 있는 트럭의 엔진 소리가 들려요.

이런 소리를 듣는 동안 그것이 실제가 아니라는 사실을 잘 알고 있습니다. 나는 여전히 계좌와 돈을 관리하고, 이사하고, 살림을 하는 등 정상적인 생활을 하고 있어요. 그리고 청각 장애나 시각 장애를 경험하는 동안에도 조리 있게 말합니다. 기억력도 아주 정확해요. 가끔 신문을 엉뚱한 곳에서 찾긴 하지만요.

나는 내가 생각하는 멜로디 또는 어떤 악절에 의해 유발된 멜로디로 '들어갈' 순 있지만, 그 환청을 멈출 수는 없어요. 그래서 복도의 벽장에서 들리는 '피아노 소리'나, 거실 천장에서 들리는 '클라리넷 소리', 끝없이 계속되는 〈신이여, 미국을 축복하소서〉, 또는 자려고 할 때 들리는 〈잘 자, 아이린〉을 막지는 못합니다. 하지만 그럭저럭 잘 지내고 있답니다.

PET와 fMRI는 실제로 음악을 지각할 때처럼 음악 환각을 경험할 때에도 뇌의 여러 영역을 포함하는 광범위한 신경망이 활성화된다는 사실을 보여주었다. 구체적으로 나열하자면, 청각 영역, 운동피질,

시각 영역, 기저핵, 소뇌, 해마, 편도체다(음악은 다른 어떤 활동보다 더 많은 뇌 영역을 자극한다. 이런 이유로 음악 치료는 매우 다양한 질환에 좋은 효과를 발휘한다). 때로는 국소 간질, 열병 또는 섬망이 음악적 신경망을 직접 자극하기도 하지만, 음악 환각은 평소에 제 기능을 발휘하던 억제 과정이나 구속 과정이 약해져서 음악적 신경망에 활성 신호가 풀리기 때문에 발생하는 것으로 보인다. 풀림을 일으키는 가장 흔한 원인은 청각 박탈이나 청력 상실이다. 연로한 청각장애자들의 음악 환각은 샤를보네증후군의 시각 환각과 유사하다.

 그러나 청력 상실의 음악 환각과 샤를보네증후군의 시각 환각은 생리적으로는 비슷해도 현상적으로는 큰 차이가 있고, 배후에는 시각적 세계와 음악적 세계가 성격상 매우 다르다는 사실, 즉 두 세계를 지각하거나 회상하거나 상상하는 방식이 명백히 다르다는 사실이 놓여 있다. 시각적으로 우리에게는 미리 만들어지고 조합된 세계가 주어지지 않는다. 우리는 최선을 다해 자신의 시각적 세계를 구성해야 한다. 이 세계를 구성하려면 뇌는 여러 기능적 차원에서 분석과 종합을 수행해야 한다. 먼저 후두피질에서 선, 각도, 방향을 지각한다. 다음으로 상위 차원인 하측두피질로 올라가면 이 시지각의 '기초 재료들'은 더 복잡해져서 풍경, 사물, 동물과 식물의 형태, 글자, 얼굴 등을 분석하고 인식하기에 적당해진다. 복합 환시에는 기본 재료들의 조립 또는 조합 행위가 필요하며, 조합물 자체에서도 치환, 해체, 재조합이 끊임없이 일어난다.

 음악 환각은 매우 다르다. 음악에서는 별개의 기능 체계들이 음정, 음색, 리듬 등을 지각하지만, 뇌의 음악적 신경망은 함께 일하므로 어떤 곡의 멜로디나 템포나 리듬에 중요한 변화가 발생하면 반드시 음악적 정체성을 상실하게 된다. 우리는 하나의 악곡을 전체로 이해한다. 어떤 초기 과정이 음악적 지각과 기억을 촉발하건 간에, 일단 하나의 곡이 인지되면 그 곡은 개별 요소들의 조합이 아니라 하나의 완성된 절차나 수행으로 유지된다. 음악은 사람이 회상할 때마다 마음/뇌가 연주한다. 귀울림 때문이든 환각 때문이든, 음악이 자연발생적으로 분출할 때도 마찬가지다.

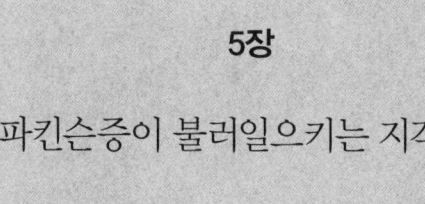

5장

파킨슨증이 불러일으키는 지각오인

제임스 파킨슨은 1817년의 유명한 《진전마비에 관한 소고Essay on the Shaking Palsy》에서 자신의 이름이 붙어 있는 질병에 대해, 운동과 자세를 망가뜨리지만 감각과 지력에는 손상을 남기지 않는다고 묘사했다. 그리고 그 세기와 20세기의 전반부가 지나는 동안 파킨슨병 환자들의 지각 장애나 환각에 대한 언급은 사실상 전무했다. 그러나 질 페늘롱과 그 밖의 의사들이 보고한 내용에서 알 수 있듯이, 1980년대 말에 내과의들은 파킨슨병으로 치료를 받고 있는 환자 중 3분의 1 이상이 환각을 경험한다는 사실을 발견했다(이 수치는 조심스럽게 조사해서 이끌어낸 결과다. 환자들은 환각을 마지못해 인정하기 때문이다). 이 무렵 파킨슨병으로 진단받은 거의 모든 환자는 뇌 속의 신경전달물질인 도파민을 높이기 위해 엘도파나 그 밖의 약을 복용했다.

젊은 의사로 일하던 시절에 내가 접한 파킨슨증은 《깨어남》에서 묘사한 환자들의 증상으로 알 수 있듯이, 일반적인 파킨슨병이 아니라 훨씬 복잡한 증후군에 해당한다(이런 면에서 파킨슨병과 파킨슨증을 구분한다—옮긴이). 환자들은 제1차 세계대전이 끝나자 유행하기 시작한 기면성뇌

염을 이기고 살아남았지만, 회복 후 (때로는 수십 년 후) 다시 뇌염후증후
군을 앓았다. 뇌염후증후군에는 매우 심각한 파킨슨증뿐 아니라 수면 장
애와 각성 장애를 비롯해 수많은 장애가 따른다. 뇌염후증후군 환자들은
일반적인 파킨슨병 환자보다 엘도파의 효과에 훨씬 민감했다. 많은 환자
들이 엘도파를 복용하자 지나치게 생생한 꿈이나 악몽을 꾸기 시작했고,
약을 복용하면 첫 번째로 이 증상이 나타났다. 몇몇은 꿈 외에도 착시나
환각을 경험했다.

레너드 L.은 엘도파를 복용하자 텔레비전의 빈 화면에서 얼굴을 보기
시작했고, 자신의 방에 걸려 있는 오래된 서부 마을의 그림을 보고 있으
면 사람들이 술집에서 나오고 카우보이들이 거리를 질주하는 등 그곳이
마치 살아 있는 마을처럼 보였다.

다른 뇌염후증후군 환자인 마사 N.은 환각의 바늘과 실을 '보곤' 했다.
어느 날 그녀는 이렇게 말했다. "오늘 내가 선생님한테 주려고 바느질을
해서 이불을 만들었어요. 얼마나 예쁜지 보세요! 예쁜 용들이 있고, 작은
방목장에 유니콘도 있어요." 그녀는 보이지도 않는 선을 따라 손가락으
로 허공을 저었다. 그러고는 "자, 받으세요"라고 말하며 내 손에 그 유령
같은 물건을 올려놓았다.

거티 C.의 환각(엘도파에 아만타딘을 함께 복용하자 갑자기 나타났다)은
이보다 온화하지 않았다. 처음 약을 먹고 세 시간도 되지 않아 거티는 굉
장히 흥분하면서 광적인 환각 증세를 보였다. 그녀는 이렇게 소리치곤
했다. "차들이 돌진하고 있어. 차들이 내 주위로 몰려오고 있어!" 그리고
얼굴이 보였는데 "가면들이 별안간 나타났다 사라지는" 것 같았다. 가끔
거티는 황홀한 미소를 지으며 이렇게 소리쳤다. "저길 봐요, 나무가 정말

아름답지 않아요? 정말 아름다워요." 그리고 그녀의 눈에 기쁨의 눈물이 가득 고였다.

뇌염후증후군 환자들과는 정반대로, 일반적인 파킨슨병 환자들은 대개 여러 달이나 여러 해 동안 약을 복용할 때까지는 시각 환각을 경험하지 않는다. 1970년대에 내가 돌보는 파킨슨병 환자들 중 몇 명이 환각을 보기 시작했다. 그들의 환각은 (전부는 아니지만) 대부분 시각적이었다. 때때로 이들의 환각은 거미줄, 금줄세공(판 위에 작은 금 알갱이를 붙여 문양을 나타내는 방법 또는 그 문양—옮긴이), 그 밖의 기하학적 무늬로 시작되었고, 어떤 환자들은 처음부터 동물이나 사람 같은 복합 환각을 경험했다. 그런 환영들은 아주 진짜처럼 느껴졌지만(한 환자는 환각의 쥐를 쫓다가 심하게 넘어졌다), 환자들은 곧 환각과 현실을 구분하고 환각을 무시할 줄 알게 되었다. 그 당시 엘도파가 환자들을 "정신병자"로 만든다는 말이 있긴 했지만, 어떤 의학 문헌에서도 그런 환각에 대한 설명을 발견할 수 없었다. 그러나 1975년에 내가 진찰하는 일반적인 파킨슨병 환자 중 4분의 1 이상이 엘도파와 도파민 작용제 때문에 다른 문제를 겪지 않는 상태에서, 환각은 이미 그들의 삶의 일부가 되었다고 생각했다.

디자이너인 에드 W.는 엘도파와 도파민 작용제를 몇 년 동안 복용한 후, 시각 환각을 겪기 시작했다. 에드는 그것이 환각임을 깨달았고, 자신의 환각을 대체로 신기하고 재미있다고 여겼다. 그러나 그의 한 의사는 그를 '정신병자'로 선언했다. 참 속상한 오진이었다.

에드는 환각의 문턱에 다다른 순간을 느꼈고, 늦은 밤에, 또는 피곤하거나 지루할 때 그 문턱 안쪽으로 끌려가곤 한다. 어느 날 같이 점심을 먹으면서 그는 자신이 "지각착오"라고 부르는 온갖 종류의 환각을 보았다. 예를 들어, 의자 위에 걸쳐놓은 내 파란색 스웨터가 코끼리 같은 머리, 긴 파란색의 이빨, 날개처럼 보이는 것을 가진 정체불명의 맹수로 변했다. 식탁 위의 국수 그릇은 "사람의 뇌"로 변했다(그래도 식욕을 떨어뜨리진 않았다). 에드는 내 입술에서 "텔레타이프 같은 철자들"을 보았고, 그 철자들은 "단어"를 이루었지만 그 단어들을 읽지는 못했다. 그 단어들은 내가 말하고 있는 단어와 일치하지 않았다. 그는 환영들이 의식적 결단력과 무관하게 즉석에서 "조합된다"고 말했다. 그는 눈을 감지 않는 한 환영을 제어하거나 멈추지 못한다. 때로는 친근한 환영이 나타나고, 때로는 무서운 환영이 나타난다. 대개 그는 환영을 무시한다.

때때로 에드는 '지각오인'에서 순전한 환각으로 넘어간다. 한번은 며칠 전에 수의사에게 맡겨놓은 고양이가 환각으로 나타났다. 에드는 집에서 하루에 몇 번씩 방의 한쪽 그늘에서 고양이가 나오는 것을 "보았다". 고양이는 그를 완전히 무시한 채 방을 가로질러 걸어가서는 다시 그늘 속으로 사라지곤 했다. 에드는 즉시 이것이 환각임을 깨달았고, (호기심과 흥미를 느꼈지만) 고양이와 상호작용을 하고 싶은 마음은 전혀 들지 않았다. 진짜 고양이가 돌아오자 고양이 환영은 곧 사라졌다.[1]

고립되거나 간헐적인 환각에 그치지 않고, 파킨슨병 환자들은 정교하고 무서우며 편집증 같은 환각을 겪기도 한다. 2011년 말경, 그러한 정신이상이 에드를 엄습했다. 사람들의 환영이 주방 뒤쪽의 "비밀의 방"에서 나와 그의 아파트로 들어오기 시작했다. "그들은 내 사생활을 침입해. 내 집을 차지해. … 그들은 나한테 관심이 아주 많아. 메모를 하고, 사진을 찍고, 내 서류를 샅샅이 뒤진단 말이야." 때로는 섹스를 했다. 한 침입자는 아주 아름다운 여자였는데, 에드가 침대를 사용하지 않을 때 가끔씩 서너 명이 그의 침대를 차지하곤 했다. 진짜 방문객이 있거나 에드가 음악을 듣거나 좋아하는 텔레비전 프로그램을 보고 있으면 환영은 나타나지 않았고, 에드가 아파트를 나설 때에도 따라나서지 않았다. 에드는 이 괴로운 환영들을 진짜로 여긴 나머지, 아내에게 "사무실에 있는 남자한테 커피를 갖다주구려"라고 말한 것 같기도 하다고 말했다. 아내는 그가 언제 환각을 보는지를 항상 알아챘다. 에드는 한곳에 시선을 고정하거나 보이지 않는 존재를 따라 눈을 움직였다. 언제부턴가 그는 환영들과 대화하기 시작했지만, 사실은 환영들에게 말을 거는 것에 불과했다. 그들은 결코 응답하지 않았다.

에드의 신경과 의사는 이 말을 듣고 파킨슨병 약을 2~3주 동안 완전히 중단하는 '휴약기'를 권했지만, 약을 중단하자 에드는 움직이거나 말을 하지 못할 정도로 상태가 안 좋아졌다. 그래서 그는 약을 점진적으로 줄

---

1. 나의 동료인 스티븐 프루흐트는 그의 환자가 경험한 환각을 나에게 설명했다. 환자는 15년이 넘게 파킨슨병으로 약물 치료를 받고 있는, 지적으로 멀쩡한 여성이었다. 그녀의 환각은 불과 1년 전에 시작되었다. 그녀도 고양이를 본다. 눈이 '아름답고', 표정이 평온하고 '아름다우며', 성격이 더없이 친근한 것처럼 보이는 회색 고양이다. (그녀는 고양이를 좋아한 적이 없으므로) 스스로에게도 놀라운 일이었지만, 그녀는 회색 고양이가 찾아오는 것을 좋아하고 "혹시 녀석에게 무슨 일이 일어나지 않을까" 하고 걱정한다. 그녀는 고양이가 환각임을 알고 있지만 고양이는 그녀에게 진짜처럼 느껴진다. 즉, 그녀는 고양이가 오는 소리를 듣고, 몸의 온기를 느끼고, 원하면 고양이를 만질 수도 있다. 처음 고양이가 나타나 그녀의 다리에 몸을 비비려 할 때, 그녀는 "날 건드리지 마, 가까이 오지 마"라고 말했다. 그다음부터 고양이는 예의를 지키듯 거리를 유지했다. 가끔은 낮에 고양이와 함께 크고 검은 개가 나타난다. 프루흐트 박사가 고양이가 개를 볼 때 어떤 일이 벌어지냐고 묻자, 그녀는 고양이가 "눈길을 피하고, 그래서 평온한 분위기"라고 대답했다. 나중에 그녀는 "그 고양이는 어떤 목적이 있어서 나를 찾아온다"라고 말했다.

이는 계획을 세웠고, 두 달 후 엘도파의 양이 반으로 줄어들자 환각, 두려움, 정신이상이 씻은 듯 사라졌다.

화가인 톰 C.는 2008년에 상담을 받기 위해 내 진료소를 찾아왔다. 그는 파킨슨병으로 진단받고 약 15년간 약을 복용했다. 2년 후, 그는 환각을 경험하기 시작했고 그것을 "오지각"으로 표현했다(다른 사람들처럼 그 역시 '환각'이란 단어를 피한다). 톰은 춤추기를 좋아하는데, 춤을 추면 굳었던 몸이 풀리고 파킨슨증에서 해방될 수 있기 때문이다. 최초의 오지각은 나이트클럽에서 일어났다. 다른 사람들의 피부는 물론이고 얼굴까지 문신으로 뒤덮여 있는 것처럼 보였다. 처음에는 진짜 문신인 줄 알았지만, 곧이어 문신들은 커지기 시작하더니 갑자기 맥박처럼 고동치고 꿈틀거렸다. 그 순간 톰은 그것이 환각임을 깨달았다. 화가이자 심리학자인 그는 이 경험에 흥미를 느꼈지만, 한편으로는 온갖 종류의 억제할 수 없는 환각으로 발전할지도 모른다는 생각에 두려움을 느꼈다.

한번은 책상 앞에 앉아 있다가 컴퓨터 화면에 타지마할 그림이 뜨는 것을 보고 깜짝 놀랐다. 그림을 응시하는 동안 사진은 색이 더 풍부해지고, 3차원으로 변했으며, 진짜처럼 생생해졌다. 인도 사원을 연상시키는 희미한 기도 소리까지 들려왔다.

파킨슨증 때문에 꼼짝 못하고 바닥에 누워 있던 어느 날에는, 천장에 매달린 형광등이 낡은 사진들로 변하기 시작했다. 대부분 흑백사진이었고, 주로 그의 가족이 낯선 사람들과 함께 찍은 오래전 사진들처럼 보였다. 그는 움직일 수 없는 상태에서 "아무것도 할 수 없었고", 그래서 그 상태로 가벼운 환각의 즐거움을 만끽했다고 말했다.

에드 W.와 톰 C.의 경우 환각은 대개 '오지각' 수준에 머물렀지만, 20년 동안 파킨슨병을 앓아온 75세의 애그니스 R.은 10년 전부터 순전한 시각 환각을 겪고 있다. 그녀 자신의 표현을 빌리자면, 이제 환각에 "노련한 사람"이 되었다. "온갖 것이 다 보여요. 난 그걸 즐겨요. 매력적이고, 무섭지 않거든요." 어느 날 진료소의 대기실에서 그녀는 "모피 코트를 입어보는 여자 다섯 명"을 보았다. 그 여자들의 크기, 색, 입체적 성격, 움직임은 완벽하리만치 자연스러웠고, 완전히 진짜처럼 보였다. 단지 상황에 어긋났기 때문에 애그니스는 그 여자들이 환각임을 알았다. 어떤 사람도 한여름에 진료소에서 모피코트를 입어보지는 않기 때문이다. 대개 애그니스는 환각과 현실을 구분할 줄 알지만, 가끔은 예외가 있다. 한번은 검은색 털로 뒤덮인 동물이 식탁 위로 뛰어오르는 것을 보고 굉장히 놀랐다. 어떤 때에는 길을 걸을 때 정면에서 다가오는 환각의 인물과 부딪히지 않으려고 갑자기 걸음을 멈추기도 한다.

애그니스는 22층 아파트 창문에서 헛것을 볼 때가 아주 많다. 그녀는 (진짜) 교회의 꼭대기에 스케이트장이 펼쳐져 있는 것을 "보았고", 이웃집 지붕에서는 "테니스 코트에서 공을 치는 남자들"을 보았으며, 바로 창밖에서 일을 하고 있는 남자들을 보기도 했다. 그녀는 그 사람들이 누구인지 한 명도 알아보지 못하고, 그들도 그녀를 신경 쓰지 않고 하던 일을 계속한다. 애그니스는 침착하고 때론 즐겁게 환각의 장면을 구경한다(사실 나는 애그니스의 환각이 그녀의 소일거리라는 인상을 받았다. 예전에 비해 몸을 잘 움직일 수 없고 글을 읽기도 어려워진 탓에 시간이 느리게 흘러가는 듯했기 때문이다). 애그니스의 환영은 꿈과 환상과도 비슷하지 않다고 말했다. 애그니스는 여행을 대단히 좋아하고 특히 이집트 여행을 좋아하지만, '이집트풍의' 환각이나 여행하는 환각은 본 적이 없다.

애그니스의 환각에는 일정한 패턴이 없다. 환각은 아무 때나 찾아오고, 다른 사람들과 바쁘게 지낼 때든 혼자 지낼 때든 불쑥 찾아온다. 환각은 현재 벌어지고 있는 사건, 그녀의 감정, 생각, 기분 또는 약을 복용하는 시간과 아무 상관이 없는 듯하다. 애그니스는 환각을 의지로 불러오거나 내쫓지 못한다. 환각은 그녀가 보고 있는 대상 위에 겹쳐져서 나타났다가, 눈을 감으면 실제의 시지각과 함께 사라진다.

에드 W.는 자신의 오른쪽에 어떤 "존재"가 있다고 지속적으로 느끼지만, 그 사물 또는 사람이 실제로 보인 적은 한 번도 없다고 말한다. R교수는 엘도파를 비롯한 파킨슨병 치료제로 잘 살아가고 있지만, 그 역시 오른편 시야의 바로 바깥쪽에 "동반자"가 있다고 느낀다. 그곳에 누군가가 존재한다는 느낌이 아주 강해서, 때로는 고개를 홱 돌려 보지만 누군가를 본 적은 한 번도 없었다. 그러나 주된 환영은 인쇄물, 단어, 문장이 음악적 기보로 변형되는 현상이다. 이런 일은 2년 전에 처음 일어났다. 책을 읽고 있다가 몇 초 동안 고개를 돌렸는데, 다시 책으로 눈을 돌리자 인쇄된 글자들이 음악으로 바뀌어 있었다. 그 후로 이런 일이 여러 번 일어났고, 글자가 인쇄된 종이를 계속 바라보고 있을 때에도 그런 식의 변형이 일어난다. 때로는 욕실 매트의 짙은 색 가장자리가 음악의 오선과 음표로 변한다. 항상 글자나 선 같은 것이 음악으로 변형되므로, 그는 자신의 경험을 환각이 아니라 '지각착오'라고 여긴다.

R교수는 매우 뛰어난 음악가로, 다섯 살 때부터 피아노를 연주했고 지금도 하루에 몇 시간씩 피아노를 연주한다. 그는 자신의 지각착오에 대

해 호기심이 많으며, 환영의 음악을 필사하거나 연주하기 위해 최선을 다한다(환영의 음악을 "잡을 수 있는" 가장 좋은 기회는 악보대 위에 신문을 펼쳐놓고 신문지에 인쇄된 글이 음악으로 바뀌자마자 그것을 연주하는 것이다). 그러나 그 '음악'은 좀처럼 연주할 수가 없다. 매번 꾸밈음이 너무 많이 달려 있고 크레셴도와 데크레셴도 표시가 너무 많은 데다가, 멜로디 라인이 가운데 도에서 3옥타브나 그 이상까지 올라가고, 때로는 최고 음역보다 여섯 음이나 그 이상으로 높은 곳에 덧줄이 있기 때문이다.

다른 사람들도 음악을 보는 환각을 묘사했다(27~29쪽 참조). 작곡가 겸 음악 교사인 에스더 B.는 파킨슨병으로 진단받은 후 12년이 지나자 "아주 특이한 시각적 현상"이 일어나기 시작했다고 편지를 썼다. 그녀는 다음과 같이 자세히 묘사했다.

어떤 표면이든, 그러니까 벽, 바닥, 사람이 입고 있는 옷의 표면이든 욕조나 싱크대 같은 둥그스름한 표면이든, 어쨌든 언급하기조차 힘들 정도로 많은 것의 표면을 보고 있으면, 그 위에 악보가 콜라주 같은 형태로 보이는데, 특히 주변 시야에 나타납니다. 어느 한 상에 초점을 맞추려고 애를 쓰면 오히려 어슴푸레해지거나 교묘히 사라집니다. 악보의 상은 저절로 나타나고, 특히 악보 작업을 한 후에는 더욱 생생하게 나타납니다. 그 상들은 언제나 거의 수평으로 나타나고, 내가 고개를 한쪽으로 기울이면 수평의 상도 그에 따라 기울어집니다.

심리치료사인 하워드 H.는 파킨슨병으로 진단받은 직후부터 촉각 환각을 겪기 시작했다. 그는 이렇게 편지를 썼다.

다양한 물체의 표면이 복숭아의 솜털이나 베개 속의 깃털 같은 미세한 털로 얇게 뒤덮여 있다고 느껴지곤 합니다. 솜사탕이나 거미줄과 같다고 할 수도 있겠네요. 때로는 거미줄과 솜털이 아주 "무성해"집니다. 마치 책상 밑으로 떨어진 물건을 집어 올리려고 하는데, 내 손이 그 "물체"의 커다란 더미 속으로 푹 빠져드는 것처럼 느껴집니다. 하지만 그 더미를 퍼 올리려고 하면 아무것도 보이지 않고, 양손에 그 "물체"가 듬뿍 떠진다고 느껴집니다.

그런 효과는 전적으로 엘도파 때문일까? 엘도파를 환각 유발제로 볼 수 있을까? 엘도파가 다른 질환들(예를 들어, 근긴장 이상)을 치료하는 데에도 쓰이고 있지만 환각을 전혀 유발하지 않는다는 사실에 비추어볼 때 그런 가능성은 희박하다. 그렇다면 파킨슨병 환자들의 뇌, 적어도 일부 환자들의 뇌에 어떤 문제가 있고, 그로 인해 시각 환각이 쉽게 일어나는 것일까?[2]

파킨슨증을 운동 장애로만 보는 경우가 많지만, 사실 파킨슨증은 수면 장애를 비롯해 수많은 양상으로 나타날 수 있다. 파킨슨병 환자들은 밤에 잠을 잘 못 자는 경향이 있고, 더 나아가 만성적인 수면 박탈로 고생하는 경우도 많다. 그들의 수면은 생생하고 기이하기까지 한 꿈이나 악몽이 특징이다. 그리고 악몽을 꿀 때 의식은 깨어 있지만 몸은 마비되어서, 꿈속의 상이 의식 위에 겹쳐 나타나도 그에 대항하지 못하고 무기력하게

---

2. 파킨슨병 초기에 후각 손상이 나타나면, 후각 환각으로 이어질 수 있다. 그러나 랜디스와 버크하드가 2008년 논문에 제시했듯이, 후각에 눈에 띄는 손상이 없는 경우에도 파킨슨병 초기 환자들은 운동 증상이 시작되기 이전에 후각 환각을 겪을 수 있다.

당한다. 이 모든 요인이 환각을 부추긴다.

1922년, 프랑스 신경학자 장 레르미트는 어느 할머니 환자에게 갑자기 찾아온 시각 환각을 묘사했다. 복식을 갖춰 입은 사람들, 노는 아이들이 나타났고, 동물들이 주위로 모여들었다(할머니는 때때로 그 동물들을 만져보려 했다). 환자는 밤에 불면증으로 고생했고 낮에는 꾸벅꾸벅 졸았으며, 환각은 주로 해질녘에 나타났다.

노부인은 극적인 시각 환각을 경험했지만, 시각 손상이나 시각피질의 손상은 전혀 없었다. 그러나 뇌간, 중뇌, 뇌교에 특이한 패턴의 손상이 있음을 암시하는 신경학적 징후를 보였다. 당시에는 시각 경로가 손상되면 환각이 일어날 수 있다는 사실은 잘 알려져 있었지만 시각 영역이 아닌 중뇌의 손상이 어떻게 그럴 수 있는지는 분명하지 않았다. 레르미트는 환각이 수면-각성 주기의 교란과 일치할 수 있고, 기본적으로 꿈이나 꿈의 파편이 낮 시간대의 의식에 침입한 결과일지도 모른다고 생각했다.

5년 후, 벨기에의 신경학자 루도 반 보가에르트도 다소 비슷한 사례를 보고했다. 그의 환자가 해 질 무렵에 집 안의 벽에 동물의 머리들이 영화처럼 비춰지는 것을 갑자기 보기 시작했다. 그에게도 레르미트의 환자와 비슷한 신경학적 징후들이 있었고, 그래서 반 보가에르트도 중뇌 손상을 의심했다. 1년 후 환자가 죽었을 때 시신을 해부해보니 중뇌에 커다란 경색 부위가 발견되었고, 이 부위에는 (다른 어느 구조보다) 대뇌교가 포함되어 있었다(그래서 '뇌교 환각peduncular hallucinations'이라는 이름이 붙었다['각성 환시'라고도 한다―옮긴이]).

파킨슨병, 뇌염후 파킨슨증, 루이소체병은 뇌졸중의 경우처럼 손상이 갑작스럽지 않고 서서히 진행되기는 하지만, 뇌교 환각의 경우처럼 뇌간 및 그와 연결된 구조물의 손상과 관계가 있다. 모든 퇴행성 질환은 수면, 운동, 인지 장애뿐 아니라 환각을 수반하기도 한다. 그러나 이 환각은 샤를보네증후군 환각과 다른 특징을 지닌다. 이러한 환각은 항상 단순하다기보다 복잡한 편이고, 여러 감각이 관여하며, 망상으로 이어질 가능성이 더 높다. 반면에 샤를보네증후군은 그 자체만으로는 망상으로 발전하는 경우가 거의 없다. 뇌간에서 비롯되는 환각은 신경전달물질인 아세틸콜린계의 이상과 관계가 있는 것으로 보인다. 다시 말해 아세틸콜린계에 이상이 있는 환자에게 엘도파나 그와 비슷한 약을 주면, 이미 허약하고 스트레스를 받고 있는 콜린 작동계에 도파민 부하를 높여서 이상 부위를 악화시킬 수 있다.

파킨슨병 환자들은 일반적으로 활동적이며, 수십 년 동안 지적 능력을 유지하곤 한다. 예를 들어 철학자인 토머스 홉스는《리바이어던》을 마무리하던 50세경에 '떨림 마비'(진전마비라고도 하며, 파킨슨병의 지속적인 증후이기 때문에 그 자체로 파킨슨병을 가리킨다—옮긴이)가 시작되었고, 운동신경에는 장애가 왔지만 90대까지 지적으로 온전하고 창조적인 상태를 유지했다. 그러나 지난 몇 년 사이에 악성에 더욱 가까운 파킨슨증의 형태가 있다는 사실이 알려졌다. 이러한 파킨슨증은 조만간 치매를 부르고, 엘도파를 복용하지 않아도 시각 환각을 일으킨다. 그런 환자들을 해부하여 뇌를 검사해보면 신경세포 안에 비정상적인 단백질의 엉킴(이른바 루이소체)이 있는 것을 알 수 있다. 단백질 집단은 주로 뇌간과 기저핵에 몰려 있지만 시각 연합 피질에서도 발견된다. 바로 루이소체가 환자들에게 엘도파를 복용하기 전에 이미 시각 환각을 보기 쉽게 만드는 것이라고 의사들은 추측한다.

뇌를 생검(생체 조직의 현미경 검사—옮긴이)할 수는 없으므로 루이소체병은 살아 있을 때 확실히 진단을 내릴 수 없지만, 에드나 B.는 이 병을 앓고 있는 것으로 보인다. B부인은 60대 중반까지 누구 못지않게 건강했지만, 2009년에 손에 작은 떨림이 찾아왔다. 파킨슨증의 첫 번째 징후였다. 2010년 여름, 부인의 증상은 운동과 말이 느려지는 완서 증상은 물론이고 기억력 감퇴와 집중력 저하로까지 확대되었다. 부인은 단어와 생각을 잊었고, 자신이 무슨 이야기를 하고 무슨 생각을 하고 있었는지를 잊고 맥락을 놓쳤다. 그러나 무엇보다 비참한 것은 환각이었다.

2011년에 부인을 보았을 때, 나는 어떤 환각을 보느냐고 물었다. 그녀는 "끔찍해요! 공포 영화를 보고 있는 것 같아요. 아니, 영화 속에 들어가 있는 것 같아요"라고 대답했다. 부인은 밤에 소인들(처키들)이 침대 주변에서 뛰어다니는 것을 보았다. 그들은 서로 말을 하는 것 같았고 동작과 입술이 움직이는 것이 보이긴 했지만, 무슨 말을 하는지는 전혀 들리지 않았다. 한번은 그들에게 말을 걸어보았다. 그들은 무서워하는 듯했고, (부인이 생각하기에) 나쁜 의도를 갖고 있는 것 같았다. 그중 한 명이 그녀의 침대에 앉은 적은 있었지만, 아무도 그녀를 괴롭히거나 가까이 다가오진 않았다. 그러나 이보다 훨씬 나쁜 장면들도 눈앞에 펼쳐졌다. 부인은 "우리 아들이 내 눈앞에서 살해당하는 것을 봤어요"라고 말했다(그러자 남편이 끼어들어 "어두운 면이지요"라고 말했다). 한번은 남편이 왔을 때 부인이 이렇게 말했다. "여기서 뭐 하고 있어요? 방금 세이크리드하트교회에서 당신 장례식을 치렀어요." 그녀는 쥐를 보곤 했고, 때로는 쥐들이 그녀의 침대에 있다고 느꼈다. 그녀는 또한 "물고기들"이 자신의 발을 조금씩 물어뜯는다고 느꼈다. 그리고 때로는 군대에 섞여 전장으로 행진하는 환각을 경험했다.

내가 즐거운 환각도 보이냐고 묻자, 부인은 가끔 "하와이풍의 옷을 입은" 사람들이 복도나 창밖에 나타나서 그녀를 위해 음악을 연주하려 준비하는 것이 보이지만 음악 소리는 들리지 않는다고 말했다. 하지만 부인은 다양한 소음을 들었고, 특히 물 흐르는 소리를 자주 들었다. 목소리는 들리지 않았다("그건 다행이에요. 목소리가 들렸다면 나를 정말로 미쳤다고 생각할 테니까요"). 또한 약간의 후각 환각도 찾아왔다. "주변 사람들에게서 각기 다른 냄새가 나요."

환각이 찾아오기 시작했을 때 B부인은 당연히 무서워했고, 환각을 실제로 착각했다. 그녀는 "그때 나는 '환각'이란 말도 몰랐어요"라고 말했다. 다음부터 에드나는 환각과 현실을 더 잘 구분할 줄 알게 되었지만, 그래도 환각이 찾아올 때 무서움이 엄습하는 것은 어쩔 수 없었다. 그녀는 항상 진짜인지 확인하기 위해 남편을 찾았고, 자신이 경험하고 있는 환각이 실제로 보이거나 들리거나 냄새가 나는지 남편에게 묻곤 했다. 때로는 시각적 왜곡을 경험했다. 예를 들어 남편이 입꼬리를 내리며 조롱하는 미소를 짓는 듯 얼굴이 추하게 변했고, 때로는 입꼬리가 위로 올라가 "미소를 머금은 얼굴"처럼 보이곤 했다. 최근에는 특별히 이상하고 무서운 환각이 찾아왔다. 그녀의 침대 위에는 아메리카 원주민 추장의 포스터가 걸려 있는데, 어느 날 이 추장이 되살아났다. 추장은 액자에서 걸어 내려와서 침실 한가운데에 섰다. 남편은 그녀를 안심시키기 위해 환각을 흩어버리려고 두 손을 휘저었다. 그러자 추장은 연기처럼 흩어졌지만, 그녀는 자신도 그렇게 흩어지고 있다고 느꼈다. 어떤 날에는 침실에서 옷들이 "걸어 다니기 시작했다". 남편에게 청바지를 흔들어보게 한 후에야 그녀는 그것이 환각임을 확인할 수 있었고, 더이상 환각은 계속되지 않았다.

환각은 다른 형태의 치매에서도 발생할 수 있다. 예를 들어, 루이소체병보다 드물긴 하지만 일반적인 속도로 진행하는 알츠하이머병에서도 환각이 발생할 수 있다. 그런 경우 환각은 망상을 일으킬 수 있고, 반대로 망상이 환각을 일으킬 수도 있다. 또한 알츠하이머병을 비롯한 치매에서는 복제나 오인 망상이 나타나기도 한다. 한 환자는 비행기에서 남편과 나란히 앉아 있을 때 갑자기 남편이 "사기꾼"으로 보였고, 사기꾼이 남편을 살해한 후 남편의 자리를 가로채려 한다고 믿었다. 다른 환자는 낮 시간에는 자신이 살고 있는 요양원을 잘 알아보면서도, 밤만 되면 자신이 마치 요양원처럼 교묘하게 "복제한" 다른 장소로 이송되었다고 느꼈다. 때로는 정신병이 피해망상으로 집중될 수 있으며, 가끔 망상은 폭력적 행동을 유발한다. 그런 환자 중 한 명은 아무 잘못이 없는 이웃이 자신을 "염탐하고" 있다고 느끼고 그 이웃을 폭행했다. 루이소체병의 환각처럼 알츠하이머병의 환각도 대개 감각 착오, 혼동, 지남력(자신이 놓인 상황을 시간적, 공간적으로 바르게 파악하여 주위 사람이나 대상을 똑똑히 인지하는 능력—옮긴이) 상실, 망상으로 이루어진 복잡한 기반에서 나오며, 샤를보네증후군의 환각처럼 고립된, '순수한' 현상으로 나타나는 경우는 아주 드물다.

나는 심각한 파킨슨증을 앓고 있는 80명의 뇌염후증후군 환자들을 여러 해 동안 진료했고, 그들의 증세를 《깨어남》에서 묘사했다. 그들 중 많은 사람이 파킨슨증 때문에 수십 년 동안 "얼어붙은" 것처럼 움직이지 못했다. 그들이 (엘도파의 효과로 움직이고 말을 할 수 있게 된 후) 건강을 회복하게 되자, 나는 그들 중 약 3분의 1로 추정되는 환자가 엘도파가 나오기 전에도 이미 여러 해 동안 시각 환각을 경험했음을 알게 되었다. 환각들은 대체로 친근하고 사교적이었다. 나는 왜 그들이 환각을 경험하는지 확실히 알지 못했지만, 어쩌면 고립과 사회적 박탈, 그들이 품고 있는 세상에 대한 갈망과 관계가 있을지 모른다고 생각했다. 다시 말해, 그들의 환각은 가상의 현실(즉, 빼앗겨버린 진짜 세계의 자리를 메우는 환각적 대체물)을 제공하려는 시도인지도 모른다.

거티 C.는 엘도파를 복용하기 전에 수십 년 동안 어느 정도 통제할 수 있는 환각증을 겪었다. 햇볕이 내리쬐는 초원에 누워 있거나 유년의 고향 근처에 있는 샛강에 둥둥 떠 있는 목가적인 환각이었다. 그런데 엘도파를 복용하자 변화가 찾아왔다. 그녀의 환각은 사회적이고 때로는 성적인 성격을 띠기 시작했다. 그녀는 이 문제를 나에게 말하면서, 근심스럽게 덧붙였다. "나처럼 아무 희망이 없는 노인에게서 그렇게 친근한 환각을 빼앗아 가면 안 되죠!" 나는 그녀의 환각이 즐겁고 통제할 수 있는 종류라면 현 상황에서 그런 환각을 선택하는 것이 좋은 생각이리라고 대답했다. 그 후 편집적인 성격은 자취를 감추었고, 그녀와 환각의 만남은 순수한 애정과 연애의 성격을 띠게 되었다. 그녀는 유머와 재치와 통제력을 되찾았고, 저녁 8시 이전에는 절대 환각을 허락하지 않았으며, 환각의 지속 시간도 최대 30분이나 40분으로 조절했다. 친척이 너무 오래 머물러 있으면 그녀는 확고하지만 유쾌한 목소리로, 자신은 몇 분 후 "시내에서 자신을 보러 올 신사분"을 기다리고 있다고 설명했다. 그리고 그 신사를 문밖에 오래 세워두면 그가 불쾌하게 여기리라고 생각했다. 요즘 그녀는 매일 저녁마다 어김없이 찾아오는 환상의 신사에게 사랑과 관심 그리고 보이지 않는 선물을 듬뿍 받고 있다.

6장

변성 상태

인간은 다른 동물과 공통점이 많다. 예를 들어 음식과 물, 수면 같은 기초적인 욕구들이 그렇다. 그러나 그것 말고도 우리에게는 인간 특유의 정신적, 감정적 필요와 욕구가 있다. 하루하루를 연명하는 것만으로는 불충분하다. 우리는 초월하고 도취하고 도피해야 한다. 우리는 의미와 이해와 설명이 필요하다. 우리는 자신이 영위하는 삶의 전반적인 경향을 알아야 한다. 우리는 희망을 원하고, 미래에 대한 이해가 필요하다. 그리고 망원경이나 현미경 또는 끝없이 발전하는 과학기술을 통해서든, 다른 세계로 여행하게 해주고 인접한 환경에서 벗어나게 해주는 마음의 변성 상태를 통해서든, 자기 자신에게서 벗어날 자유 또는 자유롭다는 착각을 원한다. 우리는 자신의 삶에 몰두할 필요가 있지만, 한편으로는 그런 식의 이탈도 필요하다.

또 사람과 사람을 더 쉽게 묶어주는 금지 이완의 수단, 또는 시간과 죽음에 대한 자각을 잘 견디게 해주는 도취 수단을 찾기도 한다. 우리는 내면의 구속이나 외부의 구속에서 벗어날 수 있는 휴일, 지금 이곳을 더 강렬하게 의식할 수 있는 순간, 우리가 사는 세계의 미와 가치를 추구한다.

윌리엄 제임스는 평생 알코올을 비롯한 도취제의 신비한 힘에 깊이 매료되었다. 그는 1902년에 《종교 체험의 여러 모습들The Varieties of Religious Experience》에서 그 주제를 다뤘다. 그는 또한 아산화질소(마취제, 일명 '웃음 가스'—옮긴이)를 마시고 초월적 경험을 했던 자신의 이야기도 들려주었다.

정상적으로 깨어 있을 때의 의식, 이른바 합리적 의식이란 단지 하나의 특수한 유형의 의식이다. 반면 그 의식 주변에는 아주 얇은 막에 의해 그 의식과 분리된, 아주 다른 잠재적 의식의 형태들이 존재한다. … 나 자신의 경험을 되돌아볼 때, 그 경험들은 모두 내가 신비한 의미의 원천으로 여길 수밖에 없는 일종의 통찰을 향해 수렴된다. 그 통찰의 기조는 언제나 일종의 화해다. 마치 모순과 갈등으로 우리의 모든 어려움과 근심을 만들어내던 이 세계의 두 대립물이 조화로운 통일체로 융합된 것 같았다. … 나에게 [이 느낌은] 인위적으로 만들어낸 신비한 마음의 상태에서만 찾아온다.

많은 사람들이 자연, 예술, 창조적 사고 또는 종교에서 제임스가 언급한 화해, 더 나아가 워즈워스의 "영생의 암시"를 발견한다. 어떤 사람들은 명상이나 그와 비슷하게 황홀경을 유발하는 기술을 통해, 또는 기도와 영적 수련을 통해 초월적 상태에 도달한다. 그러나 약물은 지름길을 제공한다. 약물은 요구하는 대로 어김없이 초월감을 공급해준다. 지름길이 가능한 것은 특정한 화학물질이 여러 복잡한 뇌 기능을 직접적으로 자극하기 때문이다.

모든 문화는 초월을 경험할 수 있는 화학적 수단을 발견했고, 어느 시점에 이르러서는 도취제를 마술이나 신성한 일에서 제도적으로 사용하기 시작했다. 식물에서 향정신성 성분을 추출해서 신성하게 사용하는 관행에는 오랜 역사가 있으며, 오늘날에도 전 세계에서 다양한 주술과 종교 의례의 일부로 이어지고 있다.

소박한 차원에서 약물은 마음을 깨우거나 확장시키거나 집중시키기 위해, 즉 '지각의 문을 정화하기' 위해 사용되지만, 그와 함께 쾌감과 도취감을 제공한다.

차원이 높든 낮든 간에 이 모든 갈망을 멋지게 충족시켜주는 것은 식물의 세계다. 식물계에는 우리 뇌 속의 신경전달물질 체계와 수용체 자리에 거의 맞춤식으로 제작된 것 같은 다양한 향정신성 물질들이 존재한다(물론 그 때문에 생겨난 것은 아니다. 그 물질들은 포식자를 밀쳐내기 위해, 또는 과일을 먹고 그 씨앗을 퍼뜨려줄 동물을 끌어들이기 위해 진화했다. 그런데도 우리는 환각을 유발하거나 뇌에 다양한 변성 상태를 유발할 수 있는 식물들이 그렇게나 많이 존재한다는 사실에 놀라지 않을 수 없다).[1]

민속식물학자인 리처드 에반스 슐테스는 생애의 대부분을 식물들과 그 사용법을 발견하고 묘사하는 일에 바쳤고, 스위스 화학자인 알베르트

---

1. 희한하게도, 소철류, 구과식물(소나무류처럼 원추형 방울 열매가 달리는 식물—옮긴이), 양치류, 이끼류, 해초 같은 하등식물에는 환각성 물질이 없다.
그러나 특히 모르몬교도들이 발견했듯이, 꽃을 피우지 않는 식물 중에서도 어떤 것들은 흥분제를 함유하고 있다. 모르몬교도들은 차나 커피를 금지한다. 그러나 기나긴 모르몬 개척로를 따라 유타로 가던 개척자들은 새로운 이상향인 솔트레이크시티를 발견하기 전에 길가에 소박한 약초가 자라고 있는 것을 알아보았고, 그 즙(모르몬 티)은 지친 순례자들에게 활기와 자극을 주었다. 그 약초는 마황(에페드라)이었고, 그 안에는 화학적, 약리학적으로 암페타민과 비슷한 에페드린이 함유되어 있었다.

호프만은 1938년 산도스 실험실에서 역사상 최초로 LSD-25를 합성해
냈다. 슐테스와 호프만은 힘을 합쳐 향정신성 물질을 함유하고 있는 거의
100종에 달하는 식물을 공저인 《신들의 식물Plants of the Gods》에서 묘사
했다. 그리고 지금도 새로운 식물들이 계속 발견되고 있다(물론 실험실에
서도 새로운 물질을 끊임없이 합성해내고 있다).²

많은 사람이 10대나 대학생 시절에 환각성이 있든 없든 이런저런
약물을 시험해본다. 나는 신경과 레지던트였던 서른 살에야 약
물을 시험해봤다. 그렇게 오래 처녀성을 간직한 이유는 흥미가 없어서가
아니었다.

나는 학창 시절 위대한 고전들을 읽었고, 그중 특히 드퀸시의 《어느 영
국인 아편쟁이의 고백Confessions of an English Opium-Eater》과 보들레르의

---

2. 호프만은 1943년 LSD를 정해진 분량만큼 새로 합성할 때 아주 우연히 LSD의 환각성 효과
를 발견했다. 합성하는 과정에서 손가락 끝으로 소량을 흡수한 것이 분명했다. 얼마 후 기분
이 이상해지기 시작했고 감기가 걸렸다고 생각하며 집으로 돌아갔는데, 침대에 누워 "특별히
유연하고 생생한 데다 만화경처럼 강렬한 색색의 환상적인 이미지들이 끊임없이 스쳐 지나갔
다". 제이 스티븐스는 《폭풍이 몰아치는 천국: LSD와 아메리칸 드림Storming Heaven: LSD
and the American Dream》에서 그다음의 상황을 자세히 서술했다.

> LSD-25가 이 불꽃놀이의 원인이라고 의심한 호프만은 가설을 시험해보기로 결심했다.
> … [며칠 후] 그는 그 약물을 신중하게 극소량(100만 분의 250그램)만 쟀다고 생각하고서
> 그 분량을 물 한 잔에 녹여 마셨다. [40분 후] 그는 점점 머리가 핑핑 돌고, 약간의 시각 장
> 애가 있으며, 웃고 싶은 욕구가 분명히 느껴진다고 기록했다. 42개의 단어를 쓴 후 더이상
> 글을 쓰지 못했고, 실험실의 조수에게 의사를 불러 집으로 데려가게 해달라고 부탁했다.
> 그런 뒤, 그는 자전거에 올라탔고(전시의 물자 부족 때문에 자동차를 이용할 수 없었다),
> 페달을 밟더니 갑자기 무정부 상태로 변한 우주 속으로 들어갔다.

《인공 낙원Artificial Paradises》을 흥미롭게 읽었다. 그리고 프랑스 소설가 테오필 고티에에 관한 이야기도 읽었다. 1944년 고티에는 생루이 섬의 조용한 구석에 최근 들어선 '해시시 클럽'을 방문했다. 해시시는 초록색 풀 반죽 같은 형태였는데, 얼마 전 알제리에서 들어와 파리를 발칵 뒤집어놓고 있었다. 그 모임에서 고티에는 상당량의("대략 엄지손가락만큼") 해시시를 먹었다. 처음에는 전혀 이상하지 않다고 느꼈지만, 곧 "모든 것이 더 크고, 더 풍부하고, 더 화려해 보였다"고 한다. 그런 뒤 특정한 변화들이 일어났다.

수수께끼 같은 인물이 갑자기 내 앞에 나타났다. … 새의 부리처럼 구부러진 코에, 눈은 초록색이었다. 그는 큰 손수건으로 눈을 자주 훔쳤는데, 눈 주위에 세 개의 갈색 원이 그려져 있었다. 그리고 풀을 먹인 흰 셔츠의 높은 칼라에는 "황금 냄비의 당근Daucus-Carota, du Pot d'or"이라고 적힌 초대장이 꽂혀 있었다. … 술집은 조금씩 더욱 이상한 인물들로 들어찼다. 칼로의 동판화나 고야의 판화에나 나올 법한 인물들, 누더기와 넝마를 걸친 잡다한 사람들, 짐승의 형체들, 인간의 형체들. … 나는 기이한 흥미를 느껴 곧장 거울로 갔다. … 다른 사람이 보았다면 자바 섬이나 힌두교의 우상이라고 여겼으리라. 이마는 높고, 코는 코끼리처럼 길게 늘어져 가슴 쪽으로 굽었고, 귀는 양 어깨를 스쳤는데, 더욱 불쾌하게도 파란색의 시바 신처럼 온몸이 새파랬다.[3]

---

3. 데이비드 에빈의 훌륭한 저서 《약물 경험: 중독자, 작가, 과학자 등의 1인칭 서술The Drug Experience: First-Person Accounts of Addicts, Writhers, Scientists, and Others》에 번역되어 있는 글을 인용했다.

또한 1890년대에 서양인들은 과거에 몇몇 아메리카 원주민 전통에서 성찬으로만 사용하던 메스칼주酒, 즉 페요테선인장의 추출액을 시음하기 시작했다.4

옥스퍼드대학교에 갓 입학해 래드클리프 과학도서관의 책꽂이와 책 더미를 마음껏 뒤지고 다니던 시절, 나는 메스칼주에 관한 최초의 출판물을 읽었고, 그와 함께 해블록 엘리스와 사일러스 웨어 미첼의 책을 읽었다. 그들은 기본적으로 문학가가 아니라 의사였고, 이 사실이 그들의 묘사에 특별한 무게와 신뢰감을 더해주는 것 같았다. 나는 당시 미지의 약효를 지닌 미지의 물질이던 메스칼주를 삼켰다고 말하는 웨어 미첼의 무미건조한 어조와 태연함에 넋을 잃었다.

미첼은 1896년에 〈영국의학저널British Medical Journal〉에 발표한 논문에서, 메스칼 봉오리에서 짜낸 추출액을 상당량 마셨고 그 뒤 같은 분량을 네 번 더 마셨다고 썼다. 얼굴이 빨개져서 제자들이 눈을 크게 뜨고 보았으며, "말이 많아지고, 때때로 … 말이 헛나왔"지만, 그래도 왕진을 가서 몇 명의 환자를 보았다. 그런 후 그는 어두운 방에 조용히 앉아 눈을 감았고, 그때부터 유채색의 효과로 가득한 "매혹적인 두 시간"을 경험했다.

---

4. 독일의 약리학자 루이스 레빈은 1886년 페요테선인장을 과학적으로 분석한 글을 최초로 발표했고, 그에게 경의를 표하는 뜻에서 이 선인장의 학명은 안할로니움 리비니Anhalonium lewinii로 정해졌다. 나중에 그는 약리적 효과에 따라 다양한 향정신성 물질들을 분류해서 다섯 개의 대략적인 그룹으로 나눴다. 도취제 또는 진정제(아편 등), 주류(알코올 등), 최면제(클로랄과 카바 등), 흥분제(암페타민과 커피 등), 공상제라고 부른 환각제가 그것이다. 그는 많은 약물이 부분적으로 겹치고 모순되는 효과를 지니고 있고, 그래서 흥분제나 진정제도 때로는 페요테처럼 환각 효과를 일으킬 수 있다고 지적했다.

섬세한 색색의 얇은 막들이 공중에 떠 있었다. 대부분 즐겁고 강렬하지 않은 보라색과 분홍색이었다. 이런 얇은 막이 여기저기에 나타났다가 사라졌다. 그다음에, 갑자기 무수히 많은 하얀 빛이 점점이 몰려와 시야를 가득 뒤덮었다. 은하수의 보이지 않는 수백만 개의 별이 몰려와서 눈앞에 반짝거리는 강을 이루고 흐르는 것 같았다. 1분 후 이 장면은 끝이 나고, 시야는 어두워졌다. 그때 편두통을 앓을 때 보이는 것과 같은 아주 밝은 색의 지그재그 선이 보이기 시작했다. … 그것은 거의 순식간이라고 할 정도로 빠르게 움직였다. … 회색 돌로 만든 하얀 창이 엄청난 높이까지 커지더니, 아주 정교하게 설계되고 화려하게 마무리된 고딕 양식의 높은 탑으로 변했다. … 내가 바라보는 사이에 튀어나온 모든 귀퉁이와 돌출 장식은 물론이고 돌의 표면에 있는 접합 부위에도 변화가 일어났다. 커다랗지만 가공하지 않은 보석처럼 보이는 물체들이 송이를 이루면서 서서히 그 부위들을 뒤덮거나 그곳에 매달리기 시작했고, 어떤 것들은 투명한 과일을 모아놓은 것과 비슷했다. 초록색, 자주색, 빨간색, 오렌지색…. 모두 안쪽에 불빛을 품고 있는 것 같았다. 멋진 색색의 과일들의 완벽하리만치 만족스러운 강렬함과 순수함을 조금이라도 이해하기에는 내 능력이 한참이나 부족하다. 지금까지 본 모든 색은 그에 비하면 따분하기 그지없다.

미첼은 환영에 자발적으로 영향을 미칠 힘이 전혀 없음을 깨달았다. 환영은 무작위로, 혹은 제 스스로의 논리에 따라 생겨나는 것 같았다.

1840년대에 해시시가 소개되어 크게 유행했던 것처럼, 1890년대에는 웨어 미첼과 몇몇 사람이 메스칼주의 효과에 대해 묘사한 책들 그리고 시중에 나돌던 메스칼린이 또다시 유행을 불러일으켰다. 메스칼린은 해시시가 일으키는 경험보다 더 풍부하고 오래 지속될 뿐 아니라 통일성 있는 경험을 약속했기 때문이다. 게다가 지상에서는 찾아볼 수 없는 아름다움과 의미로 가득한 신비한 영역으로 어김없이 데려다 주었다.

미첼은 색이 있고 기하학적인 형태를 띤 환각에 초점을 맞췄고 이를 부분적으로 편두통의 환각에 비유한 반면, 올더스 헉슬리는 1950년대에 메스칼린에 관한 글에서 시각적 세계의 변형, 밝고 신성한 아름다움과 의미를 지닌 외양에 초점을 맞췄다. 헉슬리는 약물 경험을 몇몇 정신분열병 환자의 병적인 경험에도 비유했지만, 주로 위대한 선지자들과 예술가들의 경험에 비유했다. 천재성과 광기는 둘 다 극단적인 정신 상태와 통한다고 헉슬리는 넌지시 말했다. 이는 드퀸시, 콜리지, 보들레르, 포가 아편과 해시시의 힘으로 지옥과 천당을 오간 경험, 그리고 자크 조제프 모로가 1845년 《해시시와 정신질환Hashish and Mental Illness》에서 자세히 탐구한 경험을 표현한 생각과 별반 다르지 않다. 나는 헉슬리의 《지각의 문Doors of Perception》과 《천국과 지옥Heaven and Hell》이 나온 1950년대에 두 권을 모두 읽었고, 상상의 "지리학"과 그 최후의 영역인 "마음의 대척지"를 설명하는 대목에서 특히 흥분했다.[5]

거의 같은 시기에 나는 생리학자이자 심리학자인 하인리히 클뤼버가 쓴 두 권의 책을 우연히 만났다. 첫 번째 책인 《메스칼Mescal》에서 그는 메스칼린의 효과에 관한 전 세계의 문헌을 재검토하고 자신의 경험을 묘사했다. 웨어 미첼처럼, 눈을 감으면 복잡한 기하학적 무늬들이 보였다.

투명한 동양풍의 카펫들, 하지만 대단히 작았고… 방산충(방사선 형태의 플랑크톤—옮긴이)처럼 보이는, 금줄이 들어간 유연한 구체들… 벽지 무늬들… 거미집 형태나 동심원과 사각형… 건축물, 버팀벽, 장미꽃 장식, 잎사귀 조각 장식, 번개무늬 장식.

클뤼버에게 환각은 시각계가 비정상적으로 활성화했음을 의미했다. 그는 이와 비슷한 환각이 편두통, 감각 박탈, 저혈당증, 열병, 섬망, 잠이 들기 직전과 직후인 입면기와 출면기 같은 다양한 상태에서도 일어날 수 있음을 알게 되었다. 1942년에 발표한 《환각의 메커니즘Mechanisms of Hallucination》에서 클뤼버는 뇌의 시각계가 "기하학적 처리"를 하는 경향이 있다고 말했고, 모든 기하학적 환각을 기본적인 네 가지 "형태 상수"의 순열로 보았다(그는 네 가지 형태 상수를 격자, 나선, 거미집, 터널로 규정했다). 그리고 그것들이 시각피질의 조직, 그 기능적 구조의 어떤 면을 분명히 반영하리라고 암시했다. 그러나 1940년대에는 이에 대해 더 설명할 근거가 거의 없었다.

두 접근법, 즉 헉슬리 식의 '상위의' 신비한 접근법과 클뤼버 식의 '하위의' 신경생리학적인 접근법은 둘 다 너무 좁은 범위에 초점을 맞추고 있

---

5. 베니 섀넌은 이 표현을 훌륭한 저서 《마음의 대척지The Antipodes of the Mind》의 제목으로 사용했다. 이 책은 남아메리카의 환각제인 아야와스카와 관련한 개인적 경험뿐 아니라 문화적, 인류학적 경험을 광범위하게 다루었다. 사실 아야와스카는 두 식물, 사이코트리아 비리디스Psychotria viridis와 바니스테리옵시스 카피Banisteriopsis caapi의 혼합물인데, 각각의 식물에는 환각 효과가 전혀 없다. 사이코트리아의 잎에는 매우 강한 환각 물질인 디메틸트립타민DMT이 함유되어 있지만, 입으로 섭취했을 때는 장의 모노아민산화효소MAO 때문에 활성화되지 않는다. 그러나 바니스테리옵시스에는 모노아민산화효소를 억제하여 디메틸트립타민을 흡수하게 해주는 화합물이 함유되어 있다. 섀넌은 다음과 같이 썼다. "아야와스카의 발견은 정말 놀랍다. 열대우림에 있는 식물의 수는 엄청나고, 그 식물을 짝지을 수 있는 조합의 수는 천문학적이다. 시행착오라는 상식적인 방법은 통하지 않았을 듯하다."

어서, 메스칼린이 유발할 수 있는 현상의 범위와 복잡성을 공정하게 설명하지 못했다고 할 수 있다. 이 문제가 더욱 분명해진 것은 1950년대 말에 실로시빈버섯과 나팔꽃 씨앗뿐 아니라(둘 다 LSD와 비슷한 성분을 함유하고 있다) LSD가 널리 보급되어 새로운 환각제의 시대가 열리면서, 여기에 어울리는 '사이키델릭'이라는 새로운 단어가 등장했기 때문이었다.

대니얼 브리슬로는 1960년대에 대학교를 갓 졸업한 후 컬럼비아대학교에서 실시한 LSD 연구에 실험 대상자로 참가했다. 그는 실험자가 그의 반응을 관찰할 수 있도록 감시하는 상태에서 실로시빈을 먹었고, 그 효과를 실험자에게 생생히 묘사했다.[6] 웨어 미첼과 마찬가지로, 가장 먼저 떠오른 환영은 별과 색이었다.

나는 눈을 감았다. "별들이 보인다!" 그런 다음, 갑자기 눈꺼풀 안쪽에 하늘이 활짝 펼쳐졌다. 나를 둘러싼 방은 망각의 동굴 속으로 물러나고, 나는 다른 세계로 사라졌다. 말로 설명할 수가 없다. … 내 위에 펼쳐진 하늘, 불꽃 같은 눈들이 반짝이는 밤하늘이 점점 사라지더니, 내가 보거나 상상해본 적 없는 강력한 색채의 향연으로 바뀐다. 많은 색들이 완전히 새롭다. 스펙트럼에서 그때까지 내가 못 보고 지나친 것 같은 새로운 영역이다. 그 색들은 가만히 있지 않고 사방팔방으로 움직이고 흘러 다닌다. 내 시계視界는 믿을 수 없이 복잡한 하나의 모자이크를 이루고 있다. 모자이크의 한순간을 재현하려면 몇 년 동안 고생해야 할 것이다. 그래도 그 반짝거림과 강렬한 색을 똑같이 재현할 수 있을까?

---

6. 브리슬로의 묘사는 데이비드 에빈의 책 《약물 경험》에 실려 있다.

브리슬로는 눈을 뜨고 나서 이렇게 적었다. "눈을 감으면 나는 이곳에 없고, 추상적인 것이 가득한 황홀한 세계의 거주자가 된다. 그러나 눈을 뜨면 주변의 물리적인 세계가 신기하게 보인다." 신기하고, 기가 막힐 정도로 놀랍다. 눈을 떴을 때 보이는 시각적 세계가 기이하게 변해 있고, 또 계속해서 변하기 때문이다. 고티에가 해시시를 먹고 본 것과 똑같다. 브리슬로는 다음과 같이 썼다.

그 방은 원래 높이가 50피트[약 15미터]다. 지금은 높이가 2피트[약 60센티미터]다. 이상하게 차이가 난다. 내 눈의 초점에 들어오는 것은 무엇이든 녹아내려서 나선, 무늬, 순열로 변한다. 의사가 있다. 그의 얼굴에 이가 기어다닌다. 그의 안경은 압력솥만큼 크고, 그의 눈은 거대한 생선 같다. 의심할 여지 없이 내가 본 사람 중 가장 우스운 모습이라서 나는 웃음을 멈추지 못한다. … 한쪽 구석에 놓인 발판이 줄어들어 버섯이 되었고, 실룩거리며 부르르 떨더니 바짝 움츠렸다가 천장으로 튀어 오른다. 굉장하다! … 엘리베이터 안에서 관리자의 얼굴에 털이 자라나더니, 애교 있는 어린 고릴라로 변한다.

시간이 거의 무한대로 늘어났다. 엘리베이터를 타고 내려갈 때는 "한 층을 지나는 데 100년이 걸렸다. 방으로 돌아온 나는 그날의 남아 있는 몇 세기에 잠겨 헤엄친다. 다섯 번 정도의 영겁이 지날 때마다 간호사가 (퓨마, 미분방정식 또는 시계가 달린 라디오의 모습을 하고) 와서 내 혈압을 잰다".
모든 곳이 생기와 의도로 가득했고, 관계와 의미로 넘쳐났다.

유리상자 속에 소화기가 있다. 일종의 전시물인 것이 분명하다. 잠시 바라보니 그 짐승은 살아 있다. 고무호스로 먹잇감을 칭칭 감아 주둥이로 살을 빨아 먹는다. 짐승과 나는 시선을 교환한다. 그때 간호사가 나를 끌고 간다. 나는 손을 흔들어 작별 인사를 한다.

벽에 묻은 얼룩 하나가 두 배, 세 배로 커지고 복잡해지고 색이 다양해지면서 끝없이 나를 매혹시킨다. 그뿐 아니라 얼룩과 나머지 우주와의 모든 관계가 보인다. 그러므로 거기에는 무한히 다양한 의미가 있고, 그것을 보는 사람은 그것에 담겨 있는 가능한 모든 개념을 생각하며 계속 즐길 수 있다.

그리고 효과가 가장 강해질 즈음, 풍부한 공감각이 나타난다. 모든 감각이 합쳐지고 감각과 개념이 뒤섞인다. 브리슬로는 이렇게 적었다. "감각들 간에 빈번하게 교환이 일어나서 사람을 놀라게 한다. 낮은 B플랫의 냄새, 초록색의 소리, 정언명령의 맛(송아지 고기와 비슷하다)을 느낀다."

같은 약물에 똑같이 반응하는 사람은 없다. 더 나아가, 같은 사람이 같은 약물을 재차 겪더라도 그때마다 다른 경험을 한다. 에릭 S.는 나에게 보낸 편지에서 1970년대에 LSD를 복용했던 경험을 다음과 같이 묘사했다.

20대 후반에 나는 한 친구와 LSD를 조금 복용했다. 여러 번 LSD를 했지만 이번의 환각은 또 달랐다. … 우리는 언어나 원거리 통신을 사용하지 않고 단지 생각을 통해 마음으로 대화하고 있음을 깨달았다. 내가 머릿속으로 "맥주가 먹고 싶어"라고 생각하자, 친구는 그것을 듣고 맥주를 갖다주었다. 친구가 "음악을 크게 틀어봐"라고 생각하면, 나는 음악의 볼륨을 높였다. … 이런 상태가 한동안 계속되었다.

그러고 나서 나는 소변을 보러 갔는데, 소변 줄기 안에서 과거의 일이 비디오나 영화를 뒤로 돌리듯 거꾸로 재생되었다. 방 안에서 방금 일어난 모든 일이 거꾸로 돌아가는 영화처럼 소변 줄기를 통해 몸 밖으로 나오고 있었다. 나는 완전히 환각에 빠져 있었다.

그런 뒤 내 눈은 현미경이 되었다. 손목을 보니 각각의 세포가 숨을 쉬거나 땀을 흘리고 있었다. 개개의 세포가 마치 가스를 품품 뿜어내는 작은 공장 같았고, 어떤 세포는 완전히 동그란 담배 연기를 내뿜고 있었다. 내 눈은 피부 세포 하나하나의 안쪽을 볼 수 있었다. 담배를 하루에 다섯 갑씩 피운 탓에 세포 안에서 나 자신이 질식하고 있는 것이 보였다. 담배의 파편들이 세포의 기능을 방해하고 있었다. 그 순간 나는 담배를 끊었다.

다음으로 나는 내 몸을 떠나 방 안을 떠다니며 전체적인 장면을 내려다보았고, 이어서 아름다운 빛으로 이루어진 터널을 지나 우주로 여행했다. 완전한 사랑과 포용의 느낌이 가슴을 가득 채웠다. 그 빛은 내가 느낀 것 중 가장 아름답고 따뜻하고 상쾌했다. 지구로 돌아가 내 삶을 마치고 싶은지… 아니면 천상의 아름다운 사랑과 빛으로 들어가고 싶은지를 묻는 목소리가 들렸다. 이제껏 살았던 모든 사람이 저마다 사랑과 빛에 감싸여 있었다. 그러더니 태어나서 지금까지 살아온 모든 삶이 마음에 번개처럼 스쳐 지나갔다. 나에게 일어났던 모든 사소한 일들, 시각적이고 감정적인 모든 느낌과 생각이 한순간에 몰려들었다. 목소리가 나에게 인간은 "사랑과 빛"이라고 말했다. …

그날은 영원히 잊지 못할 것이다. 나는 대부분의 사람이 상상조차 할 수 없는 삶의 일면을 보았다고 느낀다. 또한 오늘 하루와 특별히 연결되어 있으며 아무리 단순하고 현세적인 존재에도 그런 힘과 의미가 깃들어 있다고 느낀다.

마리화나, 메스칼린, LSD와 같은 환각성 약물은 대단히 폭넓고 다양한 효과를 만들어낸다. 그러나 몇몇 범주에 속하는 지각 왜곡과 환각적 경험은 어느 정도는 약물에 대한 뇌의 반응에서 나오는 전형적인 결과로 볼 수 있다.

웨어 미첼, 헉슬리, 브리슬로가 모두 확인했듯이, 색에 대한 경험이 고조되곤 한다. 지남력에 갑작스러운 변화가 찾아오고, 눈에 보이는 크기의 척도가 현저히 변한다. 소시증(작게 보이는 시각 장애—옮긴이)이나 소인 환영이 나타나거나(신기하게도 엘프, 난쟁이, 요정, 꼬마 도깨비 같은 작은 존재들이 흔히 나타난다), 대시증이 나타나기도 한다.

깊이와 원근이 과장되거나 축소되고, 입체시가 과장되고, 심지어 납작한 그림에서 3차원의 깊이와 입체성이 생겨나는 입체 환각이 나타나곤 한다. 헉슬리는 다음과 같이 묘사했다.

> 나는 세잔의 유명한 자화상을 모사한 커다란 복제 그림을 건네받았다. 큰 밀짚모자를 쓴 남자의 머리와 어깨, 붉은 뺨, 붉은 입술, 짙고 풍성한 구레나룻과 검고 불친절한 눈. 훌륭한 그림이지만 지금 내가 보고 있는 것은 그림이 아니었다. 그 머리가 곧장 3차원으로 변하고 생명을 얻어서, 고블린 같은 작은 남자가 내 앞에서 종이 속의 창문을 통해 밖을 내다보고 있었던 것이다.

메스칼린과 LSD 같은 환각제가 지각에 일으키는 변형과 환각은 시각에 국한되지는 않지만 주로 시각적이다. 맛과 냄새, 촉각과 청각에 향상, 왜곡, 환각이 일어나거나, 브리슬로가 "낮은 B플랫의 냄새, 초록색의 소리"라고 표현한 것처럼 감각들의 융합인 일시적 공감각이 일어날 수 있다. 융합이나 연합(그리고 그 뒤에 있다고 추정되는 신경학적 기초)은 순간적인 창조물이다. 이 점에서 진정한 공감각과 아주 다르다. 진정한 공감각은 감각과 대등한 등가물이 고정되어 있고, 평생 지속되는 선천적인(그리고 익숙한) 조건이기 때문이다. 환각을 경험할 때에는 시간이 확장되거나 압축되는 것처럼 느낀다. 환각을 경험하는 사람은 더이상 운동의 연속성을 지각하지 못하고, 마치 너무 천천히 돌아가는 필름을 보듯 일련의 정적인 '스냅사진'을 본다. 스트로보스코프(급속히 움직이는 물체를 정지한 것처럼 관측, 촬영하는 장치—옮긴이)나 영화 같은 환영은 메스칼린으로 인해 드물지 않게 나타나는 효과다. 동작의 급격한 가속, 감속, 정지도 비교적 기초적인 유형의 환각에 흔히 나타나는 현상이다.[7]

나는 많은 책을 읽었지만, 1953년까지는 약물을 직접 경험해보지 못했다. 그해 나의 어릴 적 친구인 에릭 콘이 옥스퍼드로 왔다. 우리는 LSD를 발견한 알베르트 호프만의 글을 흥미진진하게 읽었고, 스위스의 회사에 50밀리그램을 주문했다(1950년대 중반에는 아직 불법이 아니었다). 엄숙하고 심지어는 신성한 분위기에서, 우리는 어떤 화려한 장면이나 끔찍한 장면이 우리를 기다리고 있는지 전혀 모른 채 25밀리그램씩 복용했지만, 애석하게도 LSD는 우리에게 아무 효과도 일으키지 않았다(50이 아닌 500밀리그램을 주문했어야 했다).

1958년 말에 의사 자격을 취득할 무렵 나는 신경학자가 되었고, 뇌가

---

7. 나는 두 편의 논문 〈속도Speed〉와 〈의식의 강에서In the River of Consciousness〉에서 시간 및 운동 지각뿐 아니라 영화 같은 환영에 대해 더 자세히 논의했다.

어떻게 의식과 자아를 구현하고 있는지 연구하고 지각, 심상, 기억, 환각에 얼마나 놀라운 힘이 있는지 이해하고 싶었다. 그 당시 신경학과 정신의학은 새로운 방향으로 들어서고 있었다. 신경세포와 신경계의 여러 부위를 소통시켜주는 화학작용제인 신경전달물질이 조금씩 정체를 드러냄에 따라 신경화학의 시대가 열렸다. 1950년대와 1960년대에 모든 방향에서 새로운 과학적 사실들이 발견되었지만, 그 사실들이 서로 어떻게 맞아떨어지는지는 난해한 수수께끼로 남아 있었다. 예를 들어, 파킨슨병 환자의 뇌에는 도파민 수치가 낮다는 사실과 도파민의 선구 물질인 엘도파를 투여하면 파킨슨병의 증상을 완화시킬 수 있다는 사실이 밝혀지긴 했지만, 1950년대 초에 소개된 신경안정제들은 도파민을 억제하여 일종의 화학적 파킨슨증을 일으킬 수 있었다. 지난 반세기경 동안, 파킨슨증의 주요 치료제는 항콜린제였다. 도파민과 아세틸콜린계는 어떻게 상호작용할까? 뇌에 특별한 아편 수용체가 있어서 스스로 오피오이드(아편 작용을 하는 물질—옮긴이)를 만들어내는 것일까? 마리화나 수용체와 카나비노이드(마리화나 작용을 하는 물질—옮긴이)에도 그와 비슷한 메커니즘이 있을까? LSD는 왜 그렇게 강력할까? 그 모든 효과를 뇌에서 일어나는 세로토닌의 변화로 설명할 수 있을까? 어떤 전달 체계가 수면-각성 주기를 지배하고, 어떤 체계가 꿈이나 환각의 신경화학적 배경으로 작용할까?

신경과 전문의 실습을 시작하던 1962년은 그런 질문에 도취한 분위기였다. 신경화학은 분명 닻을 올렸고, 특히 내가 공부하던 캘리포니아에서는 위험과 매력을 동시에 안은 채 이런저런 약물이 유행하고 있었다.

클뤼버는 환각 상수의 신경학적 기초가 무엇인지 거의 몰랐지만,

1960년대 초 그의 책은 시지각에 관한 획기적인 실험에 비추어볼 때 나에게 특별히 흥미로웠다. 당시 데이비드 허블과 토르스텐 비젤은 동물의 시각피질에 있는 뉴런을 실험하며 기록하고 있었다. 그들은 선, 방향, 테두리, 구석 등을 감지하기 위해 특별히 분화한 뉴런을 묘사했고, 약물이나 편두통이나 열병이 그 뉴런을 자극하면 분명 클뤼버가 묘사한 것과 같은 기하학적 환각이 생겨날 것 같았다.

그러나 메스칼린이 불러일으키는 환각은 기하학적 문양으로 끝나지 않았다. 헉슬리가 묘사한 천국과 지옥은 차치하고라도, 사물, 장소, 인물, 얼굴 같은 복합 환각을 경험하는 사람의 뇌에서는 무슨 일이 일어날까? 복합 환각을 일으키는 별도의 기초가 뇌에 있을까?[8]

이런 생각들이 나를 지배했고, 동시에 직접 경험해보지 않으면 환각제라는 것이 무엇인지 절대 알 수 없다는 느낌이 들었다.

---

8. 1960년대 초에는 향정신성 약물이 어떻게 작용하는지에 대해 알려진 바가 거의 없었다. 하버드의 티모시 리어리와 그의 팀이 실시한 초기 연구는 물론이고, 1970년대에 UCLA에서 L. 졸리언 웨스트와 로널드 K. 시겔이 진행한 연구도 환각제의 메커니즘보다는 주로 환각제의 경험에 초점을 맞추고 있었다. 1975년, 시겔과 웨스트는 《환각: 행동, 경험, 이론Hallucinations: Behavior, Experience, and Theory》에서 광범위한 주제의 논문을 발표했다. 이 책에서 웨스트는 (이전의 저작에서와 마찬가지로) 환각해방이론(환각제를 금지하는 정책이 사회적 통제의 수단이라고 주장하는 이론—옮긴이)을 제시했다.
오늘날에는 코카인과 암페타민 같은 흥분제가 뇌의 '보상 체계'를 자극한다고 알려져 있으며, 주로 도파민이라는 신경전달물질이 이 보상 체계를 중재한다. 아편과 알코올의 경우도 마찬가지다. 고전적인 환각제들(메스칼린, 실로시빈, LSD 그리고 DMT도 포함될 수 있다)은 뇌에서 세로토닌 수치를 끌어올린다.

시작은 마리화나였다. 당시 내가 살던 토팡가캐년의 한 친구에게 같이하자고 제안했다. 나는 두 모금을 빨았고, 그다음에 일어난 일 때문에 그 자리에 못 박힌 듯 꼼짝하지 못했다. 손을 보고 있었는데, 손이 점점 커지면서 내 시야를 가득 채웠고 그와 동시에 나에게서 멀어져 갔다. 결국 손은 우주를 가로질러 몇 광년 또는 몇 파섹 밖으로 늘어났다. 여전히 살아 있는 사람의 손처럼 보였지만, 한편으로는 우주의 손이 마치 신의 손처럼 느껴졌다. 이렇게 나의 첫 번째 마리화나 경험은 신경학적인 동시에 신적인 특징을 띠었다.

1960년대 초에 대서양 연안에서는 LSD와 나팔꽃 씨앗을 쉽게 구할 수 있었고, 그래서 이것들도 시험해보았다. 머슬비치에서 친구들이 내게 말했다. "정말 끝내주는 경험을 하고 싶으면, 아르테인을 해봐." 나는 이 말에 놀랐다. 내가 알기로 아르테인은 벨라돈나 제제에 가까운 합성약물로, 소량(하루 두세 알)이 파킨슨병 치료에 사용되고 있었기 때문이다. 그리고 그런 약물을 다량으로 사용하면 섬망(오래전부터 벨라돈나 열매, 산사나무 열매, 검정사리풀 같은 식물을 우연히 섭취한 사람에게서 그런 증세가 나타났다)을 일으킬 수 있었다. 하지만 재미있지 않을까? 혹은 무엇인가 알아낼 수 있지 않을까? 뇌의 이상 기능을 관찰하고 경이로운 측면을 이해할 수 있는 입장이 될 수 있지 않을까? 친구들이 강하게 추천했다. "겁내지 말고 스무 알만 먹어봐. 그 정도라면 부분적으로 통제할 수 있어."

그래서 어느 일요일 아침, 나는 스무 알을 세어 입안 가득 물과 함께 삼킨 다음 효과를 기다렸다. 헉슬리가 《지각의 문》에서 묘사한 것처럼, 그리고 내가 메스칼린과 LSD로 직접 경험했던 것처럼, 이번에도 세계가 변형되고 새로운 세상이 펼쳐질까? 유쾌하고 육감적인 느낌이 파도처럼 밀려올까? 불안, 혼란, 편집증이 찾아올까? 나는 모든 일에 마음의 준비를 단단히 했지만, 아무 일도 일어나지 않았다. 입이 마르고 동공이 커지고 글을 읽기가 어려웠지만 그게 전부였다. 정신적인 효과는 전무했고, 대단히 실망스러웠다. 무엇을 기대해야 하는지 몰랐지만, 나는 그래도 뭔가 일어나기를 기대했다.

차를 끓이기 위해 주방에서 주전자를 불에 올렸다. 그때 현관에서 노크하는 소리가 들렸다. 친구인 짐과 캐시였다. 두 사람은 일요일 아침에 나를 찾아오곤 했다. "들어와. 문 열려 있어." 나는 큰 소리로 말했고, 두 사람이 거실로 들어와 자리에 앉았을 때 "계란 먹을래?"라고 물었다. 짐은 한쪽만 프라이한 게 좋다고 말했고, 캐시는 양쪽 다 익히되 한쪽은 살짝만 익혀달라고 말했다. 내가 햄과 달걀을 지글지글 굽는 동안, 우리는 잡담을 나눴다. 주방과 거실 사이에는 낮은 반회전문이 있었고, 그래서 목소리가 잘 들렸다. 5분 후, 나는 "다 됐어"라고 소리치며 친구들이 먹을 햄과 계란을 쟁반에 담아 거실로 들어갔다. 그런데 거실은 텅 비어 있었다. 짐도 캐시도 없었고, 그들이 다녀간 흔적조차 없었다. 나는 비틀거리는 바람에 쟁반을 떨어뜨릴 뻔했다.

짐과 캐시의 목소리, 그들의 '존재'가 실재하지 않는 환각이라고는 한순간도 생각하지 않았다. 우리는 언제나처럼 친근하게 일상적인 대화를 나눴다. 그들의 목소리는 예전과 똑같았고 모든 대화, 적어도 그들 쪽에서 나온 이야기는 뇌가 지어낸 발명품 같은 기미가 전혀 없었다. 그런데 반회전문을 열고 보니 거실이 텅 비어 있었다.

나는 충격에 빠졌을 뿐 아니라, 두려움을 느꼈다. 나는 LSD나 그 밖의 약물을 먹으면 어떤 일이 벌어지는지 익히 알고 있었다. 세계가 달리 보이고, 달리 느껴지고, 특별하고 극단적인 경험의 모든 특징이 나타난다는 것을 말이다. 그러나 짐과 캐시와 나눈 '대화'는 성질상 전혀 특별하지 않았다. 우리의 대화는 완전히 평범했고, 환각이라고 여길 만한 특징은 전무했다. 나는 '목소리'와 대화하는 정신분열증 환자들을 생각했지만, 일반적으로 정신분열증의 목소리는 조롱하거나 비난하지, 햄과 계란과 날씨에 관해 말하진 않는다.

"조심해, 올리버." 나는 속으로 말했다. "정신 차려. 다시는 이런 착각에 빠지지 마." 나는 생각에 잠긴 채 천천히 햄과 계란을(짐과 캐시의 것까지) 먹었고, 해변에 나가야겠다고 생각했다. 진짜 짐과 캐시와 나의 친구들을 보고 수영을 하며 한가한 오후를 보내기 위해서였다.

이러한 생각에 잠겨 있을 때, 나는 머리 위에서 휙휙 소리가 나는 것을 알아차렸다. 잠시 당황했지만 나는 그것이 헬리콥터가 내려앉는 소리이고 우리 부모님이 깜짝 방문을 하기 위해 런던에서 로스앤젤레스로 날아온 다음, 헬리콥터를 전세 내어 토팡가캐년에 도착했음을 깨달았다. 나는 욕실로 달려가서 재빨리 샤워를 하고 깨끗한 셔츠와 바지를 꺼내 입었다. 부모님이 3~4분 후면 도착할 것 같아서 최대한 서둘렀다. 엔진의 진동 소리에 귀가 먹을 지경이었기 때문에, 나는 헬리콥터가 집 옆에 있는 편평한 바위에 착륙하리라고 생각했다. 흥분해서 부모님을 맞이하러 뛰어나갔지만, 바위는 휑뎅그렁했고 헬리콥터는 보이지 않았다. 심장을 쿵쾅쿵쾅 때리던 엔진 소리도 갑자기 사라졌다. 침묵과 공허, 실망감이 밀려와서 눈물이 났다. 날듯이 기뻤고 흥분했었는데 지금 눈앞에는 아무것도 없었다.

집으로 돌아가 차를 한 잔 더 마시기 위해 주전자를 올렸다. 그때 주방의 벽에 거미 한 마리가 시야에 포착되었다. 자세히 보려고 가까이 다가가니, 거미가 소리 내어 "안녕!"이라고 말했다. 하지만 (흰 토끼가 말했을 때 앨리스가 아주 당연히 여긴 것처럼) 거미가 인사하는 것이 조금도 이상하지 않았다. 나는 "너도 안녕"이라고 말했고, 이때부터 우리는 주로 분석철학의 기술적인 문제에 관해 대화를 나눴다. 대화의 방향이 이쪽으로 흘러간 것은 거미가 처음 꺼낸 말 때문이었다. 버트런드 러셀이 프레게의 역설을 논파했다고 생각해? 혹은 목소리, 러셀의 목소리와 아주 똑같은, 날카롭고 가시 돋친 목소리 때문이었는지도 몰랐다(나는 라디오에서 그 목소리를 들은 데다, 〈경계 너머로Beyond the Fringe〉에서 그 목소리를 패러디한 것도 들은 터라 아주 신이 났다).[9]

주중에는 UCLA의 신경과에서 레지던트로 일하느라 약을 피했다. 나는 런던에서 의대를 나왔기 때문에, 이곳에서 만나는 환자들의 신경학적 경험이 아주 다양하다는 사실에 놀라움과 흥분을 감추지 못했다. 그리고 그런 경험들을 묘사하거나 받아 적을 기회가 없다면, 그것을 충분히 이해하거나 정서적으로 받아들이기 어려우리라는 생각에 도달했다. 내가 최초의 논문을 써서 발표하고 최초의 책을 쓴 것도 바로 그 시절이었다(원고를 잃어버린 탓에 그 책은 출간되지 못했다).

그러나 주말이 되면 나는 종종 약물을 가지고 실험했다. 아직도 생생

---

[9] 몇십 년 후 이 이야기를 친구이자 곤충학자인 톰 아이스너에게 하면서 나는 거미의 철학적 경향과 러셀의 목소리를 언급했다. 그랬더니, 그는 알겠다는 듯 고개를 끄덕이며 이렇게 말했다. "그래, 나도 그 곤충을 알아."

히 기억나는 에피소드가 있다. 마법으로 만들어낸 듯 매혹적인 색이 내 앞에 나타났다. 어릴 적, 스펙트럼에는 남색을 포함하여 일곱 가지 색이 있다고 배웠다(뉴턴은 이 색들을 음악의 7음계에 비유하여 다소 자의적으로 정했다). 하지만 어떤 문화에서는 분광색을 다섯이나 여섯만 인정하고, 남색이 무엇과 비슷한지에 대해 아무도 동의하지 않는다.

나는 오래전부터 '진짜' 남색을 보고 싶었고, 혹시 약을 하면 그 색을 볼 수 있을지도 모른다고 생각했다. 1964년 어느 화창한 토요일, 나는 암페타민(전반적인 각성을 위해), LSD(환각의 강도를 위해), 약간의 마리화나(약간의 섬망을 추가하기 위해)를 기초로 약리학적 발사대를 만들었다. 약을 먹고 20분쯤 지났을 때 나는 흰 벽을 마주 보고 이렇게 외쳤다. "난 남색을 보고 싶어, 지금 당장!"

그러자 거대한 붓으로 찍어놓은 듯, 더없이 순수한 남색이 아주 크고, 바르르 떨리고, 배梨의 형태를 닮은 얼룩으로 나타났다. 빛을 발하는 초자연적인 색 앞에서 나는 황홀감에 빠졌다. 그것은 천상의 색이었고, 내 생각에는 지오토가 평생 구사하려고 애쓰고도 지상에서는 볼 수 없는 천상의 색이기 때문에 결국 얻어내지 못한 색이었다. 하지만 그 색이 존재한다고 생각한 적은 한 번 있었다. 고생대 바다의 색, 아주 오래전 대양에 녹아 있던 색이었다. 나는 무아경에 빠져 그 색을 향해 몸을 기울였다. 그때 그 색은 갑자기 사라졌고, 나는 마치 보물을 강탈당한 것처럼 엄청난 상실감과 슬픔에 사로잡혔다. 그러나 나는 스스로를 위로했다. 그래, 남색은 존재해. 그리고 뇌의 마력으로 그 색을 불러낼 수 있어.

그로부터 몇 달 동안, 나는 남색을 찾아다녔다. 집 근처에서 작은 돌과 바위를 뒤집어보면서 남색을 찾았다. 그리고 자연사박물관에 가서 남동

석(남색 안료로 쓰이는 투명하고 푸른 돌―옮긴이)의 표본을 조사했다. 그러나 어느 것도 내가 보았던 색과는 거리가 멀었다. 그 후 나는 뉴욕으로 이사했고, 1965년의 어느 날 연주회를 보기 위해 메트로폴리탄미술관의 이집트 전시관으로 갔다. 전반부에 몬테베르디의 곡이 흘러나오자 나는 완전히 음악에 도취했다. 약을 하지는 않았지만, 장려한 음악의 강이 몬테베르디의 마음에서부터 400년 동안 흐르다가 내 마음으로 들어오는 것을 느꼈다. 무아경에 빠진 상태로 나는 막간의 휴식 시간에 어슬렁거리며 고대 이집트의 전시물을 구경했다. 청금석 부적, 보석 등이 있었는데, 반짝이는 남색에 완전히 홀리고 말았다. 그리고 생각했다. 아, 고마워라, 정말로 존재하다니!

연주회의 후반부가 흐르는 동안 약간 지루하고 산만했지만, 연주회가 끝나면 다시 가서 남색을 '한 모금' 들이킬 수 있다고 생각하며 자신을 위로했다. 아까 그곳에서 나를 기다리고 있을 것이다. 그러나 연주회가 끝난 후 다시 전시실에 갔을 때, 내 눈에는 파란색과 진홍색과 옅은 자주색과 암갈색만 보였다. 남색은 어디에도 없었다. 거의 50년 전의 일로, 그 후로 다시는 남색을 보지 못했다.

부모님의 친구 겸 동료이자 정신분석 전문의인 오거스타 보나르 여사가 1964년에 안식일을 보내기 위해 로스앤젤레스로 왔을 때, 우리는 당연히 마중을 나갔다. 나는 그녀를 토팡가캐년의 작은 집으로 초대했고, 우리는 기분 좋게 저녁을 먹었다. 커피를 마시고 담배를 피우는 동안(오거스타는 줄담배를 피웠다. 나는 그녀가 정신분석 상담을 할 때에도 담배를 피우는지 궁금했다), 여사는 갑자기 어조를 바꿔서 퉁명스럽고 탁한 목소리로 이렇게 말했다. "올리버, 넌 도움이 필요해. 문제가 있어."

나는 펄쩍 뛰었다. "천만에요. 난 즐겁게 살고 있어요. 불만도 전혀 없고요. 일도 잘하고, 사랑도 잘하고 있다고요." 오거스타는 의심스럽다는 듯 헛기침을 했지만 더이상 파고들지 않았다.

이 무렵 나는 LSD를 시작했고, 약을 못 구하면 나팔꽃 씨앗으로 대신했다(약물 남용을 막기 위해, 지금처럼 나팔꽃 씨앗을 살충제로 취급하기 전이었다). 약을 하는 시간은 대개 일요일 아침이었고, 내가 환각제용 나팔꽃 씨앗인 헤븐리블루를 한줌 털어 넣은 것은 분명 오거스타를 만나고 두세 달이 지났을 때였다. 씨앗은 새까맣고 공깃돌처럼 딱딱해서, 공이와 절구로 빻은 뒤 바닐라 아이스크림과 섞어 먹었다. 20분쯤 지나 심한 욕지기가 느껴졌지만, 메스꺼움이 가라앉자 천국 같은 고요와 아름다움의 세계, 시간 밖의 세계가 펼쳐졌다. 그 세계 속으로 집 앞의 가파른 도로에서 택시가 끼익 멈추고 엔진에서 역화逆火가 일어나 펑 터지는 소리가 무례하게 침입했다.

한 노부인이 택시에서 내리더니 전기라도 통한 듯 갑자기 활기차게 움직였다. 나는 그녀에게 달려가며 소리쳤다. "난 당신이 누군지 알아요. 당신은 오거스타 보나르의 복제품이죠. 오거스타와 아주 똑같이 생겼군요. 자세며 동작하며. 하지만 당신은 오거스타가 아니에요. 난 절대 안 속아요." 오거스타는 양손을 뺨에 대고 이렇게 말했다. "어이구! 내가 생각했던 것보다 심각하구먼." 그녀는 다시 택시에 올랐고, 아무 말 없이 그대로 떠났다.

다음에 만났을 때 우리는 서로 할 말이 많았다. 내가 그녀를 알아보지 못하고 "복제품"이라고 부른 것은 일종의 복잡한 변명이며, 정신이상이라고 할 수밖에 없는 분열 증세라고 그녀는 생각했다. 나는 그 말을 인정하지 않았고, 내가 그녀를 복제품이나 남을 사칭하는 사람으로 본 것은 기본적으로 신경학적 현상으로 지각과 감정이 단절되어 일어난 일이라고 주장했다. 사람을 알아보는 지각 능력은 온전했지만, 따뜻하고 친밀한 감정이 적절히 수반되지 않았고, 이 모순 때문에 그녀가 "복제품"이라는 부조리하지만 논리적인 결론을 내렸다고 말했다(정신분열병에서 나타나지만, 치매나 섬망에서도 일어날 수 있는 것이 바로 카그라스증후군이다). 오거스타는 누구의 견해가 옳든 간에, 주말마다 혼자 향정신작용제를 먹는다면 분명 내적 결핍이나 갈등이 심하다고 볼 수밖에 없으니, 치료 전문가를 찾아가서 이 문제를 자세히 논의해야 한다고 말했다(돌이켜보면 분명 여사의 말이 옳았다. 1년 뒤, 나는 정신분석 전문의를 찾아갔다).

1965년 여름은 일종의 간절기였다. 나는 UCLA에서 실습 과정을 마친 후 캘리포니아를 떠났지만, 뉴욕에서 특별연구원으로 일을 시작하기까지는 석 달이 남았다. UCLA에서 주중에 60시간, 때로는 80시간씩 근무하고 난 터라 이 기간은 달콤한 자유의 시간이자 재충전을 위한 멋진 휴가여야 했다. 그러나 나는 자유를 느끼지 못했다. 일을 하지 않을 때 나는 공허하고 산만한 느낌에 사로잡혀서 갈팡질팡했다. 위험한 때는 주말, 즉 캘리포니아에서 살 때 약을 하던 시간이었다. 고향인 런던에서 여름을 보내고 있자니 매 주말이 석 달처럼 길게 느껴졌다.

한가하고 말썽 많은 시기에, 나는 약물의 수렁에 더 깊이 빠져들어서 더이상 주말에만 약을 하지 않았다. 나는 지금까지 한 번도 해본 적이 없는 정맥주사를 시도했다. 부모님은 두 분 다 의사였는데, 마침 멀리 출타

중이어서 집에는 나 혼자뿐이었다. 나는 1층에 있는 부모님의 수술실 약장을 뒤져서 서른두 번째 생일을 축하할 만한 멋진 것을 찾기로 결심했다. 그때까지는 모르핀이나 아편제를 경험해본 적이 없었다. 나는 큰 주사기를 사용했다. 이왕에 할 거라면 찔끔 하고 말 이유가 어디 있는가? 나는 침대에 편히 자리를 잡고 몇 개의 앰플에서 내용물을 뽑은 뒤, 바늘을 정맥에 꽂고 아주 천천히 모르핀을 주입했다.

1분도 채 안 되어서, 문에 걸어놓은 가운의 소매 위에서 소란스러운 상황이 벌어져 주의를 사로잡았다. 나는 그곳을 집중해서 바라보았고, 눈앞에서 그 소란은 미니어처만큼 작지만 현미경으로 보는 것처럼 아주 세밀한 전투 장면으로 변했다. 각기 다른 색의 비단 막사들이 보였고, 가장 큰 막사에는 왕의 삼각기가 휘날리고 있었다. 화려한 장식 마의를 입힌 말과 말에 탄 병사들이 보였고, 병사들의 갑옷과 투구는 햇빛에 반짝였으며, 큰 활을 맨 사람들도 있었다. 피리 부는 사람들이 긴 은색 피리를 들어 입에 대고 있었는데, 아주 희미하게 피리 소리가 들렸다. 두 나라의 두 군대에 속한 수백, 수천 명의 사람들이 전투를 준비하고 있었다. 나는 그곳이 가운 소매 위의 한 점이고, 내가 침대에 누워 있으며, 이곳은 런던이고, 지금이 1965년이라는 사실을 완전히 잊었다. 모르핀을 놓기 전에 프루아사르의 《연대기Chronicles》와 《헨리 5세Henry V》를 읽고 있었는데, 그래서인지 그 내용이 뒤섞여서 환각으로 나타났다. 나는 지금 상공의 관점에서 내려다보이는 곳이 1415년 말의 아쟁쿠르(백년전쟁 중에 전투가 벌어진 북프랑스의 마을—옮긴이)이고, 눈앞에 펼쳐진 장면이 전투 대형을 갖추고 빽빽이 늘어선 영국과 프랑스의 군대라는 것을 깨달았다. 그리고 삼각기가 휘날리는 커다란 막사에는 헨리 5세가 친히 왕림해 있다는 사실도 알 수 있었다. 모든 것이 상상이거나 환각이라는 느낌은 전혀 들지 않았다. 내가 본 것은 실제이고 진짜였다.

잠시 후 그 장면은 사라지기 시작했고, 의미하게 의식이 돌아와서 지금 런던에서 마약에 취해 가운의 소매 위에서 벌어지고 있는 아쟁쿠르전투를 환각으로 보고 있다는 사실을 깨닫기 시작했다. 말 그대로 마술에 홀린 듯 매혹적인 경험이었지만, 곧 끝났다. 약효는 빠르게 사라졌고 아쟁쿠르는 보이지 않았다. 나는 9시 반에 모르핀을 놓았고, 지금은 10시였다. 하지만 이상하게 느껴졌다. 모르핀을 놓을 때 어두컴컴했으니 지금은 더 어두워야 했다. 그런데 밖은 어두워지기는커녕 갈수록 밝아지고 있었다. 시간은 분명 10시였지만, 아침 10시였다. 나는 무려 열두 시간 넘게 꼼짝도 하지 않고 나만의 아쟁쿠르를 응시하고 있었던 것이다. 나는 충격에 빠졌고, 정신을 차렸다. 그리고 아편에 취하면 몇 날 며칠, 몇 주, 심지어 몇 년을 송두리째 잃어버릴 수 있음을 깨달았다. 나는 첫 번째 경험을 마지막으로 삼겠다고 다짐했다.

1965년의 여름이 끝날 즈음, 나는 뉴욕으로 건너와 신경병리학 및 신경화학의 대학원 과정을 시작했다. 1965년 12월은 힘든 시기였다. 몇 년 동안 캘리포니아에서 지낸 터라 뉴욕은 적응하기 힘들었고, 연애는 시큰둥했으며, 연구는 여의치 않았고, 내가 과학 연구원이 될 만큼 두각을 나타내지 못하는 것이 갈수록 분명해졌다. 우울증과 불면증 때문에 나는 클로랄하이드레이트를 점점 더 많이 복용해야 잠을 잘 수 있었고, 급기야 매일 밤 정량의 열다섯 배를 복용하게 되었다. 그리고 어렵사리 약을 많이 모아두긴 했지만(근무할 때 실험실에서 몰래 빼돌렸다), 크리스마스를 조금 앞둔 어느 쓸쓸한 화요일에 결국 약이 동나는 바람에 몇 달 만에 처음으로 약에 녹다운되지 않은 채 잠자리에 들었다. 나는 악몽과 기이한 꿈에 시달리며 자다 깨다를 반복했다. 그리고 잠에서 깨자마자 고통스러울 정도로 소리에 민감해졌음을 느꼈다. 항상 트럭이 웨스트 빌리지의 조약돌을 깐 도로 위를 덜컹거리며 지나갔지만, 이젠 조약돌을 깨부수며 지나가는 것처럼 들렸다.

몸이 조금 떨리는 것 같아서 나는 평소처럼 오토바이를 타지 않고 지하철과 버스를 이용했다. 신경병리학과에서 수요일은 머리가 깨지도록 바쁜 날이었고, 때마침 내 차례가 되어 뇌를 여러 개의 수평 절단면으로 깔끔하게 베어내면서 주요 구조물을 확인하고 정상적인 구조에서 벗어난 부분이 있는지 관찰해야 했다. 평소에는 이 일에 도가 텄지만 그날은 손이 눈에 띌 정도로 떨렸고 당혹스럽게도 해부학적 이름이 바로바로 떠오르지 않았다.

해부학 시간이 끝난 후, 나는 종종 하던 대로 길 건너 식당에서 커피와 샌드위치를 주문했다. 커피를 젓는 동안 커피의 색이 갑자기 초록색으로 변하더니 다시 자주색으로 변했다. 깜짝 놀라서 고개를 들어보니, 계산대에서 돈을 내고 있는 손님이 장비목에 속하는 코끼리물범 같은 머리를 하고 있었다. 공황에 사로잡힌 나는 5달러 지폐를 테이블 위에 내던지고, 도로 반대편으로 달려가 버스를 탔다. 하지만 버스 안의 승객들을 보니 모두 머리가 거대한 알처럼 하얗고 매끄러웠고, 반짝거리는 거대한 눈은 표면이 여러 면으로 깎인 곤충의 겹눈과 비슷했다. 승객들의 눈이 급격한 반사운동에 따라 움직이는 것 같아 더욱 두렵고 낯설었다. 나는 환각에 빠져 있거나 기이한 지각 장애를 겪고 있으며, 뇌에서 일어나고 있는 일을 스스로 막을 수 없고, 곤충의 눈을 한 괴물에 둘러싸인 상황에서 최소한 겉으로는 통제력을 유지하면서 공황에 사로잡히나 비명을 지르거나 긴장증에 빠지지 않아야 한다는 사실을 깨달았다. 가장 좋은 방법은 글을 쓰는 것, 임상 일지를 쓰듯 이 환각을 자세히 명료하게 묘사하고, 그렇게 해서 내면의 광기에 무기력하게 굴복하는 희생자가 아니라 관찰자가 되고 더 나아가 탐험가가 되는 일이란 생각이 들었다. 나는 항상 펜과 노트를 지니고 다니며 그때도 마찬가지였기 때문에, 환각이 파도처럼 차례로 밀려와서 내 몸을 덮치는 상황을 이겨내고 필사적으로 글을 썼다.

그전부터 글을 쓰고 묘사하는 행위는 복잡하거나 무서운 상황을 이겨내는 가장 좋은 방법이었지만, 그렇게 끔찍한 상황에서 시험해본 적은 없었다. 하지만 효과가 있었다. 환각은 멈추지 않고 시시각각 변했지만, 눈앞에 펼쳐지는 광경을 노트북 컴퓨터에 하나하나 묘사하자 그럭저럭 통제력 비슷한 힘을 유지할 수 있었다.

나는 간신히 버스 정류장을 놓치지 않았고, 지하철을 탔다. 하지만 이 때쯤에는 모든 사물이 어지럽게 빙빙 돌거나, 옆으로 기울어지거나, 심지어 거꾸로 뒤집어지면서 계속 움직였다. 그래도 내려야 할 정거장을 놓치지 않고 그리니치빌리지의 우리 동네에 도착했다. 지하철에서 빠져나오자 나를 둘러싼 빌딩들이 높은 바람에 나부끼는 깃발처럼 좌우로 흔들리고 펄럭거렸다. 나는 공격을 당하거나 체포되거나 교통사고로 죽지 않고 아파트로 돌아온 것에 크게 안도했다. 집 안에 들어서자마자 나는 누군가 나를 잘 아는 사람, 의사이자 친구인 사람과 접촉해야 한다고 느꼈다. 캐럴 버넷이 적격이었다. 우리는 샌프란시스코에서 5년 동안 함께 인턴으로 근무했고, 지금은 둘 다 뉴욕 시에 있어 다시 가까운 관계를 유지하고 있었다. 캐럴이라면 이해할 법했고, 어떻게 해야 할지 알 것 같았다. 나는 덜덜 떨리는 손으로 캐럴의 번호를 눌렀다. 그녀가 전화를 받자마자 나는 이렇게 말했다. "캐럴, 작별 인사를 하려고 걸었어. 난 미쳤어. 제정신이 아냐. 정신병자가 됐어. 오늘 아침부터 그랬고, 아직도 계속 나빠지고 있어."

"올리버! 도대체 뭘 먹은 거야?"

"아무것도 안 먹었어. 그래서 이렇게 무서워하고 있어."

캐럴이 잠시 생각하더니 다시 물었다. "그럼 뭘 끊은 거니?"

"바로 그거야. 매일 밤 클로랄하이드레이트를 한 움큼씩 먹었는데, 어젯밤 동이 났어."

"올리버, 이 바보! 넌 항상 선을 넘는다니까. 그건 DT, 그러니까 전형적인 섬망증이야."

엄청난 안도감이 밀려왔다. 정신분열병보다는 섬망증이 백배 나았다. 하지만 섬망증의 위험도 잘 알고 있었다. 혼동, 지남력 상실, 환각, 망상, 탈수증, 열, 빠른 심박, 극도의 피로, 발작, 죽음. 다른 누군가가 나 같은 상태에 있다면 즉시 응급실로 가라고 충고했을 테지만, 나는 혼자서 이겨내고 싶었고 섬망증을 최대한 경험해보고 싶었다. 캐럴은 첫날 내 곁에 있어주었고, 혼자 있어도 안전하다 싶으면 이따금 들르거나 전화를 해주기로 했으며, 필요하다는 판단이 들면 외부의 도움을 요청하기로 했다. 이렇게 안전망이 확보되자 나는 근심을 털어내고 섬망증의 환영을 어떻게든 견디거나 즐길 수 있었다(물론 작은 동물들과 곤충들이 새까맣게 몰려올 때는 절대 즐겁지 않았다). 환각은 96시간 동안 계속되었고 마침내 환각이 사라진 순간 나는 녹초가 되어 혼수상태에 빠졌다.[10]

어렸을 때 나는 화학을 공부하고 나만의 화학 실험실을 꾸리며 짜릿한 기쁨을 느꼈다. 하지만 열다섯 살 무렵 그 기쁨은 연기처럼 사라졌다. 학창 시절, 대학과 의대 시절, 인턴과 레지던트 시절, 나는 항상 머리를 물 밖에 내놓고 열심히 허우적댔지만 내가 공부한 과목은 어렸을 때 화학에서 느꼈던 강렬한 흥분을 불러일으키지 않았다. 뉴욕으로 건너와서 1966년 여름에 편두통 전문병원에서 환자들을 진료하기 시작한 후에야 비로소 나는 어린 시절에 경험했던 지적 흥분과 감정적 몰입이 조금씩 되살아나는 것을 느꼈다. 그리고 지적, 감정적 흥분을 더 끌어올리고 싶은 마음에 나는 암페타민에 손을 대기 시작했다.

금요일 저녁마다 일을 마치고 집으로 돌아온 후 나는 암페타민을 먹었고, 그런 뒤 주말 내내 온갖 상과 생각을 통제할 수 있는 환각 수준으로 유지할 만큼만 약에 취한 채 무아경의 감정에 빠져 지냈다. 나는 주로 '마약 휴일'을 오로지 낭만적인 공상을 하는 데 썼지만, 1967년 2월의 어느 금요일, 의학 도서관에서 희귀본 구획을 탐험하던 중 편두통에 관한 두툼한 책 한 권을 발견했다. 1873년 에드워드 리빙이란 의사가 쓴 《편두통, 두통 및 몇몇 유관 장애들: 신경성 발작의 병리에 관한 논문On Megrim, Sick-Headache, and Some Allied Disorders: A Contribution to the Pathology of

---

10. 여러 해가 지난 후, 나는 사카우, 즉 남태평양에서 재배되는 후추의 즙이 지닌 훨씬 더 부드러운 효과를 경험했다. 피페르 메티스티쿰Piper methysticum이라는 학명을 지닌 후추는 폴리네시아에서 카바라고 불린다. 안데스 사람들이 수천 년 동안 코카 잎을 씹은 것처럼 사카우를 마시는 관습도 미크로네시아 사람들의 삶에 대단히 중요하며, 정성스러운 사카우 의식에서만 공식적으로 사용된다. 나는 《색맹의 섬》에서 사카우의 효과를 자세히 묘사했다. 사카우는 다양한 시각적 환영이나 환각을 보여줄 뿐 아니라, 편안히 공중에 떠 있는 듯한 즐거운 느낌을 불러일으킨다.

Nerve-Storms》이었다. 나는 몇 달 동안 편두통 전문병원에서 일했고, 편두통과 함께 일어날 수 있는 증상과 현상의 범위에 매혹되었다. 편두통은 전조 현상, 즉 지각 이상이나 심지어 환각이 나타나는 전구 증상을 수반하곤 한다. 그런 증상은 완전히 양성이고 단 몇 분만 지속되곤 하지만 그 몇 분이 뇌가 어떻게 기능하고 고장이 났다가 다시 회복되는지 들여다볼 수 있는 창이 되어준다. 그런 식으로 편두통 발병은 그때마다 신경학 백과사전을 펼쳐 보여준다는 것이 나의 생각이었다.

나는 편두통과 가능한 기초에 관한 논문을 수십 편 읽었지만, 현상학의 풍부함이나 환자가 경험하는 고통의 범위와 깊이를 충분히 보여주는 글은 하나도 없었다. 그 주말, 내가 도서관에서 리빙의 책을 꺼내 든 것은 편두통을 더 충분히, 더 깊게, 더 인간적으로 이해하고 싶은 바람에서였다. 그래서 나는 쓰디쓴 암페타민을 홀짝 마신 후(비위에 맞추려고 설탕을 듬뿍 넣었다), 책을 읽기 시작했다. 암페타민의 효과가 온몸으로 퍼지며 나의 온갖 감정과 상상력을 자극하자 리빙의 책은 갈수록 더 강렬하고, 더 깊고, 더 아름답게 느껴졌다. 나는 리빙의 마음속으로 들어가서 그가 연구하던 시절의 분위기에 빠지고만 싶었다.

나는 긴장증에 걸린 것 같은 강렬한 집중 상태에서 무려 열 시간 동안 근육을 움직이거나 입술을 적시지 않으면서 500쪽에 달하는 《편두통, 두통 및 몇몇 유관 장애들》을 읽어 내려갔다. 그러는 동안 마치 내가 리빙이 되어 그가 묘사한 환자들을 직접 진찰하고 있는 것처럼 느껴졌다. 때로는 내가 책을 읽고 있는지, 책을 쓰고 있는지조차 불확실했다. 1860년대와 1870년대 디킨스 시대의 런던에 있는 느낌이었다. 나는 리빙의 인간다움과 사회적 감성이 더없이 좋았고, 편두통은 할 일 없는 부자들의 특권이 아니라 영양 부족에 시달리는 사람들이 환기가 잘 안 되는 공장에서 장시간 노동을 할 때 생길 수 있다는 강한 주장도 마음에 들었다. 그런 면에서 그의 책은 런던의 노동자 계급에 관한 메이휴의 위대한 연구를 상기시켰지만, 그와 동시에 그가 생물학과 자연과학에 있어서 얼마나 훌륭한 지식을 쌓았는지, 그리고 임상적 관찰에 얼마나 뛰어난 사람이었는지 알 수 있었다. 나는 이런 생각이 들었다. '이 책은 빅토리아시대 중반에 과학과 의학이 도달한 최고 수준을 보여준다. 이 책이야말로 진정한 걸작이야!' 나는 편두통 환자들을 진료하기 시작한 후로 편두통을 다룬 현대적 '문헌'을 뒤져봤지만, 얄팍하고 빈약한 논문밖에 찾을 수 없었다. 그런데 그 책은 좌절하고 있던 나에게 몇 달 동안 애타게 찾던 것을 보여주었다. 환희의 절정에 이른 순간, 나는 신경학이라는 하늘에 편두통이 별무리를 이루어 환히 빛나고 있는 장면을 보았다.

그러나 리빙이 런던에서 연구하고 저술한 때로부터 한 세기가 흘렀다. 리빙이 되거나 동시대인이 된 것 같은 환상에서 깨어난 순간, 나는 나 자신으로 돌아왔고 생각했다. 지금은 1860년대가 아니라 1960년대다. 누가 우리 시대의 리빙이 될 수 있을까? 확신할 수 없는 이름들이 한꺼번에 떠올랐다. 닥터 A, 닥터 B, 닥터 C, 닥터 D. 모두 좋은 사람들이었지만, 리빙처럼 과학과 휴머니즘을 확실히 겸비한 사람은 없었다. 그때 아주 큰 내면의 목소리가 들렸다. "이 바보 같은 녀석! 네가 바로 그 사람이야!"

그 이전에는 암페타민으로 인한 조증 상태에서 이틀간 보내고 정신이 돌아오면, 그때마다 심각한 역작용으로 발작성 수면증에 가까운 졸음과 우울함을 겪었다. 또한 내가 어리석은 짓을 했으며 쓸데없이 생명을 위험에 빠뜨렸다고 생각하면서 뼈저리게 후회하곤 했다. 내가 먹은 정도의 암페타민이라면 심박은 200 가까이 오른 상태로 유지되고, 혈압은 어떻게 되는지 나조차 몰랐다. 내가 아는 몇몇 사람은 암페타민 과용으로 목숨을 잃었다. 나는 성층권으로 미친 듯이 비상하지만, 결국에는 공허하게 빈손으로 돌아왔다고 느끼곤 했다. 그 경험은 강렬하고 짜릿한 만큼 허탈하고 공허했다. 하지만 이번에는 정신을 차렸을 때 깨우침과 통찰의 느낌이 남아 있었다. 편두통에 관한 일종의 계시를 얻은 듯했다. 그리고 내가 진정으로 리빙과 같은 책을 쓸 준비가 되어 있고, 어쩌면 우리 시대의 리빙이 될 수 있다는 결단력 같은 것을 느꼈다.

이튿날, 나는 리빙의 책을 도서관에 반납하기 전에 책을 모두 복사했다. 그런 뒤 조금씩 나 자신의 책을 쓰기 시작했다. 암페타민이 주는 김빠진 조증과는 달리, 책을 쓰면서 얻은 기쁨은 진짜였고 비교할 수 없을 정도로 실질적이었다. 나는 다시는 암페타민을 먹지 않았다.

7장

무늬: 시각적 편두통

나는 평생 편두통을 앓았다. 내 기억으로 첫 발병은 세 살인가 네 살 때였다. 마당에서 놀고 있을 때 갑자기 왼쪽에 일렁이는 빛이 나타났다. 눈이 부셨다. 빛은 넓게 커지더니 지상에서 하늘로 뻗어나가서 엄청나게 큰 번갯불을 이루었다. 날카롭고 번쩍이는 지그재그 꼴의 테두리와 빛나는 파란색과 오렌지색이 보였다. 그런 뒤 밝은 면 뒤에서 검은색이 나타나 점점 커지며 시야에 구멍을 냈고, 곧 왼쪽으로는 거의 아무것도 보이지 않았다. 나는 무서웠다. 무슨 일일까? 시력은 몇 분 후 정상으로 돌아왔지만 내 생애에서 가장 긴 몇 분이었다.

어머니에게 그 일을 이야기하자, 어머니는 내가 겪은 것은 편두통 전조이며 편두통에 앞서 찾아오는 느낌 또는 감각이라고 설명해주었다. 어머니는 의사였고, 또한 편두통 환자였다. 그것은 시각적 편두통 전조였다. 나중에 어머니는 특징적인 지그재그 모양이 중세의 요새 모양을 닮아서 요새 무늬로 불린다고 말해주었다. 그리고 많은 사람들이 전조를 본 후 지독한 두통을 겪는다고도 알려주었다.

나는 두통을 겪지 않고 전조만 경험하는 부류에 속했고, 또한 몇 초 안에 모든 것이 정상으로 돌아온다며 나를 안심시켜주고 내가 자라는 동안 편두통 경험을 공유할 수 있는 어머니가 있어서 운이 좋았다. 어머니는 내가 본 전조는 파도가 뇌의 시각 영역을 한 차례 휩쓸고 지나가듯 발생하는 전기적 장해 때문이라고 설명했다. 또한 뇌의 다른 영역에서도 그와 비슷한 '파도'가 지나가고, 그래서 신체의 한쪽에 이상한 느낌이 들거나, 이상한 냄새를 맡거나, 일시적으로 말을 할 수 없게 된다고 했다. 편두통은 색이나 깊이나 운동에 대한 지각에 영향을 미치고, 시각적 세계 전체를 몇 분 동안 이해할 수 없게 만들 수도 있다. 그런 뒤, 운이 없다면 편두통의 나머지 과정을 겪게 된다. 다시 말해, 지독한 두통, 구토, 빛과 소음에 대한 극도의 민감성, 복부 장애 등 많은 증상들이 그 뒤를 잇는다.[1] 편두통은 흔한 병으로, 최소 10퍼센트의 사람이 편두통을 앓는다고 어머니는 설명했다. 편두통의 전형적인 시각적 표상은 내가 본 것처럼 번득이고 테두리가 지그재그 꼴이고 콩팥 모양을 한 형체이며, 15분에서 20분에 걸쳐 시야의 한쪽 절반을 가로질러 서서히 이동하면서 커진다. 형체의 가물거리는 테두리 안에는 보이지 않는 영역인 암점(scotoma, 시

---

1. 편두통의 통증은 한쪽에서만 발생하곤 한다(그런 까닭에 편두통이란 용어는 그리스어의 '절반hemi'과 '두개골cranium'에서 유래했다). 그러나 통증은 양쪽에서 일어날 수도 있고, 무지근하거나 욱신거리는 통증에서부터 대단히 고통스러운 통증에 이르기까지 다양하다. 1853년 J. C. 피터스는《두통에 관한 논문A Treatise on Headache》에서 다음과 같이 묘사했다.

> 통증의 성격은 매우 다양하다. 망치로 때리는 것처럼 욱신거리거나 세게 누르는 듯한 통증이 가장 빈번하다. … [다른 경우에는] 지그시 누르는 것처럼 무지근하고… 머리가 깨지는 듯하고… 뜨끔뜨끔 쑤시고… 비틀어 찢는 듯하고… 잡아 늘리는 듯하고… 꿰찌르는 듯하고… 통증이 빛줄기처럼 퍼져 나가기도 한다. … 어떤 경우에는 쐐기가 머리에 박혀 있는 것 같거나, 궤양이 있는 것 같거나, 뇌가 찢어지거나 밖에서 압박하는 것처럼 아프다.

야 내에 있는 섬 모양의 시야 결손부. 생리적인 것을 맹점盲點, 병적인 것을 암점暗點이라고 한다―옮긴이)이 있고, 그래서 전체 형태를 섬휘암점이라 부른다.

전형적인 편두통을 겪는 대부분의 사람에게는 섬휘암점이 주된 시각적 효과이며, 그 이상의 일은 일어나지 않는다. 그러나 때때로 암점 안에 다른 무늬가 나타난다. 내가 편두통 전조를 경험할 때에는 때때로 잔가지처럼 뻗은 작은 선들이나 격자, 체커판, 거미집, 벌집 같은 기하학적 도형들이 보이는데, 눈을 감고 있을 때 생생하게 보이고, 눈을 뜨고 있으면 그보다 희미하고 투명하게 보인다. 섬휘암점 자체는 고정된 형태에서 느리고 꾸준한 속도로 진행하는 반면, 무늬들은 지속적으로 움직이면서 형성 및 재형성되고, 때로는 서로 합쳐져 터키 카펫이나 모자이크 같은 복잡한 형태를 이루거나 작은 솔방울이나 성게 같은 3차원의 형체를 이룬다. 대개 무늬들은 암점에서 벗어나지 않고 시야의 한쪽이나 반대쪽에 머무르지만, 때로는 암점에서 벗어나 사방으로 흩어진다.

이것들은 상이 아니라 무늬에 불과하지만, 이것도 환각이라 불러야 한다. 외부 세계에 지그재그 꼴과 체커판에 상응하는 것이 전혀 없고, 순전히 뇌에서 생성되기 때문이다. 또한 편두통에는 놀라운 지각적 변화가 따르기도 한다. 나는 이따금 색이나 깊이 감각을 잃어버리는 듯하다(어떤 사람들에겐 색이나 깊이가 더 강렬해진다). 운동감각을 잃어버렸을 때에는 특히 놀랐다. 지속적인 운동이 아니라 일련의 '스틸 사진'이 드문드문 보였기 때문이다. 사물들의 크기나 형태나 거리가 변하기도 하고 시야의 엉뚱한 곳에 놓여 있기도 해서, 1~2분간 시각적인 세계가 전체적으로 이해할 수 없게 변해버린다.

편두통의 시각적 경험에는 많은 변이형이 있다. 제시 R.은 나에게 보낸 편지에서, 편두통을 겪는 동안 "내 마음은 형태를 읽는 능력을 잃어버리고 형태를 잘못 해석하는 것 같습니다. … 코트 걸이 대신 사람이 보이는 것 같습니다. … 테이블이나 바닥을 가로질러 이동하는 것이 보이는 듯합니다. 이상한 일은 내 마음이 항상 무생물체에 생명을 부여하는 오류를 범하려 한다는 겁니다"라고 말했다.

토니 P.는 편두통을 겪기 전에는 주변 시야에 검고 하얀 지그재그 선들이 교대로 나타난다고 썼다. "빛나는 기하학적 도형들, 번쩍이는 불빛들이 보여요. 때로는 내가 무엇을 보든 간에 바람에 나부끼는 얇은 커튼 너머에 있는 것처럼 보여요." 하지만 때때로 그녀의 암점은 텅 빈 반점뿐이고, 그래서 기괴한 공허감이 들곤 한다.

중요한 시험공부를 하던 중에 갑자기 뭔가가 사라졌다는 걸 깨달았어요. 책은 내 앞에 있었어요. 책의 테두리는 보였는데, 단어, 그래프, 도형이 하나도 없었어요. 텅 빈 쪽이 있는 것 같진 않았어요. 그런 건 없었으니까요. 이성적으로는 그곳에 있으리라고 알고 있었거든요. 그게 이상한 점이었어요. … 그런 상태가 20분가량 지속됐어요.

다른 여성인 데버러 D.는 편두통 발작으로 겪은 일을 다음과 같이 썼다.

컴퓨터 화면을 보고 있었는데, 갑자기 아무것도 읽을 수가 없었어요. 화면이 아주 흐렸는데… 여러 이미지들이 겹쳐 있었어요. … 전화기의 키패드에 있는 숫자들이 안 보였어요. 마치 파리의 수정체를 통해 보는 것처럼 무엇을 보든 여러 개의 상으로 보였어요. 2중도 3중도 아닌, 여러 겹의 상이었어요.

편두통 전조를 겪을 때 영향을 받는 것은 시각적 세계뿐만이 아니다. 신체상(자신의 신체에 대한 느낌—옮긴이)에도 환각이 일어나서 키가 커졌거나 작아졌다는 느낌, 한쪽 팔이나 다리가 줄어들었거나 거대하게 늘어났다는 느낌, 몸이 비스듬히 기울었다는 느낌이 들 수 있다.

루이스 캐럴은 전형적인 편두통을 앓았다고 알려져 있으며, 캐로 W. 리프먼을 비롯한 몇몇 학자들은 캐럴의 편두통 경험이 《이상한 나라의 앨리스》에 나오는 크기와 형태의 낯선 변형을 자극했을지도 모른다고 시사했다. 시리 허스베트는 〈뉴욕타임스〉 블로그에서, 자신이 이상한나라의앨리스증후군이라는 초월적인 경험을 하고 있다고 적었다.

어렸을 때 나는 가끔 이상한 경험을 했고, 이것에 "위로 들리는 느낌"이라는 이름을 붙였다. 위로 끌려 올라가는 듯한 내부 감각(신체의 내부로부터 오는 자극에 의해 생기는 감각—옮긴이)을 느꼈는데, 두 발은 땅을 딛고 있다는 것을 알면서도 머리가 위로 올라가는 것 같았다. 이 상승에는 경외라고밖에는 표현할 수 없는 일종의 초월감이 함께했다. 나는 이 상승감을 종교적으로 (신이 나를 부르고 있다), 또는 세상 만물과의 기이한 연결 등으로 다양하게 해석했다. 모든 것이 이상하고 경이로웠다.

편두통은 청각에도 오지각과 환각을 불러올 수 있다. 소리가 증폭되거나 반사되거나 왜곡되고, 때로는 목소리나 음악이 들린다. 시간 자체가 왜곡되어 느껴지기도 한다.

냄새 환각도 드물지 않다. 강하고, 불쾌하고, 왠지 모르게 익숙하지만, 정확히 무엇인지 알 수 없는 냄새들이 찾아온다. 나는 편두통이 오기 전에 어떤 냄새를 두 번 환각으로 경험했는데, 버터를 바른 토스트의 냄새였으니 즐거운 냄새였다. 처음에는 병원에 있을 때였는데, 나는 토스트를 찾으러 다녔다. 몇 분 후, 시각적 요새 무늬가 나타나기 시작한 후에야 내가 환각을 겪고 있다는 생각이 들었다. 두 번 모두 어렸을 적 티타임에 높은 의자에 앉아 버터 바른 빵을 막 먹으려 하던 기억 또는 유사기억을 떠올렸다. 어느 편두통 환자는 나에게 이렇게 편지를 썼다. "편두통이 시작되기 30분 전쯤이면 항상 소고기 굽는 냄새가 납니다."[2] G. N. 풀러와 R. J. 질로프의 묘사에 따르면, 한 여성 환자는 "할아버지의 시가 냄새나 땅콩버터 냄새를 5분 동안 맡는 생생한 후각 환각"을 경험한다.

젊었을 때 신경과 전문의로 편두통 전문병원에서 일하던 시절, 나는 모든 환자에게 그런 경험에 대해 묻는 것을 중요한 원칙으로 삼았다. 내가 물으면 환자들은 대개 안도했다. 보통 사람들은 정신병자로 보일까 봐 두려워서 환각에 대해 이야기를 꺼내지 않기 때문이다. 환자들 중 많은 사람들이 편두통 전조로 무늬를 보았고, 몇 명은 무늬가 아닌 이상한 시각적 현상들을 경험했다. 예를 들어, 얼굴이나 사물이 녹아

---

2. 잉그리드 K.라는 이 여성은 또한 가끔 "편두통이 오기 직전에 또다른 이상한 경험을" 한다고 적어 보냈다. "… 모든 사람이 아는 사람처럼 보여요. 사실은 그들이 누구인지 몰라요. … 하지만 모두가 낯이 익어 보입니다." 다른 사람들도 편지에서 편두통이 시작될 때 그런 '과잉 친근감'이 찾아온다고 묘사했다. 오린 데빈스키와 그의 연구팀은 이 느낌을 발작성 전조의 일부로 설명했다.

내리거나 서로 겹치는 왜곡 현상, 사물이나 도형이 증식하는 현상, 시각상이 사라지지 않거나 반복되는 현상 등이었다.

편두통 전조는 대개 안내 섬광, 요새 무늬, 기하학적 도형 등과 같은 기초적인 환각 수준에 머문다. 그러나 편두통에서 드물게 나타나긴 하지만 더 복잡한 환각도 발생한다. 나의 동료이자 신경과 전문의사인 마크 그린은 한 환자가 편두통 발작을 겪을 때마다 똑같은 환영을 본다고 말했다. 한 노동자가 단단한 모자를 쓰고 미국 국기를 모자에 꽂은 채 거리의 맨홀에서 나오는 환각이었다.

S. A. 키니어 윌슨은 광범위한 지식을 담은 저서 《신경학Neurology》에서 그의 친구가 어떻게 매번 편두통 전조의 일부로 판에 박힌 환각을 보는지 묘사했다.

처음에는 세 개의 높은 아치형 창문이 난 넓은 방과 흰색 옷을 입고 (그에게 등을 돌린 채) 길고 텅 빈 식탁 앞에 앉아 있거나 서 있는 인물을 보곤 했다. 그는 몇 년 동안 변함없이 이 전조 현상을 겪었다. 그러나 환각은 점차 기초적인 형태(원과 나선)로 바뀌었고, 한참 뒤에는 가끔 두통이 따르지 않는 편두통으로 발전했다.

클라우스 파돌과 데릭 로빈슨은 전 세계의 문헌에서 편두통의 복합환각에 대한 다수의 보고를 수집했고, 멋진 도판들과 함께 〈편두통 미술Migraine Art〉이라는 연구논문에 소개했다. 사람들은 인체상, 동물, 얼굴, 사물, 풍경을 보는데, 종종 증식된 형태로 본다. 한 남성은 편두통 발작을 겪는 도중에 "수백만의 하늘색 미키마우스로 이루어진 파리의 눈"이 보이지만, 환각은 그의 시야 중 일시적으로 보이지 않는 반쪽에만 제한된다고 보고했다. 다른 환자는 "100명의[그 이상의] 군중이 보이고, 일부는 흰 옷을 입고 있다"고 보고했다.

사전 환각이란 것도 일어날 수 있다. 파돌과 로빈슨은 19세기의 문헌에서 사례를 인용했다.

회플마이어Hoeflmayr의 한 환자는 공중에 쓰여진 단어들을 보았고, 쇼프Schob의 한 환자는 철자, 단어, 숫자가 나오는 환각을 보았으며, 풀러 등이 보고한 한 환자는 "벽에 쓰인 글을 보았는데, 어떤 글이냐고 묻자 너무 멀다고 말하더니 벽으로 다가가 그 글을 또박또박 읽었다."

(다른 질환뿐 아니라) 편두통에도 소인 환각이 나타날 수 있다. 시리 허스베트는 〈뉴욕타임스〉 블로그에서 다음과 같이 묘사했다.

침대에 누워서 이탈로 스베보의 책을 읽던 중에, 어떤 이유로 아래쪽을 내려다보았다. 그곳에 그들이 있었다. 작은 분홍색 남자와 분홍색 소. 키는 6~7인치쯤 돼 보였다. 그들은 완벽하게 만들어진 생명체였고, 색깔을 제외하고는 아주 진짜처럼 보였다. 그들은 나에게 말을 걸지 않은 채 주위를 걸어 다녔고, 나는 매혹과 일종의 우호적 배려가 뒤섞인 심정으로 그들을 지켜보았다. 그들은 몇 분 동안 머문 뒤 사라졌다. 나는 그들이 돌아오기를 간절히 바랐지만, 다시는 돌아오지 않았다.

이 모든 효과는 정상적인 시력이 애초에 얼마나 대단하고 복잡한 성과

물인지를 보여주는 듯하다. 뇌는 색, 운동, 크기, 형태, 안정성, 이 모두를 이음매 없이 맞물려서 통합시킨 놀라운 시각적 세계를 만들어낸다. 나는 자신의 편두통 경험을 일종의 자동적인(그리고 운이 좋게도 거꾸로 복기할 수 있는) 자연의 실험, 신경계를 보여주는 창으로 여기게 되었다. 그리고 그 경험이 신경과 전문의가 되기로 결심하게 된 중요한 이유였다고 생각한다.

편두통 발작을 겪을 때, 도대체 무엇이 시각계를 뒤흔들어서 환각을 자극하는 것일까? 윌리엄 가워스는 100여 년 전, 시각피질이 세포학적으로 안개에 싸여 있던 시대에 《간질의 경계 지대The Border-land of Epilepsy》에서 이 문제를 다루었다.

편두통의… 감각적 증상들을 야기하는 [생리적] 과정은… 매우 신비하다. … 돌 하나가 연못에 일으키는 잔물결처럼 주위로 퍼져 나가는 것 같은 특이한 형태의 활성이 있다. 그러나 활성 과정은 느리고 신중하여 편두통의 중추를 통과하기까지 20분 정도 걸린다. 활성화된 잔물결들이 지나가는 부위에는 뇌 구조들의 분자에 장애가 일어난 것처럼 어떤 [생리적] 상태가 남겨진다.

가워스의 직관은 아주 정확했고, 그로부터 수십 년 후 생리학적인 토대를 얻었다. 전기적 흥분이 요새 무늬와 아주 똑같은 속도로 파도처럼 대뇌피질을 횡단하는 현상이 발견된 것이다. 1971년 휘트먼 리처즈는 편두통 요새 무늬의 지그재그 형태가 그 특징적인 각도로 보아 시각피질 자체의 구조에 그와 똑같은 불변의 요소를 반영할지도 모르며, 어쩌면 그 요소는 허블과 비젤이 1960년대 초에 밝혀낸 방위를 감지하는 뉴런 집단일 수 있다고 말했다. 전기적 흥분의 파도가 피질을 천천히 횡단하는 동안, 그 집단을 직접 자극하여 환자로 하여금 막대기 모양의 가물거리는 빛을 여러 각도로 '보게' 해준다는 말이었다. 그러나 신경학자들은 그로부터 20년 후에 뇌자도 기술을 도입하고 나서야, 편두통 전조 시 요새 무늬가 지나갈 때 전기적 흥분의 파도가 함께 일어난다는 사실을 입증할 수 있었다.

150년 전 천문학자 휴버트 에어리는 (그 자신이 편두통 환자였다) 편두통 전조가 활성화된 뇌의 "사진"에 해당한다고 생각했다. 가워스가 그랬듯, 그도 문고리를 잡은 봉사처럼 말 그대로 자신이 알고 있는 것보다 정확했던 듯하다.

하인리히 클뤼버는 메스칼린에 관한 글에서, 환각성 약물로 얻을 수 있는 단순한 기하학적 환각은 편두통을 비롯한 여러 질환에서 나타나는 환각과 동일하다고 말했다. 그가 느끼기에, 그런 기하학적 도형들은 기억이나 개인적 경험이나 욕망이나 상상에 의존하는 것이 아니라, 뇌의 시각계를 구성하는 구조 자체에 구축되어 있었다.

그러나 지그재그 식의 요새 무늬는 판에 박힌 듯 일정하고 어쩌면 1차 시각피질의 방위 수용체에 근거하여 이해할 수도 있었지만, 기하학적 도형들이 빠르게 변하면서 자리바꿈을 하는 유희에 대해서는 다른 설명을 찾아야 했다. 이에 대해서는 동적인 설명, 즉 수백만 신경세포의 활성화가 어떻게 복잡하고 끝없이 변하는 무늬를 생성할 수 있는지를 고려한 설명이 필요하다. 실제로 그런 환각을 통해 살아 있는 신경세포들의 거대한 무리가 어떻게 활동하는지 동역학의 일면을 엿볼 수 있고, 특히 복잡한 패턴의 활성을 가능하게 하는 조건을 형성하는 데 자기 조직화가 어떤 역할을 하는지 볼 수 있다. 그런 식의 활성은 개인적 경험의 수준과는 한참 떨어진, 아주 기초적인 세포 차원에서 작용한다. 이런 면에서 환각의 형태는 인간 경험의 기초에 놓인 생리학적 보편 원리를 반영한다.

어쩌면 그런 경험은 무늬에 집착하는 인간의 성향 그리고 기하학적 무늬들이 우리의 장식 예술에 들어왔다는 사실의 근거일지도 모른다. 어린 시절 나는 우리 집의 온갖 무늬에 매혹되었다. 현관 입구에 깔린 색색의 네모난 타일, 주방의 작은 육각형 타일, 내 방의 커튼을 뒤덮은 오늬무늬(화살의 오늬 모양 혹은 V자형을 서로 어긋나게 맞추어놓은 무늬―옮긴이), 아버지 양복의 체크무늬. 유대교 회당에 예배를 드리러 갈 때, 나는 종교의식보다는 작은 타일로 바닥에 수놓은 모자이크 문양에 더 관심이 갔다. 그리고 우리 집 응접실에 있는 한 쌍의 고풍스러운 중국 장식장도 아주 좋아했다. 래커 칠을 한 장식장 표면에는 다양한 크기의 복잡한 문양과 무늬 안에 겹겹이 포개진 무늬들이 돋을새김으로 꾸며져 있었고, 그 전체를 덩굴손과 이파리들이 둘러싸고 있었다. 기하학적이고 소용돌이치는 미적 주제들은 왠지 모르게 친숙해 보였는데, 몇 년이 지나서야 자신의 머릿속에서 그 무늬들을 보고 편두통 때문에 복잡한 타일 무늬와 소용돌이무늬를 보았던 내적 경험과 집 안의 무늬들이 공명했기 때문이라는 생각이 들었다.

사실 편두통과 같은 무늬들은 이슬람 미술, 고대와 중세의 미적 주제, 사포텍족의 건축, 오스트레일리아 원주민의 수피화(樹皮畵, 나무껍질 안에 그린 그림―옮긴이), 아코마족의 도기, 스와지족의 바구니에서, 다시 말해 수만 년에 걸친 거의 모든 문화에서 볼 수 있다. 내적 경험을 밖으로 구체화하고 예술로 승화하려는 욕구는 선시시대 동굴벽화의 교차 해칭(두 줄의 평행선을 교차시킨 무늬—옮긴이)에서부터 1960년대의 어질어질한 사이키델릭아트(환각제를 복용한 뒤에 생기는 환각적 도취 상태를 재현한 예술—옮긴이)에 이르기까지 인류 역사의 첫 순간부터 지금까지 계속 존재해 온 것으로 보인다. 우리의 마음과 뇌 조직에 구축되어 있는 아라베스크 무늬와 육각형 무늬 덕분에 형식미에 눈을 뜨는 것은 아닐까?

신경학자들은 방대한 시각 뉴런 집단에 일어나는 자기조직화 활성이 시지각의 선행 조건이라는 견해를 점차 받아들이고 있다. 그로 인해 보는 것이 시작된다는 것이다. 자발적인 자기조직화는 생명체에만 국한되지 않는다. 눈의 결정체 형성, 광포한 바다의 넘실거림과 소용돌이, 진동하는 화학적 반응에서도 그런 현상을 볼 수 있다. 그런 곳에서도 자기조직화는 편두통 전조에서 볼 수 있는 것과 아주 비슷한 기하학적 도형과 무늬를 시공간적으로 만들어낸다. 이런 의미에서 편두통의 기하학적 환각은 신경계 기능의 보편 원리뿐 아니라 자연 자체의 보편 원리를 몸소 경험하게 해준다.

8장

'신성한' 질환

간질은 전체 인구 중 무시할 수 없을 만큼의 소수에게 발병하고, 모든 문화에서 발생하며, 역사 기록이 시작될 때부터 질환으로 인식되었다. 히포크라테스는 간질을 신성한 질환으로, 신성한 영감을 주는 장애로 이해했다.[1] 그러나 주요한 형태인 경련성 간질(19세기까지 이런 형태의 간질만 간질로 인식되었다)은 두려움, 적대감, 잔인한 차별을 불러왔다. 경련성 간질은 오늘날에도 환자에게 커다란 낙인을 찍는다.

간질 발작은 10여 가지 이상의 형태로 나타난다. 모든 형태의 공통점이 있다면 갑작스럽게 발병하며(어떤 때에는 아무런 경고 없이 찾아오지만, 다른 때에는 특징적인 전구 증상이나 전조와 함께 발병한다), 뇌에서 갑자기 발생하는 비정상적인 전기 방전 때문이라는 것이다. 전신 발작의 경우 방전은 뇌의 양쪽에서 동시에 일어난다. 대발작이 일어나면 근육에 맹렬

---

1. 히포크라테스는 〈신성한 질환에 관하여On the Sacred Disease〉를 쓸 때 간질은 신에게서 온다는 당시 유행하던 개념에 따랐지만, 첫 문장에서는 그 개념을 무시한다. "신성하다고 불리는 그 질환은 … 내가 보기에는 다른 질환과 마찬가지로 조금도 신성하지 않으며, 다른 병처럼 자연적 원인 때문에 발생한다."

한 경련이 일어나고, 혀를 깨물며, 때때로 입에 거품을 물고, '간질 비명'이라는 거칠고 기이한 소리를 내기도 한다. 대발작을 일으킨 사람은 몇 초 안에 의식을 잃고 쓰러진다(그래서 과거에는 "쓰러지는 병"으로 부르기도 했다). 그런 발작은 보는 사람들에게 두려움을 느끼게 할 수 있다.

소발작으로는 일시적으로 의식을 잃는다. 소발작을 일으킨 사람은 몇 초 동안 '멍한 듯' 보이지만, 자신이나 남이나 방금 이상한 일이 일어났음을 인식하지 못하고 대화나 체스 게임을 계속한다.

전신 발작은 뇌가 선천적, 유전적으로 민감하기 때문에 발생하는 반면, 부분 발작은 뇌의 한 부분이 손상되거나 민감한 부위, 즉 간질 초점이 있기 때문에 발생한다. 이때 간질 초점은 선천적으로 생길 수도 있고 상해 때문에 생길 수도 있다. 부분 발작의 증상은 초점의 위치에 따라 결정되는데, 그 위치에 따라 운동 증상(특별한 근육의 실룩거림), 자율신경 증상(메스꺼움, 위에서 올라오는 느낌 등), 감각적 증상(시력, 소리, 냄새 등의 감각에 일어나는 이상이나 환각), 정신적 증상(뚜렷한 원인 없이 갑자기 밀려드는 기쁨이나 두려움, 기시감이나 미시감[기시감과 정반대로, 경험했으면서도 첫 경험인 것처럼 느끼는 일—옮긴이], 갑작스럽고 종종 이상한 생각의 흐름)이 나타난다. 부분 발작의 활성은 간질 초점에서만 일어날 수도 있고, 뇌의 다른 부위로 퍼질 수도 있어서 이따금 전신 발작으로 이어진다.

부분 발작 또는 초점 발작은 19세기 후반에야 질환으로 인식되었다. 모든 종류의 초점 결손(예를 들어 언어 능력을 잃어버리는 실어증이나 사물 인지 능력을 잃어버리는 실인증)을 뇌의 특정 부위가 손상된 탓으로 이해하던 시기였다. 뇌 병변과 구체적인 결손 또는 '음성' 증상을 관련시킨 결과, 뇌에는 특정한 기능에 결정적으로 중요한 여러 중추들이 있다는 이해가 싹트기 시작했다.

그러나 헐링스 잭슨(영국 신경학의 아버지라고도 불린다)은 신경 질환의 '양성' 증상에도 똑같이 주의를 기울였다. 발작, 환각, 섬망과 같은 과잉 활성의 증상이 그것이다. 세밀하고 참을성 있는 관찰자였던 그는 복합 발작에 '회상'과 '몽환 상태'가 있음을 최초로 깨달았다. 지금도 손에서 시작해 팔로 '행진'하는 초점 운동 발작을 잭슨형 간질이라고 부른다.

잭슨은 걸출한 이론가이기도 해서, 인간의 신경계는 갈수록 높은 수준으로 진화되었으며 각 수준은 상위의 중추가 하위의 중추를 구속하는 위계적 방식으로 조직되어 있다는 가설을 제시했다. 따라서 상위 중추에 손상이 발생하면 하위 중추에 활성이 '방출'될 수 있다고 생각했다. 잭슨에게 간질은 신경계의 구조와 작용 과정을 보여주는 창이었다(나에겐 편두통이 그렇다). 잭슨은 "간질의 다양한 사례들을 성실히 분석하고 있는 사람은 단순히 간질을 연구하는 것이 아니라 그보다 훨씬 큰일을 하고 있는 셈"이라고 했다.

잭슨과 함께 발작을 묘사하고 분류하는 작업을 한 젊은 파트너가 윌리엄 가워스였다. 잭슨의 글이 복잡하게 뒤얽혀 있고 유보 조항들로 가득한 반면, 가워스의 글은 단순하고 투명하고 명료했다(잭슨은 책을 한 권도 쓰지 않았지만, 가워스는 1881년의 《간질과 그 밖의 만성적 경련성 질환들 Epilepsy and Other Chronic Convulsive Diseases》을 비롯해 여러 권을 썼다).[2]

가워스는 특히 간질의 시각적 증상에 이끌렸고(이전에 안과학에 관한 책을 쓴 적이 있었다), 단순한 시각 발작을 묘사하며 즐거워했다. 그는 한 환자에 대해 다음과 같이 썼다.

조짐은 항상 푸른 별이었다. 별은 왼쪽 눈 맞은편에서 나타났고, 그가 의식을 잃을 때까지 점점 다가왔다. 다른 환자는 항상 왼눈 앞에서, 밝다고 묘사할 수 없는 어떤 물체가 빙글빙글 도는 것을 보았다. 그 물체는 점점 더 가까이 다가왔고, 다가올수록 더 큰 원을 그렸으며, 어느 순간 환자는 의식을 잃었다.

젠W.는 표현력이 뛰어난 젊은 여성으로, 몇 년 전 나를 찾아와 진찰을 받았다. 그녀는 네 살 때 "오른쪽에서 색 전구들이 하나의 공을 이루어 빙빙 도는 것을 보았는데, 그 경계가 매우 뚜렷했다"고 내게 말했다. 색 전구 공은 몇 분 동안 회전하다가 사라졌고, 그 뒤를 이어 우중충한 구름이 오른쪽에서 나타나 2~3분 동안 오른쪽 시야를 가렸다.

젠은 이후에도 1년에 네댓 번씩 항상 같은 장소에서 회전하는 공의 환영을 보았지만, 모든 사람이 경험하는 정상적인 일로 생각했다. 여섯 살인가 일곱 살이 되었을 때, 병은 새로운 양상을 띠기 시작했다. 색 전구 공의 뒤를 이어 머리 한쪽에 두통이 찾아왔고, 빛과 소리에 과민한 상태가 함께 오기도 했다. 그녀는 부모에게 이끌려 신경과 전문의에게 갔지만, EEG(뇌파 검사)와 CAT(컴퓨터단층촬영)에서 아무것도 나타나지 않았기 때문에 편두통이란 진단을 받았다.

---

2. 힐링스 잭슨은 스물네 살이던 1861년부터 여러 편의 주요한 논문을 발표했는데, 간질과 실어증을 비롯한 여러 주제뿐 아니라 "신경계의 진화와 소멸"이라 부른 것을 다룬 논문이 포함되어 있다. 이 논문을 가득 담은 두 권의 책이 사후 21년째인 1931년에 출판되었다. 말년에 잭슨은 《란셋Lancet》에 〈신경학 단편Neurological Fragments〉이란 제목으로 짧고 주옥같은 21편의 논문을 연이어 발표했다. 이 논문은 1925년에 책으로 발간되었다.

젠이 열세 살쯤 되었을 때 발병은 더 길고, 더 빈번하고, 더 복잡해졌다. 무서운 병 때문에 가끔 몇 분 동안 앞을 전혀 못 보는 동시에 사람들이 무슨 말을 하는지 이해하지 못하는 상태에 빠지곤 했다. 말을 하려고 애써도 뭐가 뭔지 알 수 없는 말만 나왔다. 이 시점에 그녀는 복합 편두통이라고 진단을 받았다.

열다섯 살에 대발작이 찾아왔다. 경련을 일으키며 의식을 잃고 쓰러진 것이다. EEG와 MRI(자기공명영상)를 여러 번 해봐도 검사 결과가 매번 정상으로 판독되다가, 마침내 어느 간질 전문의가 정밀 검사를 통해 좌뇌 후두엽에서 뚜렷한 간질 초점을 찾아내고 같은 부위에서 비정상적인 피질 구조를 확인했다. 항간질제를 복용하기 시작하자 그때부터 더이상 경련은 일어나지 않았지만, 순수한 시각 발작에는 거의 도움이 되지 않았다. 오히려 시각 발작은 점점 더 빈번해졌고, 때로는 하루에 여러 번씩 일어났다. 그녀는 "밝은 햇빛, 어른거리는 그림자, 움직임과 형광색 불빛이 있는 밝은 색의 장면"이 시각 발작을 재촉한다고 말했다. 빛에 대한 극단적인 민감성 때문에 그녀는 제한된 생활에 묶여서 야행성 동물이나 박모박명성 동물(일출과 일몰 전후에만 활동하는 동물―옮긴이)처럼 살아야 했다.

시각 발작이 약물 치료에 반응하지 않았기 때문에, 의사들은 수술로 치료하는 방법을 제안했다. 스무 살에 젠은 좌뇌 후두엽에서 비정상적인 부위를 제거했다. 수술에 들어가기 전, 후두 측두피질에 전기 자극을 주어서 뇌 지도를 만드는 동안 그녀는 "팅커벨"과 "만화 주인공들"을 보았다. 이것을 끝으로 그녀는 더이상 복합 환시를 보지 않았다. 이제 시각 발작은 과거처럼 단순한 종류로 변해서, 오른쪽에서 회전하는 공이나 주위로 소나기처럼 쏟아지는 "번쩍임들"에 그친다.

수술의 직접적인 효과는 매우 좋았다. 젠은 더이상 집 안에 갇혀 지내지 않아도 된다는 사실에 짜릿한 전율을 느꼈고, 다시 체조를 가르치기 시작했다. 그녀는 여전히 스트레스, 끼니 거르기, 수면 부족, 깜박이는 불빛이나 형광색 불빛에 민감하지만, 항간질약을 아주 조금만 복용해도 시각 발작을 거의 억제할 수 있다. 수술은 그녀의 시야 중 오른쪽 하반부에 해당하는 4분면을 지워버렸다. 맹점이 있기는 해도 그녀는 바깥 세계를 아주 잘 돌아다니지만 운전은 피하고 있다. 수술 후 몇 년이 지나자 과거처럼 심해진 않았지만 발작 증상이 돌아왔다. 젠은 이렇게 말한다. "간질은 내 인생의 주요한 도전 과제예요. 하지만 그 병을 다룰 전략을 개발했죠." 그녀는 현재 (신경과학에 초점을 맞추고) 생의학공학 박사 과정을 밟고 있다. 신경 장애가 그 자신의 삶을 복잡다단하게 뒤흔들었기 때문이다.

간질 초점이 감각 피질의 상위 수준에, 즉 두정엽이나 측두엽에 있으면 간질성 환각은 훨씬 복잡해질 수 있다. 28세의 재능 있는 의사 발레리 L.은 어렸을 때부터 '편두통'이라는 것을 앓았다. 별처럼 반짝이는 파란 점이 나타난 뒤 한쪽 머리에 두통이 왔다. 그러나 15세에 그녀는 새롭고 신기한 경험을 했다. "전날 10마일 달리기를 했어요. … 이튿날 몸이 아주 이상했어요. … 밤새 잠을 자고도 여섯 시간이나 졸았는데, 그런 일은 난생처음이었어요. 그런 뒤 가족과 함께 성당에 갔어요. 미사가 길어서 아주 오랫동안 서 있었죠." 물체들 주위로 후광이 보이자, 그녀는 언니에게 "이상한 일이 일어나고 있어"라고 말했다. 다음으로 그녀가 보고 있던 물 잔이 "저절로 늘어났고", 어디를 보든 수십 개의 물 잔들이 따라다니면서 벽과 천장을 덮었다. 이런 상태가 그녀의 짐작으로 5초간 계속되었다. 그녀는 "내 생애에서 가장 긴 5초"였다고 말했다.

그런 뒤 의식을 잃었다. 구급차에 실린 뒤, 운전사가 "15세 소녀가 발작을 일으켰다"라고 말하는 소리를 들었다. 발레리는 그 소녀가 바로 자신임을 깨닫고 흠칫 놀랐다.

열여섯 살에 그녀는 첫 번째와 비슷한 발작을 다시 일으켰고, 이때 처음으로 항간질약을 복용했다.

세 번째 대발작은 1년 뒤에 찾아왔다. 발레리는 ("로르샤흐 잉크 얼룩 같은") 애매한 검은색 형체들이 허공에 떠 있는 것을 보았고, 계속 바라보고 있으니 얼룩은 얼굴로 변했다. 어머니의 얼굴과 친척의 얼굴이었다. 얼굴은 정지해 있었고, 납작했고, 2차원적이었고 또한 "음화陰畵 같아서" 피부색이 밝은 얼굴은 짙게 보이고 짙은 얼굴은 밝게 보였다. 얼굴은 "마치 화염에 싸인 것처럼" 가장자리가 너울거렸으며, 30초 후 그녀는 경련을 일으키고 의식을 잃었다. 그 뒤로 의사들은 항간질약을 바꾸었고, 지금까지 그녀는 대발작을 일으키지 않고 있지만 시각 전조나 시각 발작은 한 달에 평균 두 번, 스트레스를 받거나 잠을 못 자면 그보다 자주 일어난다.

대학생 시절의 어느 날, 몸에 힘이 없고 정신이 몽롱한 것 같아서 그녀는 부모님의 집에서 저녁을 보냈다. 침대에 누워서 어머니와 대화를 나누던 중, 갑자기 그날 받은 이메일들이 침실 전체에 도배되어 있는 것이 보였다. 그중 하나가 여러 개로 늘어났고 이미지 중 하나는 어머니의 얼굴 위에 겹쳐졌지만, 어머니의 얼굴은 그 상을 통해 계속 볼 수 있었다. 이메일 상은 아주 분명하고 정밀해서 모든 단어를 읽을 수 있었다. 또한 그녀의 기숙사 방에 있는 물건이 어디를 보든 눈앞에 나타났다. 그녀가 지각하는 것이든 기억하는 것이든 간에, 증식되는 것은 전체 장면이 아니라 구체적인 물건이었다. 지금은 시각적 증식과 반복에 대부분 낯익은 얼굴이 출연하는데, 벽, 천장 또는 스크린 역할을 할 수 있는 어느 표면에든 그 얼굴이 "영사"된다. 이렇게 시지각 표상이 공간적으로 늘어나거나(복시) 시간적으로 늘어나는(반복시) 현상을 생생히 묘사하고 '반복시 palinopsia'라는 용어를 최초로 사용한 사람이 맥도널드 크리즐리였다(처음에 그는 반복시를 'paliopsia'라고 불렀다).

또한 발레리는 발작과 관련된 지각적 변화를 경험한다. 실제로 이따금 거울에 비친 모습, 특히 자신의 눈이 다르게 보이는 것이 발작의 첫 암시다. 거울 앞에서 그녀는 "이 사람은 내가 아니야" 또는 "이 사람은 가까운 친척이야"라고 느낄지 모른다. 잠을 자면 발작을 피할 수 있다. 하지만 잠을 푹 자지 못하면 다음 날 아침 다른 사람들의 얼굴도 달리 보이는데, 특히 눈 주위가 "낯설고" 일그러져 보이겠지만 완전히 못 알아볼 정도는 아닐 것이다. 발작이 일어나지 않는 동안에는 정반대의 느낌인 과잉 친근감이 들 수 있고, 그래서 모든 사람이 친밀하게 느껴질 것이다. 이 감정은 압도적이어서 그녀는 때때로 낯선 사람에게 인사하고 싶은 욕구를 참지 못한다. 물론 그녀는 이성적으로 "이건 그냥 착각이야. 내가 이 사람을 만났을 가능성은 거의 없어"라고 생각할 것이다.

발레리는 간질 전조를 겪고 있지만 알차고 생산적으로 살아가면서 부담이 큰 직업에 종사하고 있다. 그녀는 세 가지 이유로 안심한다. 첫째로는 지난 10년간 전신 발작을 겪지 않은 점, 둘째로는 무엇이 발작을 유발하든 간에 그 요인은 진행성이 아니라는 점(그녀는 열두 살에 경미한 두부 손상을 입었고, 어쩌면 그 부상으로 측두엽에 작은 상처가 났을지도 모른다), 셋째로는 약물 치료로 발병을 충분히 억제할 수 있다는 점이다.

존과 발레리는 둘 다 처음에 '편두통'으로 오진되었다. 간질과 편두통을 혼동하는 사례는 드물지 않다. 가워스는 1907년에 발표한 《간질의 경계 지대》에서 그 둘을 구별하기 위해 애를 썼고, 명료한 묘사를 통해 두 질환의 유사점은 물론 차이점도 어느 정도 밝혀졌다. 편두통과 간질은 둘 다 발작성이라서, 갑자기 나타나고 한동안 진행되며 그후 사라진다. 두 질환 모두 증상이 느리게 이동하거나 '행진'하고, 그 기초에는 전기적 장해가 있음을 보여준다. 편두통의 경우 증상의 경과는 15분 내지 20분 걸리고, 간질의 경우에는 몇 초 만에 끝나곤 한다. 편두통 환자가 복합 환각을 겪는 것은 특이한 반면에 간질은 대개 뇌의 상위 부위에 영향을 미친다. 이 부위에서 간질은 복합적이고 다감각적인 '회상'이나 몽환적인 공상을 환기시킬 수 있다. 가워스의 한 환자는 이렇게 말했다. "폐허가 된 런던, 그 황폐한 장면을 나 홀로 지켜보고 있었다."

대학에서 심리학을 전공하는 로라 M.은 자신에게 찾아오는 "이상한 발작들"을 무시하다가 결국 간질 전문의를 찾아갔다. 상담 결과, 그녀는 "전형적인 기시감 증상 그리고 꿈 또는 일련의 꿈들이 시각적, 감정적으로 다시 나타나는 플래시백[환각 재현] 증상을 겪고 있었으며, 환각으로 재현되는 꿈은 대개 지난 10년 동안 꿔온 다섯 가지 꿈 중 하나"였다. 이런 일이 매일 몇 번씩 일어나기도 했고, 피곤하거나 마리화나를 하면 악화되었다. 항간질약을 투여하기 시작하자 발작은 강도와 빈

도가 줄었지만 참을 수 없는 부작용들이 늘어났고, 특히 오후에 무엇과 "충돌"하면 과잉 자극이 오는 느낌이 뒤따랐다. 그녀는 복약을 중단하고 마리화나 사용을 줄였다. 현재 그녀의 발작은 견딜 수 있는 수준으로 대략 한 달에 여섯 번 정도 발생한다. 발작은 단 몇 초간 지속되는데, 참을 수 없는 느낌이 들고 약간 멍해지지만 다른 사람들은 이상한 점을 알아채지 못한다. 발작이 일어날 때 그녀가 느끼는 유일한 신체적 증상은 눈알을 뒤로 굴리고 싶은 충동이지만, 다른 사람들이 주위에 있을 때에는 이 충동을 참는다.

나와 만났을 때 로라는 쉽게 기억할 수 있는, 생생하고 색감이 풍부한 꿈을 항상 꾼다고 말했고, 대부분의 꿈에 "지리적" 특성이 있어서 주로 복잡한 풍경이 나타난다고 덧붙였다. 그녀는 발작 중에 겪는 시각 환각이나 플래시백이 모두 꿈속의 풍경에 근거한다고 느꼈다.

꿈속의 풍경 중 그녀가 10대를 보낸 시카고의 풍경이 있었다. 대부분의 발작은 그녀를 꿈속의 시카고로 데려갔다. 그녀는 그 풍경을 지도로 그리는데, 지도 위에는 실제의 주요 지형지물들이 표시되어 있지만 지형은 이상하게 변형되어 있다. 다른 꿈속의 풍경은 그녀가 다닌 대학교가 있는 다른 도시의 언덕을 중심으로 펼쳐진다. 그녀는 이렇게 설명했다. "내가 꾸었던 꿈속으로, 그 꿈의 세계 속으로 휙 들어가서는 몇 초 동안 완전히 다른 시공간에 머물러요. 그 장소들은 '친숙'하지만 실제로 존재하진 않아요."

발작을 겪을 때 자주 재경험하는 다른 꿈속의 풍경은 한동안 살았던 이탈리아의 언덕 마을이 변형된 장면이다. 무서운 것도 있다. "여동생과 함께 어떤 해변에 있어요. 우린 폭격을 당하고 있어요. 그리고 여동생을 잃어요. … 사람들이 죽고 있어요." 때로는 꿈속의 풍경들이 서로 뒤섞여 언덕이 슬며시 해변으로 변한다. 이 경험들은 항상 강한 감정(대개 두려움이나 흥분)을 수반하는데, 실제의 발작이 끝난 후에도 그 감정이 15분가량 그녀를 지배하곤 한다.

로라는 이 이상한 증상들 때문에 몹시 불안해한다. 한 지도 위에 그녀는 "이 모든 일이 정말 무서워요. 어떻게든 도와주세요. 제발, 부탁합니다!"라고 썼다. 그녀는 발작에서 벗어날 수만 있다면 100만 달러를 줘도 아깝지 않다고 말하지만, 발작이 다른 형태의 의식, 다른 시공간, 다른 세계로 들어가는 문 역할을 한다고 느낀다. 문제는 그 문을 자신이 열고 닫을 수 없다는 데 있다.

1881년 《간질과 그 밖의 만성적 경련성 질환들》에서 가워스는 단순 감각성 발작의 많은 예를 소개하면서, 시각적 조짐만큼이나 청각적 조짐도 흔히 나타난다고 지적했다. 그의 환자들 중 일부는 "북 소리", "쉿 소리", "벨 소리", "바스락거림"이 들리고, 때로는 음악 같은 더 복잡한 청각 환각이 들린다고 말했다(발작 중에 음악이 환각으로 들릴 수도 있지만, 실제 음악이 발작을 촉발할 수도 있다. 《뮤지코필리아》에서 나는 음악 유발성 간질의 몇몇 사례를 묘사했다).[3]

복합 부분 발작에는 음식을 씹거나 입맛을 다시는 동작이 나타날 수 있고, 때로는 환각의 맛이 함께 느껴진다.[4] 데이비드 댈리가 1958년에 평론에서 묘사한 것처럼, 후각 환각은 독립적인 전조로 혼자 나타나거나 복합 발작의 일부로 나타날 수 있으며 다양한 형태를 띨 수 있다. 환자는 발작을 겪을 때마다 항상 같은 냄새를 맡지만, 다수의 환자들은 환취를 식별할 수 없거나 ("기분 좋은" 또는 "기분 나쁨"이라는 말 외에는) 묘사할 수 없다고 느낀다. 댈리의 어느 환자는 자신의 환취가 "소고기를 튀기는 냄새와 다소 비슷하다"고 말했고, 다른 환자는 "향수 가게를 지나는 것 같다"고 말했다. 한 여성은 복숭아 냄새를 아주 생생하고 진짜처럼 경험한 나머지, 방 안에 틀림없이 복숭아가 있다고 확신했다.[5] 또다른 환자는 환각의 냄새들이 연상시키는 "회상"을 경험했으며, "마치 어렸을 때 어머니가 주방에서 요리할 때 나던 냄새들이 되살아나는 것 같다"고 설명했다.

1956년, 해군 내과의인 로버트 에프론은 자신의 환자이자 중년의 직업 가수인 델마 B.에 대해 특히 자세하게 묘사했다. B여사는

---

3. 가워스와 같은 시대 사람인 데이비드 페리어는 1870년 런던으로 이사한 뒤, 헐링스 잭슨의 제자가 되었다(페리어는 자신의 능력으로 위대한 실험신경학자가 되었다. 그는 전기 자극을 이용해 최초로 원숭이의 뇌 지도를 만들었다). 페리어의 간질 환자 중 한 명은 뚜렷한 공감각적 전조를 겪었다. 전조를 겪을 때 그녀는 "초록색 천둥 같은 냄새"를 맡곤 했다(앞의 구절은 시각 및 청각에 관한 맥도널드 크리츨리의 1939년 논문에서 인용했다).
4. 헐링스 잭슨은 1875년에 그런 발작을 묘사했고, 그것이 후각피질 밑에 위치한 뇌 구조물인 구회(鉤回, 갈고리이랑)에서 유래할지 모른다고 생각했다. 1898년 잭슨과 W. S. 콜먼은 Z박사라는 환자를 검시하여 이 사실을 확인할 수 있었다. 이 환자는 클로랄하이드레이트(진정제의 일종)를 과다 복용하여 사망했다(그 후 데이비드 C. 테일러와 수전 M. 마시는 Z박사의 흥미로운 생애를 자세히 서술했다. 그는 아서 토머스 마이어스라는 유명한 내과의였고, 그의 형제인 F. W. H. 마이어스는 심령연구협회를 창설했다).
5. 1946년 영화 〈천국으로 가는 계단A Matter of Life and Death〉(미국에서는 〈Stairway to Heaven〉으로 소개되었다)에서 데이비드 니븐이 연기한 비행기 조종사는 복합 간질성 환영을 보기 전에 항상 후각 환각(탄 양파 냄새)과 음악 환각(여섯 음으로 된 주제의 반복)을 겪는다. 다이앤 프리드먼은 이 영화에 관한 매력적인 책에서, 감독인 마이클 파월이 간질성 환각의 형태에 관해 신경과 전문의들에게 자문을 구할 때 대단히 신중하고 세심했다고 지적했다.

발작 중 후각적 증상을 겪었고, 또한 헐링스 잭슨이 이중 의식이라고 이름 붙인 현상을 인상적으로 묘사했다.

모든 면에서 아무 탈이 없는데도 갑자기 와락 붙잡혀서 끌려간다는 느낌이 들어요. 마치 내가 동시에 두 장소에 있으면서 어느 장소에도 없는 것처럼 느껴져요. 세상과 동떨어져 있는 느낌이에요. 글을 읽고, 쓰고, 말을 하고, 심지어 노래를 부를 수도 있어요. 그리고 무슨 일이 일어나고 있는지 정확히 알고 있지만, 어쩐 일인지 내가 내 몸속에 있는 것 같지가 않아요. … 이 느낌이 들 때 이제 경련이 오겠구나, 생각하죠. 경련을 피해보려고 항상 노력해요. 하지만 무슨 수를 써도 경련은 어김없이 찾아와요. 모든 일이 마치 열차 시간표처럼 진행된답니다. 발작의 이 [첫 번째] 단계에서 나는 아주 의욕적으로 변합니다. 집에 있으면 침대를 정리하고, 먼지를 털고, 쓸고, 설거지를 하죠. 동생은 내가 모든 일을 번개처럼 해치운다고 말해요. 목이 잘린 닭처럼 부리나케 뛰어다니거든요. 하지만 나에겐 모든 것이 슬로모션처럼 느껴져요. 나는 시간에 아주 관심이 많아서 항상 시계를 보고, 그것도 모자라 몇 분마다 옆에 있는 사람에게 시간을 물어요. 그래서 발작의 단계가 얼마나 오래 지속되는지 정확히 압니다. 10분 정도로 짧게 끝날 때도 있지만, 거의 하루 종일 계속될 때도 있어요. 그럴 땐 정말 끔찍하죠. 하지만 대개 20분 내지 30분 정도 지속돼요. 그동안 내내 혼자 동떨어져 있다고 느낍니다. 마치 방 밖에서 열쇠구멍으로 들여다보는 것 같기도 하고, 이 세상을 굽어보고 있지만 그곳에는 속하지 않는 신이 된 느낌이죠.

B여사는 발작의 중간쯤에 어떤 냄새를 예감하고서 "웃기는 생각"을 하

게 된다고 말했다.

어느 순간이 되면 반드시 어떤 냄새가 날 거라는 생각이 드는데, 아직 한 번도 그런 적은 없어요…. 맨 처음 그랬을 때 나는 시골의 들판에 있었는데, 내가 아주 우습게 느껴졌답니다. 들판에서 물망초 꽃을 따고 있었죠. 그런데 물망초 꽃은 냄새가 안 난다는 걸 알면서도 계속 냄새를 맡았던 것이 분명히 기억납니다. 30분 정도 계속 코를 대고 킁킁댔어요. 이제 곧 냄새가 나기 시작하리라고 믿었기 때문이죠. … 그때에도 물망초 꽃은 향기가 전혀 없다는 사실을 분명히 알고 있었지만… 나는 그걸 아는 동시에 모르는 거예요.

간질 전조의 두 번째 단계에서 B여사는 점점 더 "동떨어져 있다"고 느끼고, 마침내 경련이 가까워졌음을 알게 된다. 그녀는 경련을 일으키는 도중에 다치지 않으려고 가구에서 멀찍이 떨어져 바닥에 눕는다. 그녀는 이렇게 말했다.

내가 동떨어져 있다는 느낌이 극에 달하는 순간, 갑자기 폭발이나 충돌 사고가 난 것 같은 냄새가 나요. 서서히 퍼지는 것이 아니라 갑자기 사방을 가득 메워요. 그 냄새가 사라지는 순간에 나는 진짜 세계로 돌아오죠. 더이상 동떨어져 있다고 느끼지 않는 거예요. 이제는 싸구려 향수처럼 역겨울 정도로 달콤하고 코를 찌르는 냄새가 나요. … 사방이 아주 고요해요. 소리가 나도 내겐 안 들리는 것 같아요. 나와 그 냄새만 존재하죠.

냄새는 몇 초 동안 지속된 후 사라지고, 고요함은 5~10초간 유지된다.

그 순간, 오른쪽에서 그녀의 이름을 부르는 목소리가 들린다. 그녀는 이렇게 말했다.

꿈속에서 목소리를 듣는 것과는 달라요. 진짜 목소리거든요. 그 목소리가 들릴 때마다 번번이 속아 넘어간답니다. 남자 목소리도 아니고 여자 목소리도 아니에요. 구별을 못하겠어요. 내가 아는 것은 딱 하나예요. 목소리가 나는 쪽으로 고개를 돌리면 경련이 시작된다는 거죠.

그녀는 목소리가 나는 쪽으로 고개를 돌리지 않으려고 애를 쓰지만, 불가항력적이다. 결국 그녀는 의식을 잃고 경련을 일으킨다.

가워스는 어떤 발작을 특별히 "좋아했고", 그래서 자신의 글에 그에 대해 여러 번 언급했다. 델마 B.처럼 그 환자도 증상들이 '행진'하듯 잇따르거나 판에 박힌 순서대로 펼쳐지는 동안, 다양한 종류의 많은 환각들이 나타나는 간질 전조를 겪고 있었다. 이 전조를 통해 가워스는 간질성 흥분이 뇌에서 어떻게 이동하면서 어떤 순서로 이런저런 부위들을 자극하고 그에 따라 어떤 환각을 불러일으키는지 알게 되었다. 그는 1881년에 《간질과 그 밖의 만성적 경련성 질환들》에서 이 환자에 대해 처음 묘사했다.

그 환자는 26세의 지적인 남성으로, 모든 발작이 항상 똑같은 방식으로 시작되었다. 처음에는 [왼쪽 늑골 아래에] "쥐가 난 것처럼 아픈" 감각이 찾아왔고, 이 감각이 지속되면서 왼쪽 가슴에 혹 같은 것이 "탁, 탁" 소리를 내며 위로 올라왔다. 그 혹이 가슴 상부에 도달할 쯤에는 몸으로 느껴질 뿐 아니라 귀에 들릴 정도로 "쾅쾅"거렸다. 감각은 왼쪽 귀까지 올라왔고, 그때부터는 "기관차 엔진처럼 쉿 하는" 소리와 함께 "그의 머리를 두들겨 패는" 것 같았다. 그런 다음에는 갑자기, 그리고 어김없이, 갈색 재질의 드레스를 입은 늙은 여자가 앞에 나타나 통카콩(열대 아메리카산 향료 원료—옮긴이) 냄새가 나는 것을 그에게 주었다. 그 뒤 늙은 여자는 사라지고 두 개의 크고 둥근 불빛이 눈앞에 나타났다. 두 불빛은 나란히 그를 향해 홱홱 움직이면서 다가왔다. 불빛이 나타날 때 쉿 소리는 멈추었고, 그는 목구멍이 막히는 느낌과 함께 발작을 일으키며 의식을 잃었다. 이 설명으로 보아 틀림없는 간질 발작이었다.

대부분의 사람에게 초점 발작은 변화가 거의 없거나 전혀 없는 똑같은 증상으로 반복되지만, 어떤 사람들에게는 여러 전조로 이루어진 다양한 레퍼토리가 있다. 소설가인 에이미 탠은 라임병(발진, 발열, 관절통, 만성 피로감, 국부 마취 등을 보이는 감염 질환—옮긴이) 때문에 간질에 걸린 것으로 보이는 환자로, 자신의 환각에 대해 이렇게 묘사했다.

"환각이 발작이란 걸 알았을 때 나는 뇌가 변덕을 부리는 것 같아서 환각에 매력을 느꼈어요. 그리고 계속 되풀이되는 환각들의 세부적인 면을 보려고 노력했습니다." 작가답게 그녀는 반복적으로 나타나는 모든 환각에 이름을 붙였다. 가장 자주 나타나는 환각은 "불이 켜진, 뱅글뱅글 돌아가는 주행거리계"라는 이름을 얻었다. 그녀는 아래와 같이 묘사했다.

밤에 자동차의 대시보드에서 그런 것을 볼 수 있다. … 다른 점이 있다면 숫자들이 점점 더 빨리 돈다는 것인데, 마치 기름을 넣을 때 주유량을 나타내는 주유기의 숫자들 같다. 20초 정도가 지나면 숫자들은 분해되기 시작하고, 주행거리계 자체도 산산조각이 나면서 점차 사라진다. 환각이 아주 자주 일어나기 때문에 … 나는 게임을 한다는 생각으로 숫자들이 분해되는 동안 그 숫자에 이름을 붙일 수 있을지, 또는 거리계의 속도를 조종하거나 환각을 더 오래 늘릴 수 있을지 시험해보았다. 그렇게는 할 수 없었다.

다른 환각들은 전혀 움직이지 않았다. 한동안 그녀는 다음과 같은 환각을 자주 보았다.

길고 하얀 빅토리아풍의 드레스를 입은 여자가 전경에 있고 다른 사람들이 배경에 있는 장면이 나타났다. 그 장면은 희미하게 바랜 빅토리아시대의 사진 혹은 공원에 있는 사람들을 그린 르누아르의 그림 중 하나를 흑백으로 모사한 그림처럼 보였다. … 그 여자는 나를 보고 있지 않았고, 움직이지도 않았다. … 나는 환영을 실제 장면이나 진짜 사람들로 착각하지 않았다. 그 상은 내 삶의 어떤 면에도 전혀 중요하지 않았다. 그 상과 관련하여 어떤 고조된 감정도 느끼지 않았다.

에이미는 가끔 불쾌한 냄새 환각이나 신체 감각을 경험한다. 그녀는 "예를 들어, 발밑의 땅이 흔들려요. 다른 사람들에게 지진이 일어났는지 물어봐야 하죠"라고 말한다.

에이미는 종종 기시감을 경험하지만, 가끔 찾아오는 미시감이 훨씬 괴롭다고 느낀다.

맨 처음 그 일을 겪었을 때, 그때까지 수백 번이나 지나쳤던 건물을 바라보면서 그 건물의 색이나 형태 등이 원래 그랬는지 결코 몰랐다고 생각하던 기억이 납니다. 그런 뒤 주위의 모든 것을 둘러봤는데 어느 것도 익숙해 보이지 않았어요. 너무 혼란스러운 나머지 조금도 나아갈 수 없었죠. 마찬가지로 나는 이따금 우리 집을 알아보지 못했어요. 하지만 내가 우리 집에 있다는 사실은 알고 있었어요. 이제는 인내심을 갖고 20초나 30초 동안 그 느낌이 사라지기를 기다리게 되었죠.

에이미는 잠에서 깰 때나 꾸벅꾸벅 졸 때 발작이 가장 자주 일어난다고 말한다. 때로는 "할리우드의 외계인들"이 천장에 매달려 있는 것을 본다. 그녀는 "누군가가 영화 촬영에 쓰려고 서툰 솜씨로 외계 생명체를 만들어본 것 같은데… 다스베이더의 헬멧 같은 머리를 한 거미처럼" 생겼다고 말한다.

에이미는 그 상들이 자신과 개인적으로 아무 관계가 없고, 그날 일어난 일과도 아무 관련이 없으며, 특별한 연상이나 감정을 전혀 불러일으키지 않는다고 강조한다. "잠시라도 생각해볼 가치가 없는 것들이에요. 아무 의미가 없는 꿈의 파편들, 내 앞으로 아무렇게나 스쳐 지나가는 무작위의 상에 더 가깝죠."

상냥하고 사교적인 남성인 스티븐 L.은 2007년 여름에 처음으로 내게 진찰을 받았다. 그는 "신경병력사neurohistory"라고 명명한, 행간 없이 타자로 친 17쪽짜리 기록을 내놓으면서, 자신에게 "서광(書狂, 글을 쓰지 않고는 못 견디는 병—옮긴이)이 조금 있다"고 덧붙였다. 그는 자신의 문제가 30년 전 교통사고를 당한 후에 시작되었다고 말했다. 다른 차가 그의 차 옆면을 들이받았고 그는 앞유리에 머리를 세게 부딪쳤다. 그는 심한 뇌진탕을 겪었지만 며칠 후 완전히 회복된 것 같았다. 그러나 두 달 후 짧은 기시감이 찾아오기 시작했다. 무엇을 경험하고 행하고 생각하고 느끼든 간에, 예전에 그것을 이미 경험하고 행하고 생각하고 느낀 적이 있다는 느낌이 갑자기 들었다. 처음에는 짧고 확실한 친근감이 흥미롭기만 했고 그런 경험을 유쾌하게 여겼다("얼굴을 스치고 지나가는 산들바람 같았다"). 그러나 몇 주 지나지 않아서 하루에 30~40번씩 기시감을 겪는 지경에 이르렀다. 한번은 친근감이 착각이라고 증명하기 위해, 그는 화장실 거울 앞에서 발을 구르고 다리를 허공으로 들어 올려 하일랜드(스코틀랜드 북부 고지대―옮긴이) 민속춤을 추듯 움직여보았다. 그는 자신이 그런 행동을 한 적이 단 한 번도 없음을 알고 있었지만, 자신이 과거에 여러 번 했던 동작을 다시 하는 것처럼 느꼈다.

발병은 더 빈번해지고 복잡해졌다. 어느덧 기시감은 다른 경험들이 "계단식 폭포"(그의 표현이다)처럼 쏟아지는 출발점이 되었고 일단 쏟아지기 시작하면 멈출 방도가 없었다. 기시감에 이어서 가슴에 얼음처럼 차갑거나 아주 뜨거운 격심한 통증이 찾아왔다. 다음으로 청력의 변화가 찾아왔으며, 이런저런 소리가 점점 더 커지고 웅웅거리다가 결국 주위를 온통 에워쌌다. 옆방에서 부르는 듯한 노랫소리가 또렷이 들리곤 했고, 귀에 들리는 것은 항상 그 노래의 특정한 연주였다. 예를 들어, 닐 영의 특정한 노래(〈애프터 더 골드러시After the Gold Rush〉)가 그 전해 그의 대학 콘서트에서 들었던 것과 완전히 똑같이 흘러나왔다. 다음으로 "덤덤하면서도 톡 쏘는 냄새"와 "그 냄새에 해당하는" 맛을 느꼈다.

어느 날 스티븐은 전조 폭포를 경험하는 꿈을 꾸었고, 깨어난 후에도 계속 전조를 경험하고 있었다. 그러나 그때는 평상적인 폭포에 강력한 유체이탈 체험이 더해졌다. 열려 있는 높은 창문을 통해 침대에 누워 있는 자신의 몸을 내려다보고 있는 듯했다. 유체이탈 체험은 진짜 같았고, 그래서 아주 무서웠다. 그 이유는 부분적으로 체험이 발작과 관련된 뇌 부위가 점점 더 커지고 있다는 것과 상황이 통제를 벗어나고 있음을 보여 주는 증거 같았기 때문이었다.

그런데도 그는 1976년 성탄절까지 발병을 숨겼다. 그날 경련과 함께 대발작이 찾아왔다. 그때 그는 여성과 함께 침대에 있었고, 그녀에게서 상황을 들었다. 그를 진찰한 신경과 의사는 그것이 측두엽 간질임을 확인하면서 자동차 사고가 우뇌 측두엽에 남긴 손상이 원인일 것이라고 추정했다. 그는 항간질약을 먹기 시작했다. 처음에는 하나로 시작하여 그 수를 늘려갔지만 측두엽 발작은 거의 매일 찾아왔고 대발작은 한 달에 두 번 이상 찾아왔다. 결국 13년 동안 여러 가지 항간질약을 시도해본 후 스티븐은 수술의 효과와 가능성을 알아보기 위해 다른 신경과 의사를 찾아갔다.

1990년, 스티븐은 우뇌 측두엽에서 간질 초점을 제거하는 수술을 받았다. 수술 후 그는 크게 호전되어 복약을 중단하기로 결정했다. 그러나 불행하게도 다시 교통사고를 당했고, 다시 발작을 겪기 시작했다. 이번 발작은 약물 치료에 반응하지 않아서 1997년에는 훨씬 더 광범위한 부위에 수술을 받아야 했다. 그런데도 그는 계속 항간질약을 복용하고 있고, 다양한 발작 증상을 겪고 있다.

스티븐은 발작이 시작된 이후 자신의 성격에 "변성"이 와서 "더 영적이고 창조적이고 예술적"으로 변했다고 느낀다. 특히 그는 뇌의 (그의 표현에 따라) "오른쪽 반면"이 계속 자극을 받고, 그로 인해 그를 지배하게 된 것이 아닐까 하고 생각한다. 특히 음악이 그에게 점점 더 중요해졌다. 그는 대학 시절에 하모니카를 불기 시작했는데, 50대인 지금 "비정상일 정도로" 몇 시간 동안 무아경에 빠져 연주한다. 또한 한 번에 몇 시간 동안 글을 쓰거나 그림을 그린다. 그는 자신의 성격이 "도 아니면 모"가 되었다고 느낀다. 어떤 일에 지나치게 집중하거나 정말로 산만해지곤 하기 때문이다. 게다가 그는 갑자기 화를 내는 버릇이 생겼다고 한다. 한번은 걷던 길을 차가 가로막자 물리적 폭력을 행사했다. 그 차에 깡통을 던지고는 운전자에게 주먹을 날린 것이다(그는 나중에 이 일을 되돌아보면서 어떤 발작의 활성이 그 행동에 영향을 미치지 않았을까 의심했다). 이 모든 문제를 겪으면서도 스티븐 L.은 계속 의학 연구 분야에 종사하고 있고, 여전히 매력적이고 섬세하며 창조적인 성격을 유지하고 있다.

가워스나 그 시대의 사람들은 복합 발작이나 초점 발작을 앓는 환자들에게 브롬화물 같은 진정제를 주는 것 말고는 해줄 수 있는 일이 거의 없었다. 간질로 고생하는 많은 환자들, 특히 측두엽 간질이 있는 환자들은 1930년대에 최초의 항간질 특효약이 나올 때까지 '의학적 난치성'으로 간주되었고, 그때에도 증세가 아주 심한 환자들은 효과를 보지 못했다. 그러나 1930년대에 훨씬 더 급진적인 외과적 방법이 출현했다. 주인공은 젊은 미국인이자 뛰어난 신경외과 의사로 몬트리올에서 일하던 와일더 펜필드와 그의 동료 허버트 재스퍼였다. 대뇌피질에 있는 간질 초점을 제거하기 위해 펜필드와 재스퍼는 최초로 환자의 측두엽을

지도로 나타내는 방법으로 초점을 찾아냈고, 그동안 환자는 완전히 깨어 있었다(두개골을 열 때에는 국소 마취를 사용하지만, 뇌 자체는 접촉과 통증을 느끼지 못한다). 20년이 흐르는 동안 '몬트리올 수술법'은 측두엽 간질을 앓는 500여 명의 환자에게 시행되었다. 이 사람들은 아주 다양한 발작 증상을 겪고 있었지만, 그들 중 약 40명은 펜필드가 "경험성 발작"이라고 명명한 증상을 겪고 있었다. 이 발작이 시작되면 갑자기 과거의 특정한 기억이 환각처럼 강한 힘으로 생생히 떠오르면서 이중 의식 상태가 된다. 한 환자는 자신이 몬트리올의 수술실에 있는 동시에 어느 숲에서 말을 타고 있다고 느꼈다. 노출된 측두피질의 표면을 전극을 이용해 체계적으로 면밀히 조사하는 방법으로, 펜필드는 각 환자에게서 자극이 갑작스럽고 무의식적인 회상, 즉 경험성 발작을 불러일으키는 구체적인 피질 지점을 찾아낼 수 있었다.[6] 그 지점들을 제거하면 더이상 그런 발작이 일어나지 않았고, 기억력 자체는 온전히 유지되었다.

펜필드는 경험성 발작의 많은 사례들을 묘사했다.

수술할 때 전기 자극으로 경험성 발작을 유발하면, 환자는 대개 과거의 어느 한때 의식의 흐름으로 들어왔던 어떤 장면을 확실한 반응에 의해 무작위로

---

[6]. 펜필드는 신경외과 의사이면서 훌륭한 생리학자이기도 했다. 간질 초점을 찾는 과정에서 그는 살아 있는 인간의 뇌 기능의 대부분을 뇌 지도로 나타냈다. 예를 들어, 그는 구체적인 신체 부위들의 감각과 운동이 대뇌피질의 어느 부위에서 표상되는지 보여주었다. 그의 감각 및 운동 인체 모형(호문쿨루스)은 상징이 되었다. 웨어 미첼처럼 펜필드도 마음을 끄는 작가였다. 1958년에 허버트 재스퍼와 함께 대작인 《간질과 인간 뇌의 기능해부학Epilepsy and the Punctional Anatomy of the Human Brain》을 발표한 뒤에도 86세로 생을 마감할 때까지 쉬지 않고 뇌에 관한 글을 썼을 뿐 아니라, 소설과 전기를 쓰기도 했다.

재생해냈다. … 음악을 듣는 때일 수도 있고, 댄스홀의 문 앞에서 안을 들여다보는 때일 수도 있고, 만화에 나오는 강도들의 행동을 상상하는 때일 수도 있고 … 세상에 태어나 분만실에 누워 있는 때일 수도 있고, 위협적인 남자 때문에 겁을 먹은 때일 수도 있고, 사람들이 눈이 묻은 옷을 입은 채 방으로 들어오는 것을 지켜보는 때일 수도 있고 … 인디애나 주 사우스벤드의 제이콥 가와 워싱턴 가 모퉁이에 서 있는 때일 수도 있다.

실제의 기억이나 경험이 재활성된다는 펜필드의 개념은 논란을 불러일으켰다. 지금은 기억이 프루스트의 식료품실에 진열되어 있는 절임과 일 병처럼 고정되거나 동결된 것이 아니라, 회상이라는 행위를 할 때마다 변형, 해체, 재조합, 재분류가 일어난다는 사실을 알고 있다.[7]

그러나 겉으로 보기에 어떤 기억들은 일생 동안 생생하고 아주 세밀하

---

7. 20세기 초의 가워스와 동시대 사람들에게 있어서 기억은 뇌에 새겨진 각인이었고(소크라테스가 기억은 부드러운 밀랍에 찍힌 자국과 유사하다고 본 것과 비슷하다), 각인은 회상 행위를 통해 활성화되었다. 1920년대와 1930년대에 캠브리지의 프레더릭 바틀릿이 결정적인 연구들을 내놓은 후에야, 사람들은 고대의 견해를 심판대에 올릴 수 있었다. 에빙하우스를 비롯한 초기의 연구자들은 기계적 암기법(예를 들어, 몇 개의 숫자를 기억할 수 있는가)을 연구한 반면, 바틀릿은 그림과 이야기로 과제를 낸 후 몇 달에 걸쳐 그 내용을 묻고 또 물었다. 자신이 보고 들은 것에 대한 대상자들의 진술은 기억을 되살릴 때마다 조금씩 달랐고, 때로는 크게 변형되었다. 이 실험들을 통해 바틀릿은 "기억memory"이라는 정적인 과정이 아니라 "상기remembering"라는 동적인 과정에 근거하여 생각해야 한다고 확신했다. 그는 이렇게 썼다.

> 상기는 고정되어 있고 죽어 있는 파편의 흔적들을 다시 자극하는 것이 아니다. 상기는 조직화된 과거의 반응이나 경험의 살아 있는 덩어리 전체와 우리의 태도가 맺고 있는 관계로부터 형성되는 상상력이 가미된 재구성 또는 구성이다. … 그러므로 상기는 사실 거의 정확하지 않다.

며 비교적 고정된 채로 남는다. 특히 외상 기억 또는 강한 감정적 흥분이나 의미를 지닌 기억이 그렇다. 하지만 펜필드는 간질성 플래시백에는 특별한 성질이 전혀 없다고 힘주어 강조했다.[8] 그는 이렇게 썼다. "자극이나 간질 방전이 진행되는 동안 떠오르는 사소한 사건들이나 노래들이 그 환자에게 어떤 감정적 의미가 있을 수 있다고는, 그 가능성을 샅샅이 뒤져봐도 상상하기 매우 어렵다." 플래시백은 우연히 발작 초점과 관련이 있는 경험의 "무작위" 조각들에 불과하다고 그는 생각했다.

이상하게도 펜필드는 다양한 경험성 환각을 묘사했지만, 오늘날 '무아경' 발작이라고 부르는 종류에 대해서는 일절 언급하지 않았다. 이 발작은 도스토옙스키가 묘사한 것과 같은, 황홀감이나 초월적 기쁨을 불러일으킨다. 도스토옙스키의 발작은 유년기에 시작되었지만, 시베리아 유형지에서 돌아온 후 40대에 들어서야 빈번해졌다. 이따금 대발작을 일으킬 때 그는 (아내의 글을 빌리자면) "무서운 소리, 사람 같은 느낌이 전혀 안 나는 소리"를 토해냈고, 그런 뒤 의식을 잃고 쓰러졌다. 그 중 많은 경우에 놀라울 정도로 신비하거나 무아경 전조가 먼저 나타났고, 때로는 전조만 나타났을 뿐 경련이나 의식불명은 따르지 않았다. 그의 친구인 소피아 코발레프스키가 《유년의 기억Childhood Recollections》에

---

8. 펜필드는 때때로 경험성 환각을 "플래시백"이라는 말로 표현했다. 이 말은 아주 다른 맥락에서도 사용된다. 예를 들어, 외상 후 플래시백에서는 외상적 사건이 환각으로 되풀이하여 나타난다.
'플래시백'은 갑자기 일시적으로 약효를 재경험하는 현상을 가리키기도 한다. 예를 들어, 몇 달 동안 LSD를 끊은 상태에서 갑자기 LSD의 효과가 느껴지는 것이다.

서 쓴 것처럼, 최초의 발작은 어느 부활절 전야에 일어났다(알라주아닌은 도스토옙스키의 간질에 관한 논문에 이 책을 인용했다). 도스토옙스키가 두 친구와 종교 이야기를 하고 있을 때, 자정을 알리는 종소리가 울리기 시작했다. 그는 갑자기 "하나님은 존재해, 신은 존재해!"라고 외쳤다. 그리고 나중에 그 경험을 자세히 묘사했다.

대기는 큰 소음으로 가득했고, 나는 다른 곳으로 가려고 애썼다. 그때 하늘이 지상으로 내려와 나를 삼킨 것처럼 느껴졌다. 나는 실제로 하나님과 접촉했다. 그가 내 몸으로 들어왔다. 그래, 하나님은 존재해! 나는 이렇게 소리쳤고, 그 외에는 아무것도 기억나지 않는다. 당신들, 건강한 모든 사람들은 간질환자들이 발작을 일으키기 전의 짧은 순간에 느끼는 행복을 상상하지 못한다. ⋯ 이 크나큰 행복이 몇 초, 몇 시간, 몇 달이나 지속될는지 모르지만, 분명 일생 동안 누릴 수 있는 모든 기쁨과도 바꾸지 않으리라.

그는 다른 곳에서도 그와 비슷하게 묘사했고, 소설 속의 몇몇 인물에게 자신과 비슷하거나 똑같은 발작을 부여했다. 《백치》의 미슈킨 공작이 대표적이다.

번개처럼 급속히 지나가는 그 순간들이 찾아오면, 살아 있음의 감동과 의식은 그의 내면에서 열 배는 더 강렬해졌다. 그의 영혼과 가슴은 엄청난 빛을 감지하며 밝아졌고, 그의 모든 감정, 의심, 불안은 한꺼번에 잠잠해져서 눈부신 기쁨, 조화, 희망으로 채워진 천상의 고요함으로 변했다. 이때 그의 이성은 목적인目的因을 이해할 수 있는 수준으로 드높아졌다.

도스토옙스키는 《악령》《카라마조프가의 형제들》《상처받은 사람들》에서도 무아경 발작을 묘사했고, 《이중인격》에서는 같은 시대에 헐링스 잭슨이 위대한 신경학 논문들에 묘사하던 것과 거의 똑같은 "사고 촉박"[강박관념]과 "몽환 상태"를 묘사했다.

도스토옙스키에게 무아경 전조는 항상 궁극적 진리, 신의 직접적이고 확실한 지식의 계시로 여겨졌는데, 이에 더하여 창작력이 가장 왕성했던 말년의 전 기간에 걸쳐 그의 성격에 두드러진 변화가 일어났다. 프랑스 신경학자인 테오필 알라주아닌은 도스토옙스키의 초기 사실주의 작품과 말년에 쓴 위대한 신비주의적 소설을 비교해보면 변화가 분명히 드러난다고 주장했다. 알라주아닌은 이렇게 썼다. "간질은 도스토옙스키라는 사람의 내면에 '이중적 인간'을 창조했다. … 합리주의적 존재와 신비주의적 존재. 두 존재는 매 순간 엎치락뒤치락 했지만 … 신비주의적 존재가 점점 더 우위를 점해갔던 것으로 보인다."

이 변화는 도스토옙스키가 발작을 일으키지 않을 때(신경학 용어로 "발작 휴지기"라 한다)에도 계속 진행되었으며, 1970년대와 1980년대에 미국 신경학자 노먼 게슈빈트는 이런 변화에 특별히 매혹되어 이를 주제로 여러 편의 논문을 썼다. 그는 도스토옙스키가 도덕성과 예의 바른 행동에 갈수록 집착하고 몰두한 점, "사소한 논쟁에 말려드는" 경향이 갈수록 강해진 점, 유머의 부족함, 상대적으로 성에 무관심한 점, 그리고 높은 도덕적 어조와 진지함을 유지하면서도 "사소한 모욕에 쉽게 화를 낸 점"을 지적했다. 게슈빈트는 이 모든 것이 "발작 휴지기 성격 증후군"이었다고 말했다(현재는 '게슈빈트증후군'이라 불린다). 이 증후군을 앓는 환자들은 종교에 대단히 열중한다(게슈빈트는 이를 "과종교증hyper-religiosity"이라고 명명했다). 또한 스티븐 L.처럼 강박적인 글쓰기나 유난히 강한 예술적, 음악적 열정을 보인다.

게슈빈트증후군이 발병하든 안 하든(그리고 측두엽 간질이 있는 사람들에게 발병은 일반적이거나 필연적이지 않은 것으로 보인다), 무아경 발작을 겪는 사람들은 의심할 여지없이 그 경험에 깊이 감동하고 심지어 그런 발작을 더 많이 경험하기 위해 적극적으로 노력한다. 2003년 한센 아세임과 에일레트 브로트코브는 노르웨이에서 무아경 발작을 겪는 열한 명의 환자를 대상으로 수행한 연구를 발표했다. 그들 중 여덟 명은 발작을 다시 경험하고 싶어 했고, 그중 다섯 명은 발작을 유발하는 방법을 찾아냈다. 다른 발작보다도 무아경 발작은 더 깊은 진실의 현현 또는 계시로 느껴진다.

게슈빈트의 제자였던 오린 데빈스키는 측두엽 간질 및 그와 관련이 있는 것으로 보이는 광범위한 신경정신과적 경험들, 즉 자기상 환시, 유체이탈 체험, 기시감과 미시감, 과잉 친근감, 발작 중의 무아경 상태, 더 나아가 휴지기의 성격 변화 등을 선구적으로 조사했다. 그의 연구팀은 환자들이 무아경의 종교적 발작을 겪는 동안 그들을 임상적으로 관찰하고 비디오 EEG로 모니터링할 수 있었고, 그들이 느끼는 "신의 현현"과 측두엽 발작 초점(거의 항상 우뇌에 있었다)의 활성이 정확히 일치하는 것을 확인할 수 있었다.[9]

계시는 각기 다른 형태를 띨 수 있다. 데빈스키는 한 여성이 두부 손상을 입은 후 짧은 기시감 증상과 설명할 수 없는 이상한 냄새를 경험했다고 내게 말했다. 복합 부분 발작이 지나가면 다음에는 하나님이 천사의 형체와 목소리로 나타나서 그녀에게 국회의원에 출마하라고 일러주는 숭고한 상태가 시작되었다. 그녀는 과거에 종교나 정치에 전혀 관심이 없었지만, 그 즉시 하나님의 말씀에 따라 행동했다.[10]

때때로 무아경 환각은 아주 드물긴 하지만 위험할 수 있다. 데빈스키와 그의 동료인 조지 라이는 그들의 환자가 발작으로 인해 얼마나 위험한 환각을 겪었는지 묘사했다. "그는 그리스도를 보았고, 자신에게 아내를 죽이고 자살하라고 명령하는 목소리를 들었다. 그는 계속 그 환각에 따라 행동"했고, 결국 아내를 죽이고 자신도 칼로 찔렀다. 이 환자는 우뇌 측두엽에서 발작 초점을 제거한 후 더이상 발작을 겪지 않았다.

앞의 간질 환자는 정신분열병을 앓은 병력이 전혀 없지만, 간질성 환각은 정신분열병의 명령 환각과 상당히 비슷하다. 강한 (그리고 의심이 많은)

---

9. 한 남성 환자는 성인이 될 때까지 종교에 관심이 거의 없었는데, 소풍에서 처음 종교적 발작을 겪었다. 데빈스키는 이렇게 묘사했다. "그의 친구들은 그가 눈을 동그랗게 뜨고, 창백해지고, 반응을 하지 않는 것을 처음으로 보았다. 그런 뒤 갑자기 그는 2~3분 동안 원을 그리며 달렸고, 그러면서 '나는 자유롭다! 나는 자유롭다! … 나는 예수다! 나는 예수다!'라고 외쳤다."
데빈스키는 이 환자가 나중에 그와 비슷한 발작을 겪을 때 그 과정을 비디오 EEG로 기록했다. 발작이 일어나기 직전에 환자는 반응이 느렸고 시간과 장소를 잘 식별하지 못했다. 데빈스키는 이렇게 기록했다.

> 혹시 어떤 문제가 있냐고 묻자 그는 "아무 문제 없어요. 난 아주 괜찮습니다. … 아주 행복해요"라고 대답했다. 다음으로 이곳이 어디인지 아느냐고 묻자, 그는 미소를 띠며 놀란 표정으로 이렇게 대답했다. "그럼요. 여긴 천국이죠. … 난 아주 좋아요."

그는 10분 동안 그 상태에 있다가 전신 발작으로 넘어갔다. 나중에 그는 자신의 무아경 전조에 대해 "마치 생생하고 행복한 꿈을 꾼 것 같다"고 기억했고, 그 꿈에서 깨어났지만 전조를 겪는 동안 받았던 질문은 전혀 기억하지 못했다.

10. 그녀는 민주당이 오랫동안 우세를 보이던 선거구에서 공화당 후보로 출마했고, 근소한 차이로 패배했다. 유세 기간에 그녀는 대중 앞에 나타날 때마다 하나님이 출마할 것을 명했다고 주장했다. 그녀는 정치적 경험이나 능력이 확연히 부족했으므로, 그런 주장이 수천 명의 유권자를 설득해서 그녀를 찍게 한 것으로 보인다.

사람이 아니라면, 하늘의 추천이든 명령이든 환각에 저항하고 거부하기는 쉽지 않을 테고, 특히 환각이 계시나 현현의 성격을 띠고서 특별한 운명 혹은 숭고한 운명을 가리킨다고 느껴질 때에는 더욱 어려울 것이다.

월리엄 제임스가 주시한 것처럼 한 사람의 강렬하고 정열적인 종교적 확신은 수천 명을 뒤흔들 수 있다. 잔다르크의 생애가 그 예를 보여준다. 거의 600년 동안 사람들은 정식 교육을 전혀 받지 못한 농부의 딸이 어떻게 사명감을 느끼고 수천 명의 사람들을 움직여서 프랑스에서 영국군을 몰아내게 할 수 있었는지 이해하지 못했다. 신의 (또는 악마의) 영감을 주장하는 최초의 가설은 정신의학적 진단과 신경과학적 진단이 경쟁하는 사이에 의학적 가설에 의해 밀려났다. 대부분의 증거는 그녀의 재판(그리고 20년 후 이루어진 그녀의 '복권') 과정을 기록한 사본과 당대 사람들의 회고록에서 나온다. 결정적인 증거는 전무하지만, 그 기록은 적어도 잔다르크가 무아경 전조를 수반하는 측두엽 간질을 앓았을지도 모른다고 암시한다.

잔다르크는 열세 살부터 환영과 환청을 경험했다. 환각은 길어야 몇 초 또는 몇 분 동안 지속되는 불연속적인 증상이었다. 그녀는 최초의 방문에 큰 두려움을 느꼈지만, 나중에는 환영으로부터 큰 기쁨과 분명한 사명감을 느꼈다. 그 증상들은 때때로 교회 종소리에 자극을 받아 발현되었다. 잔다르크는 최초의 "방문"에 대해 다음과 같이 묘사했다.

내가 열세 살일 때 나를 도와주고 인도해주시려는 하나님의 목소리가 들렸다. 맨 처음 이 목소리를 들었을 때는 아주 두려웠다. 여름 한낮이었고 나는 아버지의 밭에 있었다. … 목소리가 들려오는 곳은 나의 오른쪽, 성당이 있는 쪽이었다. 목소리가 들릴 때마다 항상 빛이 함께 나타난다. 빛도 목소리와 같은 쪽에서 온다. 대개 큰 빛이다. … 목소리를 세 번째 들었을 때, 나는 그것이 천사의 목소리임을 알았다. 목소리는 항상 나를 지켜주었고 나는 언제나 그 뜻을 이해했다. 목소리는 나에게 바르게 살고 교회에 자주 가라고 일렀다. 그리고 프랑스로 갈 필요가 있다고 말했다. … 목소리는 일주일에 두어 번씩 이렇게 말했다. "넌 프랑스로 들어가야 한다." … 목소리는 또 이렇게 말했다. "가라! 가서 오를레앙의 포위망을 풀어라!" … 나는 단지 하찮은 계집아이고, 말을 타거나 싸울 줄 전혀 모른다고 대답했다. … 이 목소리가 들리지 않는 날이 하루도 없으며, 이제는 그 목소리가 절실히 필요하다.

잔다르크의 명석함, 합리성, 겸손함의 증거뿐 아니라 그녀가 겪은 것으로 추정되는 발작의 많은 측면을 탐구한 논문은 1991년에 신경학자인 엘리자베스 푸트-스미스와 리디아 베인이 썼다. 두 사람은 매우 그럴듯한 주장을 제시했지만 다른 신경학자들은 그에 동의하지 않았으므로 그 문제는 명확히 결론이 났다고 보기는 어렵다. 모든 역사적 논란이 그렇듯, 잔다르크의 경우에도 증거가 불확실하다.

무아경 발작, 종교적 발작 또는 신비한 발작은 측두엽 간질 환자들 중 소수에게만 일어난다. 그런 체험을 하는 것은 그 사람들에게 애초에 특별한 면, 즉 종교나 형이상학적 믿음에 이끌리는 선천적 기질이 있기 때문일까? 아니면 발작이 종교적 감정에 관여하는 특별한 뇌 부위를 자극하기 때문일까?[11] 물론 둘 다 맞는 말이다. 하지만 매우 회의적인 사람들, 종교에 무관심하고 종교적 가르침을 접해보지 않은 사람들도 발작을 겪는 도중 본인이 깜짝 놀랄 정도로 신비한 종교적 체험을 할 수 있다.

케네스 듀허스트와 A. W. 비어드는 1970년의 논문에서 무아경 발작의 몇몇 사례를 제시했다. 한 환자는 요금을 걷는 동안 무아경 발작을 일으키는 버스 차장이었다.

> 그는 갑자기 희열감에 사로잡혔다. 말 그대로 천국에 있는 느낌이 들었다. 그는 요금을 정확히 걷었고, 요금을 걷는 동안 승객들에게 자신이 천국에 있어서 더없이 행복하다고 말했다. … 그는 이틀간 희열 상태에 머물면서 신과 천사의 목소리를 들었다. 나중에 그는 그 경험을 회상할 수 있었고, 그 목소리들이 진짜라고 믿었다. … 그 후 2년 동안 그의 성격에는 변화가 오지 않았다. 특이한 생각을 표현하진 않았지만 독실한 신앙을 유지했다. … 3년 후 사흘 동안 내리 세 번의 발작을 겪은 뒤, 그는 다시 의기양양해졌다. 그는 자신의 마음이 "정화"되었다고 말했다. … 이 과정을 겪는 동안, 그는 신앙심을 잃었다.

그는 더이상 천국과 지옥, 내세, 그리스도의 신성을 믿지 않았다. 무신론으로의 두 번째 개종도 애초에 종교적으로 개종했을 때와 똑같이 흥분

---

11. 이에 대한 증거는 수많은 책에서 다뤄졌다. 케빈 넬슨의 《뇌 속의 영적 출입구: 신 경험에 대한 한 신경학자의 탐구 The Spiritual Doorway in the Brain: A Neurologist's Search for the God Experience》가 대표적이다. 그 증거는 마크 샐즈먼의 소설 《깬 채로 누워 있다 Lying Awake》의 주제이기도 하다. 소설의 주인공인 수녀는 하나님과 이야기하는 무아경 발작을 겪는다. 결국 그녀의 발작은 측두엽에 생긴 종양 때문이고, 종양이 커져서 생명을 앗아가기 전에 그녀는 수술을 받아야 한다. 하지만 종양을 제거하면 천국의 문도 사라져서 다시는 하나님과 이야기를 나눌 수 없게 되는 걸까?

과 계시적 성격을 띠었다(게슈빈트는 2009년에 출간한 1974년의 한 강의록에서 측두엽 간질을 앓는 환자들은 종교적으로 여러 번 개종할 수 있다고 지적하면서, 그의 한 환자는 "20대의 젊은 여성이지만, 현재 다섯 번째 종교에 심취해 있다"고 묘사했다).

이전에는 초월적이거나 초자연적인 생각에 완전히 무관심했던 사람도 무아경 발작을 겪으면 믿음의 기초나 세계를 보는 눈이 흔들린다. 그리고 열렬한 신비적, 종교적 감정, 다시 말해 신성한 존재에 대한 느낌이 모든 문화에 보편적으로 존재한다는 사실은 그런 감정에 생물학적 기초가 있을 수 있음을 시사한다. 미적 감정처럼 종교적 감정도 인류의 유산일 수 있다. 종교적 감정의 생물학적 기초와 생물학적 선구 요인에 대해, 더 나아가 무아경 발작이 암시하듯, 아주 특수한 신경학적 기초에 대해 논하는 것은 단순히 자연적인 원인에 대해 논하는 셈이다. 인간은 그런 기초 위에 감정의 가치, 의미, '기능' 또는 서사와 신앙을 구축할 수 있지만 신경학적 기초에 대한 논의는 그런 것과 아무 상관이 없다.

9장

반쪽 시야를 차지한 환각

우리는 눈으로 보지 않는다. 뇌로 본다. 뇌에는 눈에서 들어오는 입력 정보를 분석하는 여러 장치들이 수십 개나 있다. 뇌의 뒤쪽에, 후두엽에 위치한 1차 시각피질에서는 망막의 점을 피질 위에 일대일로 옮기는 매핑 작업이 이루어진다. 시야에 들어온 빛, 형태, 방향, 위치가 표시되는 곳도 바로 이곳이다. 눈에서 들어온 영상 자극은 일종의 우회로를 거쳐 대뇌피질로 가는데, 이때 일부는 뇌의 반대편으로 건너간다. 그래서 각 눈의 시야의 왼쪽 절반은 우뇌의 후두피질로, 오른쪽 절반은 좌뇌의 후두피질로 간다. 따라서 한쪽 후두엽에 손상이 오면(예를 들어 뇌졸중으로), 시야는 반대쪽 절반이 사라지거나 결함이 생긴다. 이를 반맹이라 한다.

한쪽을 보는 시력이 사라지거나 손상되는 것 외에도 양성의 증상이 생길 수 있다. 다시 말해 맹증이나 부분 맹증이 온 구역에 환각이 나타날 수 있다는 말이다. 갑자기 반맹을 겪은 환자의 약 10퍼센트가 환각을 경험하고, 경험하는 즉시 그것이 환각임을 안다.

비교적 짧고 판에 박힌 편두통 환각이나 간질성 환각과는 대조적으로,

반맹 환각은 며칠이나 몇 주 동안 계속될 수 있고 틀이 정해져 있거나 일정하기는커녕 끊임없이 변하는 경향이 있다. 편두통이나 간질 발작에서 어느 민감한 세포 소집단이 발작적으로 방전되는 모습을 그려볼 수 있지만, 그와 달리 반맹 환각에서는 만성적인 과잉 활성 상태에 있는 커다란 뇌 부위(뉴런의 '드넓은 벌판' 전체)가 정상일 때 그 뉴런을 조절하거나 조직하던 작용력들이 약화되어 제어되지 않고 비행을 저지르는 모습을 상상할 수 있다. 따라서 그 메커니즘은 샤를보네증후군과 비슷하다.

이런 개념은 신경계가 계급적 질서를 따르는 수준들로 이루어져 있다(상위의 수준이 하위의 수준을 통제하지만, 상위의 수준에 손상이 일어나 통제력이 약해지면 하위의 수준은 독립적으로 행동하거나 심지어 무정부적으로 행동한다)고 본 헐링스 잭슨의 통찰에도 은연중에 내재되어 있지만, '방출성' 환각의 개념을 명시적으로 제시한 사람은 1962년 《환각Hallucinations》을 펴낸 L. 졸리언 웨스트였다. 10년 후 안과 의사인 데이비드 G. 코건은 환자 열다섯 명의 간략하고 생생한 병력을 담은 중요한 논문을 발표했다. 그들 중 일부는 눈에 손상이 있거나, 시신경이나 시삭(또는 시색)에 손상이 있거나, 후두엽에 병변이 있거나, 측두엽에 병변이 있거나, 시상이나 중뇌에 병변이 있기도 했다. 부위는 제각각이지만, 어느 곳에 병변이 발생하든 정상적인 제어망이 깨지고 복합 환시로 이어질 수 있었다.

2006년, 젊은 여성인 엘런 O.가 나를 찾아온 것은 우뇌 후두엽의 혈관 기형 때문에 수술을 받은 지 1년쯤 되었을 무렵이었다. 기형적으로 부풀어 오른 혈관을 차단하는 아주 간단한 수술이었다. 의사들이 경고한 것처럼, 수술 후 몇 가지 시각 장애가 생겼다. 왼편을 보는 시력이 흐릿해졌고, 약간의 실인증과 실행증이 생겨서 사람과 인쇄된 말을 인식하는 데 문제가 있었다(그녀는 영어 단어들이 "네덜란드어"처럼 보인다고 말했다). 이런 문제들 때문에 그녀는 수술 후 6주 동안 운전을 하지 못했고 독서와 텔레비전 시청에 어려움을 겪었지만, 이런 현상은 일시적이었다. 또한 수술 후 처음 몇 주 동안은 시각 발작을 겪었다. 발작의 형태는 왼쪽에 번쩍거리는 빛과 색이 나타나서 몇 초 동안 머무르는 단순 환시였다. 처음에는 하루에도 몇 번씩 발작이 찾아왔지만, 직장에 복귀할 무렵에는 사실상 사라졌다. 후유증이 생길 수 있다고 의사들이 경고한 터라 그녀는 별로 걱정하지 않았다.

의사들이 경고하지 않은 것은 나중에 복합 환각이 찾아올 수 있다는 점이었다. 수술 후 대략 6주 만에 찾아온 최초의 복합 환각은 시야의 왼쪽 절반을 거의 다 차지하는 거대한 꽃이었다. 생각해보니 눈이 부실 정도로 밝은 햇빛 아래서 실제로 꽃을 본 것이 환각을 자극한 듯했다. 머릿속에서 뇌가 타는 것 같았고, 꽃의 환영은 시야의 왼쪽 절반에 "잔상처럼" 머물렀지만 몇 초가 아니라 일주일 내내 어른거릴 만큼 끈질겼다. 다음 주말에 오빠가 방문한 후에는 오빠의 얼굴, 아니 얼굴이라기보다는 한쪽 눈과 한쪽 뺨밖에 없는 옆얼굴의 일부분이 며칠 동안 눈앞에 머물렀다.[1]

그런 뒤, 그녀는 지각 이상(실재하는 것이 지속적으로 보이거나 왜곡되어 보이는 현상)에서 환각, 즉 없는 것들이 보이는 증상으로 이동했다. 자주 나타나는 환각 중 하나는 (때때로 자신의 얼굴을 포함하여) 사람들의 얼굴이 나타나는 얼굴 환각이었다. 그러나 엘런에게 보이는 얼굴들은 "비정상적이고, 기괴하고, 과장된" 형태로, 치아나 한쪽 눈이 엄청나게 확대되어 이목구비의 비율이 완전히 어긋나버린 옆얼굴이 자주 나타났다. 다른 때에는 "단순화된" 얼굴, 표정 또는 자세를 한, "스케치나 만화 같은" 인물들이 보였다. 다음으로 엘런은 하루에 여러 번씩 〈세서미 스트리트〉의 꼭두각시인형인 개구리 커밋을 보기 시작했다. "왜 커밋이 보일까요? 나한테 전혀 중요하지 않은데 말이에요."

엘런의 환각은 대부분 사진이나 만화처럼 평면적이고 정적이었지만, 때로는 표정이 변하곤 했다. 개구리 커밋은 어느 때는 슬퍼 보였고, 행복해 보였다가 또 화가 난 것처럼 보일 때도 있었다. 하지만 그녀는 커밋의 표정과 자신의 기분을 전혀 연관 지을 수 없었다. 소리 없이 움직이지 않고 계속 바뀌는 환각들이 깨어 있는 내내 항상 지속되었다("24시간씩 7일 내내"라고 그녀는 말했다). 환각은 시력을 방해하지는 않았지만, 투명화처럼 시야의 왼쪽 절반에 겹쳐 보였다. "최근에는 크기가 작아지고 있어요. 개구리 커밋은 이제 자그마해요. 예전에는 왼쪽 시야를 대부분 차지했지만, 작은 부분으로 줄어들었어요." 엘런은 이런 환각이 평생 나타날지 궁금해했다. 나는 크기가 줄어든 것이 아주 좋은 징조인 것 같다고 말했다.

---

1. 엘렌 O.를 진찰하기 전까지 나는 환각이 그렇게 오래 지속되는 경우를 들어본 적이 없었다. 몇 분 정도의 시각적 보속증은 두정엽이나 측두엽의 뇌종양과 관련이 있거나 측두엽 간질에서 발생할 수 있다. 의학 문헌에는 그런 이야기들이 많이 있다. 일례로 마이클 스위시는 두 건의 측두엽 간질 사례를 묘사했다. 한 명은 다음과 같은 발작을 겪었다. "그의 환영은 고정된 것 같았고, 그래서 하나의 상이 몇 분 동안 지속되었다. 발작이 진행되는 동안 그 잔상을 뚫고 실제 세계가 보였으며 잔상은 처음에는 뚜렷하지만 시간이 지날수록 점차 희미해졌다."
눈의 손상이나 수술로도 이와 비슷한 보속증이 발생할 수 있다. 나에게 편지를 보낸 H. S.는 열다섯 살 때 화학물질 폭발 사고로 맹인이 되었지만 20년 후 각막 수술로 시력의 일부를 되찾았다. 수술 후 그의 의사가 자신의 손을 내밀면서 손이 보이냐고 물었을 때, H. S.는 "보인다"라고 대답했지만 그 뒤 놀라운 일이 일어났다. 손, 아니 상이 그 후 몇 분 동안 정확한 형태와 위치(시야 내의 위치)를 유지하며 눈앞에서 떠나지 않았던 것이다.

어느 날 커밋은 너무 작아져서 보이지 않을 수도 있었다.

자신의 뇌에서 무슨 일이 일어나고 있느냐고 그녀가 물었다. 다른 것들은 그렇다 쳐도 왜 이상하고 때로는 악몽 같은 기괴한 얼굴들이 나타날까요? 그런 환각은 얼마나 깊은 곳에서 생겨나요? 물론 정상적인 사람이라면 그런 것을 상상조차 안 할 거예요. 내가 정신병에 걸렸나요? 미쳐가고 있나요?

나는 그녀에게, 수술 후 한쪽 시력에 장애가 온 탓에 시각 경로의 상위 부위, 즉 인물과 얼굴을 인지하는 측두엽의 활성이 고조되었고 두정엽에서도 그런 일이 일어나고 있을 것이라고 말했다. 그리고 고조되어 때때로 통제되지 않을 만큼 활성화되면 복합 환각을 불러일으키고, 그녀가 겪고 있는 반복시, 즉 환영이 비정상적으로 지속되는 증상을 야기한다고 설명했다. 그녀를 무섭게 만드는 특별한 환각들, 즉 기형적으로 해체된 얼굴이나 괴물같이 강조된 눈이나 치아는 사실은 측두엽에서 상측두구라 불리는 부위가 비정상적으로 활성화되면 전형적으로 나타나는 상이었다. 그것은 신경학적인 얼굴이지 정신병의 얼굴은 아니었다.

엘런은 주기적으로 나에게 편지를 보내어 정보를 업데이트했고, 처음 방문한 후 6년이 되었을 때 이렇게 썼다. "시각 장애가 완전히 회복되었다고는 말씀드릴 수 없어요. 그보다는 장애와 더 조화롭게 살고 있다고 말씀드릴 수는 있어요. 환각들은 훨씬 작아졌지만 아직도 눈앞에 있습니다. 주로 색채가 풍부한 구체가 항상 보이지만, 그것 때문에 특별히 괴롭진 않아요."

엘런은 아직도 글을 읽을 때 약간의 어려움을 겪고, 피곤할 때는 더욱 그렇다. 최근에는 책을 읽을 때 다음과 같은 일이 일어난다고 한다.

나에겐 색점이 있어요. 수술 후 까만 맹점이 생겼는데, 몇 주 후 색이 있는 점으로 바뀌었고, 아직도 있어요. 환각은 점 주위에 나타나요. 그런데 점 때문에 한두 단어를 놓치고 지나가요. … 지금 직장에서 아주 긴 하루를 보내고 돌아와서 자판을 치고 있는데, 중앙에서 조금 왼쪽으로 벗어난 곳에 1930년대의 아주 희미한 흑백 미키마우스가 떡하니 자리를 잡고 있네요. 미키마우스는 투명해서 컴퓨터 화면을 보면서 타이핑할 수 있어요. 하지만 가끔 필요한 자판을 볼 수 없는 탓에 오타가 많이 나요.

하지만 엘런은 맹점 같은 것에는 아랑곳하지 않고 대학원 과정을 밟으며, 심지어 마라톤을 뛴다. 그녀는 특유의 훌륭한 유머 감각으로 이렇게 써 보냈다.

11월에 뉴욕 시 마라톤 대회에 참가했어요. 두 번째 코스에 들어서기 조금 전에 베라자노 다리 위에서 둥그런 쇠를 밟고 넘어졌어요. 말하자면 아무 것도 아닌 것에 걸려 넘어진 셈이죠. 나는 오른쪽만 보고 있었는데 갑자기 왼쪽 시야에 그게 나타난 바람에 발을 헛디딘 거예요. 나는 다시 일어나 완주를 했답니다. 손의 작은 뼈가 부러지긴 했지만, 그쯤이야 멋진 부상 투혼의 증거라고 생각해요. 정형외과 대기실에서 주위를 둘러보니 완주한 사람들도 저마다 무릎 부상이나 햄스트링 부상을 입었더군요.

엘런의 복합 환각은 수술을 받고 몇 주 후 시작된 반면, '방출성' 환각은 후두피질에 갑작스럽게 손상을 입었을 경우 거의 즉시 나타날 수 있다. 1989년, 나를 찾아온 50대 여성인 마를린 H.가 그런 환자였다. 그녀는 1988년 12월 어느 금요일 아침, 잠에서 깨어나자 두통과 시각적 증상이 왔다고 말했다. 그녀는 몇 년 동안 편두통을 앓았기 때문에, 처음에는 늘 겪는 시각적 편두통이겠거니 하고 생각했다. 그러나 시각적 증상이 달랐다. 그녀는 "온통 번쩍이는 불빛들… 어른거리는 빛들… 휘어진 번갯불들…. 프랑켄슈타인이 나올 것만 같았다"고 말했다. 보통 경험하는 편두통의 지그재그 꼴과 달리, 이 증상은 몇 분 후 사라지지 않고 주말 내내 계속되었다. 그런 뒤 일요일 저녁에 시각 장애는 더 복잡한 성격을 띠었다. 시야의 상부 오른쪽에 꿈틀거리는 형체, "검은색과 노란색의, 반짝이는 솜털로 뒤덮인 황제나비 애벌레 같은" 것이 보였고 그와 함께 "브로드웨이 쇼처럼 노란 백열등이 쉬지 않고 켜졌다 꺼졌다 하며 위아래로 이동"했다. 의사는 단지 "비정형 편두통"일 뿐이라며 그녀를 안심시켰지만 상태는 더욱 악화되었다. 수요일에는 "욕조에 개미들이 잔뜩 기어 다니는 것이 보였고… 거미집들이 벽과 천장을 가득 뒤덮었으며… 사람들의 얼굴에 격자가 씌워져 있는 것처럼" 보였다. 이틀 후, 총체적인 지각 장애가 시작되었다. "남편의 두 다리가 아주 짧고 뒤틀어져 있는 것이 마치 요술거울에 비친 사람처럼 보였어요. 아주 우스웠죠." 하지만 그날 오후에 시장에서는 우습다기보다 무서웠다. "모든 사람이 흉하게 보였어요. 얼굴 일부가 없었고, 눈이 있을 자리에 검은색 구멍이 있었죠. 다들 기괴했어요." 갑자기 오른쪽에서 자동차들이 나타났다. 오른쪽과 왼쪽에 손가락을 흔들어 시야를 테스트해보니 손가락이 오른쪽에서는 보이지 않았고 중앙을 넘은 다음에야 보였다. 오른쪽을 보는 시력을 완전히 잃은 것이었다.

최초의 증상이 나타나고 며칠이 지난 시점에서야 그녀는 의학적인 검사를 받았다. 뇌를 CAT로 찍어보니 좌뇌 후두엽에서 큰 출혈이 발견되었다. 이 단계에서는 이미 치료할 수 있는 방도가 없었기 때문에, 증상이 약간이라도 사그라지거나 시간이 지나면서 다소 치유되거나 그녀가 적응하기를 바라는 수밖에 없었다.

몇 주 후, 주로 오른쪽에 국한되었던 환각과 지각 장애는 점점 사라지기 시작했지만 마를린에게 다양한 시각 장애를 남겼다. 최소한 한쪽은 볼 수 있었지만 보이는 장면은 당황스러웠다. "눈에 보이는 걸 이해할 수 없는 바에야 차라리 아예 안 보이는 편이 낫겠더라고요. … 물건을 하나로 합치려면 천천히 조심스럽게 다가가야 했어요. 소파, 의자가 보이긴 하는데 그것을 합칠 수가 없었어요. 처음부터 합쳐져서 하나의 '장면'으로 이해되지 않는 거예요. … 예전에는 책을 무척 빨리 읽었는데, 이젠 아주 느려졌어요. 글자들이 다르게 보였죠."

남편이 거들었다. "시계를 볼 때에도 즉시 알아보지 못합니다."

시각적 실인증과 시각적 실행증 외에도 마를린은 그녀의 통제를 벗어난, 고삐 풀린 시각 상을 경험하고 있었다. 어느 날 그녀는 거리에서 빨간 드레스를 입은 여자를 보았다. 마를린은 이렇게 말했다. "그때 눈을 감았어요. 그 여자는 꼭두각시인형 같았는데, 마치 살아 있는 것처럼 주위를 돌아다니더군요. … 그 상에 '홀렸다'는 사실을 깨달았죠."

나는 가끔씩 마를린에게 연락했고, 그녀가 뇌졸중이 걸린 후 20년이 지난 2008년에 마지막으로 그녀를 보았다. 그녀는 더이상 환각, 지각 왜곡, 고삐 풀린 시각 상을 경험하지 않았다. 반맹은 여전했지만 남아 있는 시력으로 충분히 혼자 여행하고 일하며 살고 있었다(속도는 느렸지만 읽고 쓰기와 관련된 일을 했다).

마를린은 넓은 범위의 후두엽 출혈로 인해 환각뿐 아니라 병이 예상보다 오래가는 지연성 지각적 변화들을 겪었지만, 후두엽 뇌졸중이 '작게' 일어나도 투명하지만 뚜렷한 시각 환각이 발생할 수 있다. 성격이 밝고 신앙심이 깊은 한 노부인이 그런 사례였다. 환각은 2008년 7월의 며칠 사이에 나타나고 "발전하고" 사라졌다. 내가 일하는 요양원의 한 간호사가 내게 전화를 걸었다. 우리는 함께 여러 해 동안 일했기 때문에, 그녀는 내가 시각 장애에 특히 관심이 있다는 사실을 알고 있었다. 간호사는 자신의 대고모인 도트 부인을 데려와서 진찰을 받을 수 있느냐고 물었고, 두 사람은 미리 그간의 이야기를 재구성했다. 도트 대고모는 나에게, 7월 21일에 시력이 "흐릿해지는" 것 같았고, 다음 날에는 "만화경을 통해 보이는 것 같았으며… 모든 것이 색이 교대로 변하면서 만화경을 통과했고" 그와 함께 왼쪽에 순간순간 "번갯불"이 내리쳤다고 했다. 그녀는 의사를 찾아갔고, 의사는 왼쪽에 반맹이 왔다며 그녀를 응급실로 보냈다. 응급실에서 심방세동(심방이 규칙적으로 뛰지 않고 심방의 여러 부위가 무질서하게 뛰면서 불규칙한 맥박을 형성하는 부정맥 질환—옮긴이)이 발견되었고, CAT와 MRI를 찍어보니 우뇌 후두엽에 작은 손상 부위가 있었다. 손상의 원인은 심장세동 때문에 혈전[응고된 혈액]이 그곳까지 올라왔기 때문이었다.

이튿날 도트 대고모는 "한가운데에 빨간색이 있는 팔각형들이… 슬라이드 필름처럼 빠르게 내 앞을 지나가고, 움직이는 팔각형들이 육각형의 눈송이로 변하는" 것을 보았다. 7월 24일에는 "미국 국기가 바람에 휘날리듯 활짝 펼쳐져 있는" 장면을 보았다.

7월 26일, 그녀는 작은 공처럼 생긴 초록색 점들이 왼쪽에 떠 있다가 잠시 후 "길쭉한 은색 이파리들"로 바뀌는 환각을 보았다. 손녀가 어느 해 초가을에 캐나다를 여행할 때 벌써 단풍이 들기 시작했다고 한마디 하자, 환각의 은색 이파리들은 즉시 울긋불긋하게 변했다. 이파리들은 "수선화 꽃다발"과 "미역취 꽃밭" 등이 보이는 복합 환시로 가득한 하루를 예고했다. 그 뒤로 매우 구체적인 상이 나타나더니 여러 개로 증식했다. 그날 손녀가 방문했을 때, 도트 대고모는 "어린 견습 선원들이 보이고… 한 명이 다른 한 명 위에 올라가 있는데, 슬라이드 필름 같다"고 말했다. 그들은 색은 있지만 평면적이고 정적이고 작아서 "스티커" 같았다. 그녀는 환영이 어디에서 나타났는지 모르고 있다가, 손녀가 대고모에게 편지를 보낼 때 종종 견습 선원 스티커를 사용하는 것을 상기시키자 그제야 그 출처를 이해했다. 따라서 견습 선원은 완전한 발명품이 아니라 도트 대고모가 본 적이 있는 스티커의 재생품이었고, 여러 개로 증식된 점만 달랐다.

견습 선원에 이어 "버섯 들판"이 나왔고, 뒤이어 황금색 다윗의 별이 나타났다. 병원의 신경과 의사가 그녀를 보러 왔을 때 그의 옷 위에 별이 뚜렷하게 나타났고 그 후 네 시간 동안 별을 "보았지만", 이번에는 견습 선원들처럼 증식되지는 않았다. 다윗의 별은 "켜졌다 꺼졌다 하는 빨강과 파랑의 교통신호등"에 밀려났으며 다음으로 황금빛의 작은 크리스마스 종이 수십 개 나타났다. 크리스마스 종은 기도하는 손으로 바뀌었다. 그다음에 그녀는 "갈매기 떼, 모래, 파도, 해변의 정경"과 함께 갈매기들이 날개를 퍼덕이는 광경을 보았다(여기까지는 상 안에서 움직임이 일어나는 것을 느끼지 못했다. 단지 정적인 상이 눈앞을 지나가는 것 같았다). 날고 있는 갈매기 떼는 "토가를 입은 그리스인이 달리고 있는데… 마치 올림픽 육상선수 같은" 장면으로 바뀌었다. 갈매기의 날개가 움직인 것처럼, 그의 다리도 움직이고 있었다. 이튿날 그녀는 촘촘히 쌓인 옷걸이 더미를 보았고, 이것이 복합 환각의 마지막이었다. 다음 날에는 왼쪽에서, 엿새 전에 본 것과 똑같은 번갯불만 보였다. 그녀가 스스로 "시각적 오디세이"라고 부른 여정은 여기까지였다.

도트 대고모는 손녀처럼 간호사는 아니었지만, 여러 해 동안 요양원에서 자원봉사자로 일한 경력이 있었다. 그녀는 뇌의 시각 영역 한쪽에 경미한 뇌졸중이 일어났음을 알고 있었다. 또한 환각이 뇌졸중 때문에 발생했고 일시적인 현상에 그치리라고 믿었기 때문에 자신이 미쳐가고 있다고 두려워하지 않았다. 그녀는 단 한 순간도 환각이 '진짜'라고 생각하지 않았지만, 정상적인 시각 상과 얼마나 다른지 관찰했다. 환각은 훨씬 더 세밀하고, 색이 더 밝고, 대부분 그녀의 생각이나 감정과는 무관했다. 그녀는 호기심과 흥미를 느끼면서 환각이 발생하는 동안 꼼꼼히 기록하고 그림으로 나타내려 노력했다. 그녀와 손녀는 왜 그녀의 환각에 구체적인 상이 출현하는지, 그 상이 어느 정도까지 실제 경험을 반영하는지, 직접적인 환경이 그 상을 얼마나 자극하는지 궁금해했다.

그녀는 일련의 환각과 마주쳤는데, 환각은 무정형의 단순한 형태에서 출발해서 복잡한 형태로 발전했다가 다시 단순한 형태로 돌아온 뒤 자취를 감추었다. "환각이 마치 뇌의 위쪽으로 이동했다가 다시 아래쪽으로 내려온 것 같아요"라고 그녀는 말했다. 그리고 자신이 본 것이 비슷한 형태로 변하는 과정, 즉 팔각형이 눈송이로, 점이 이파리로, 갈매기 떼가 올림픽 육상선수로 변하는 과정과 대면했다. 그녀는 얼마 전에 본 것이 환각으로 나타나는 경우를 두 번 목격했다. 신경과 의사의 다윗의 별과 견습 선원 스티커가 그것이다. 그녀는 수선화 꽃다발, 꽃밭, 팔각형의 잔치, 눈송이, 이파리, 갈매기 떼, 수십 개의 크리스마스 종, 여러 장의 견습 선원 스티커에서 '증식'의 경향을 알아차렸다. 그녀는 자신이 하루에 여러 번 기도를 올리는 독실한 가톨릭 신자라는 사실이 기도하는 손을 본 것에 영향을 미치지는 않았을까 궁금해했다. 그녀는 손녀가 "단풍이 들고 있었다"고 말하자, 눈앞에 있던 은색 이파리들이 즉시 울긋불긋하게 변하는 환각을 체험했다. 그녀는 올림픽 육상 선수가 나타난 것은 2008년 올림픽 대회를 앞두고 텔레비전에 끊임없이 예고프로그램이 나온 탓이라고 생각했다. 지적이진 않지만 영리하고 호기심이 많은 노부인이 침착하고 신중하게 자신의 환각을 관찰하고, 누가 시킨 것도 아닌데 신경과 의사가 물어볼 만한 질문을 스스로 떠올렸다는 사실에 나는 강한 인상을 받았으며 감동을 느꼈다.

뇌졸중이나 기타 상해로 시야의 절반을 잃으면 당사자는 그 상실을 인식할 수도 있고, 못할 수도 있다. 신경과 의사인 먼로 콜은 관상동맥 우회술을 받은 뒤 자기 자신에게 직접 신경과 검사를 해본 후에야 시야가 소실되었음을 알게 되었다. 그는 결손을 모르고 있던 것에 아주 놀라서 그에 대해 논문을 썼다. "아무리 영리한 환자라도 반맹이 밝혀지면, 수많은 검사를 통해 밝혀졌는데도 깜짝 놀라는 일이 허다하다."

수술을 받은 다음 날, 시야의 반맹 구역에서 사람들(대부분 아는 사람이었다), 개, 말의 환각이 보이기 시작했다. 그는 헛것이 무서웠다. 그들은 "돌아다니고, 춤추고, 빙글빙글 돌았지만 목적을 알 수 없었다". 종종 그는 "조랑말이 내 팔에 머리를 기대고 있는" 환각을 보았고, 손녀의 조랑

말임을 알아보았다. 그러나 다른 많은 환각들처럼 "색깔이 달랐다". 그는 매번 환영들이 실제가 아님을 명확히 알았다.

1976년의 논문에서 신경과 전문의인 제임스 랜스는 열세 명의 반맹 환자를 상세히 묘사했는데, 환자들은 항상 부조리하고 부적절하다는 사실만으로도 환각임을 알아보았다고 강조했다. 예를 들어, 기린과 하마가 베개 위에 앉아 있거나, 우주인이나 로마 병사가 베개 위에 앉아 있는 등의 환영이었다. 다른 내과의들도 비슷한 사례를 보고했고 어떤 환자도 환각을 실물로 혼동하지 않았다.

따라서 나는 영국의 한 내과의로부터 다음과 같은 편지를 받았을 때 놀라움과 흥미를 느꼈다. 그 의사의 86세 된 아버지 고든 H.는 오래전부터 녹내장과 황반변성을 앓고 있었다. 그는 한 번도 환각을 경험하지 않았지만, 최근 우뇌 측두엽에 작은 뇌졸중이 찾아왔다. 그는 "아주 정신이 멀쩡하고 지적으로도 대체로 온전했지만" 다른 문제가 발생했다고 그의 아들은 설명했다.

아버지는 시력을 회복하지 못하고 좌측 반맹을 얻었습니다. 그러나 뇌가 손실된 부분을 채워주는지, 시력 상실을 거의 의식하지 못합니다. 하지만 흥미롭게도 시각적 환각, 그 충전물은 항상 맥락에 민감하거나 조화롭습니다. 예를 들어 아버지는 시골 지역을 걷고 있을 때 왼쪽 시야로 수풀과 나무 또는 멀리 있는 빌딩을 봅니다. 그러다가 오른쪽 시야로 보려고 몸을 돌리면 그것들이 없다는 사실을 알게 됩니다. 환각은 아버지의 시력을 이음매 없이 채우는 것 같습니다. 주방 벤치에서 아버지는 벤치 전체를 "보고", 게다가 왼쪽 시야에서 그릇이나 접시를 인지합니다. 하지만 고개를 돌리면 사라집니다. 애초에 없는 것이었으니까요. 하지만 벤치는 여전히 전체가 보이고, 환각과 실제 지각을 이루는 부분은 전혀 구분되지 않습니다.

고든 H.의 정상적인 오른쪽 시지각은 정상적인 능력과 세밀함으로 즉시 왼쪽에 나타나는 정신적 구성물인 환각의 상대적 궁핍함을 드러낸다. 그러나 아들이 주장하는 것처럼 그는 양자를 구분하지 못한다. 경계에 대한 의식이 없어서 두 절반이 연속적으로 느껴지는 것이다. H.와 같은 경우는 내가 아는 한 유일무이하다.[2] 그는 반맹에서 흔히 보고되는 이상스럽고 전후 관계가 완전히 어긋난 환각을 전혀 겪지 않았다. 그의 환각은 그의 환경과 잘 뒤섞이면서 그가 잃어버린 시지각을 "완성"해주는 듯하다.

1899년 가브리엘 안톤은 피질 손상으로(대개 양쪽 후두엽에 발생한 뇌졸중 때문에) 전맹이 된 환자들이 그 사실을 인식하지 못하는 특이한 증후군을 묘사했다. 환자들은 다른 모든 면에서는 정신이 온전하지만, 자신이 완전히 잘 볼 수 있다고 주장하곤 한다. 심지어 낯선 장소를 대담하게 걸어 다니는 등 눈이 잘 보이는 것처럼 행동하기도 한다. 그러다가 가구에 부딪히면 가구를 최근에 옮겼다거나 방이 너무 어둡다는 식으로 변명한다. 안톤증후군을 보이는 한 환자는 방 안에 있는 낯선 사람

---

2. 나에게 보낸 편지에서 제임스 랜스는 이렇게 말했다. "나는 H.처럼 주변 환경에서 정보를 끌어오는 환각을 본 적이 없습니다."

을 묘사해보라고 하자, 완전히 틀리긴 했지만 유창하고 자신 있게 묘사했다. 합리적이거나 상식적인 주장, 증거, 호소는 씨도 안 먹힌다.

안톤증후군이 어떻게 잘못된 옹고집 같은 믿음을 만들어내는지는 분명하지 않다. 왼쪽 지각과 공간을 잃은 환자들에게도 그와 유사한 옹고집 같은 믿음이 있지만, 그들이 반쪽 세계에서 살고 있다는 사실을 그들에게 입증할 수 있다. 그런 증후군들, 즉 질병 불각증은 우뇌에 손상이 왔을 때에만 발생하는 것으로 보아 우뇌가 신체적 정체감과 특별한 관련이 있는 것으로 보인다.

훨씬 이상하고 특이한 사례가 1984년 바버라 E. 스워츠와 존 C. M. 브러스트의 논문을 통해 소개되며 이 주제를 풍부하게 했다. 그들의 환자는 망막 손상으로 양안의 시력을 모두 잃어버린 지적인 남성이었다. 평소에 그는 자신이 실명했음을 알고 장님처럼 행동했다. 하지만 그는 알코올중독자이기도 해서 떠들썩한 술판에서 두 번이나 자신의 시력이 돌아왔다고 믿었다. 스워츠와 브러스트는 다음과 같이 묘사했다.

이 증상이 발현되면 그는 눈이 보인다고 믿었다. 예를 들어 그는 도움을 청하지 않고 혼자 걸어 다니거나 텔레비전을 보았고, 프로그램을 보고 나면 친구들과 그에 대해 이야기할 수 있다고 주장했다. … [그는] 시력표에서 20/800에 있는 글씨를 읽지 못하고(미국에서는 20피트 거리를 기준으로 몇 피트 거리에서 그 글씨를 읽을 수 있는지를 기준으로 시력을 측정함. 20/20은 우리나라의 1.0에, 20/200은 0.3에 해당—옮긴이), 왼쪽 눈앞에 밝은 불빛을 들이대거나 손을 움직여도 감지하지 못했다. 그런데도 자신이 볼 수 있다고 하면서 질문을 받으면 그럴듯하게 꾸며낸 이야기를 내놓았다. 예를 들어, 그는 검

사실의 상태나 자신과 이야기를 나누고 있는 두 의사의 생김새를 잘도 설명했다. 구체적인 면에서 그의 묘사는 완전히 틀렸는데도 그는 자신이 틀렸다고 인정하지 않았다. 하지만 그는 실제로 존재하지 않는 것들을 보고 있다고 시인했다. 예를 들어, 검사실이 작은 아이들로 가득 차 있으며, 아이들은 모두 같은 옷차림새를 하고 있고, 몇몇은 벽을 통과하여 드나들고 있다고 묘사했다. 또한 구석에서 개 한 마리가 뼈를 뜯고 있다고 설명했고, 그런 뒤 방의 벽과 바닥이 오렌지색이라고 말했다. 그는 아이들, 개, 벽의 색깔은 환각임을 인정했지만 다른 시각적 경험은 진짜라고 주장했다.

다시 고든 H.로 돌아가보자. 모험적이긴 하지만 나는 우뇌 후두엽 손상으로 인해 (이런 증후군이 묘사된 적이 있는지 모르겠지만) 반쪽 안톤증후군이 발생했다고 추측하고 싶다. (랜스의 환자들과 달리) 그의 환각은 시야 중 온전한 부분에서 지각된 내용으로부터 정보와 형태를 얻으며, 오른쪽의 온전한 지각과 이음매 없이 맞물린다.

H.는 단지 고개만 돌리면 자신이 속고 있음을 확인할 수 있지만, 확인하고도 양쪽을 모두 잘 볼 수 있다는 확신은 흔들리지 않는다. 그는 옆에서 추궁하면 '환각'이라는 단어를 인정하겠지만, 인정하면서도 한편으로 환각이 자신에게 진실하고 자신은 실재를 환각으로 보고 있다고 확실히 느낄 것이다.

10장

헛소리를 하는 사람들

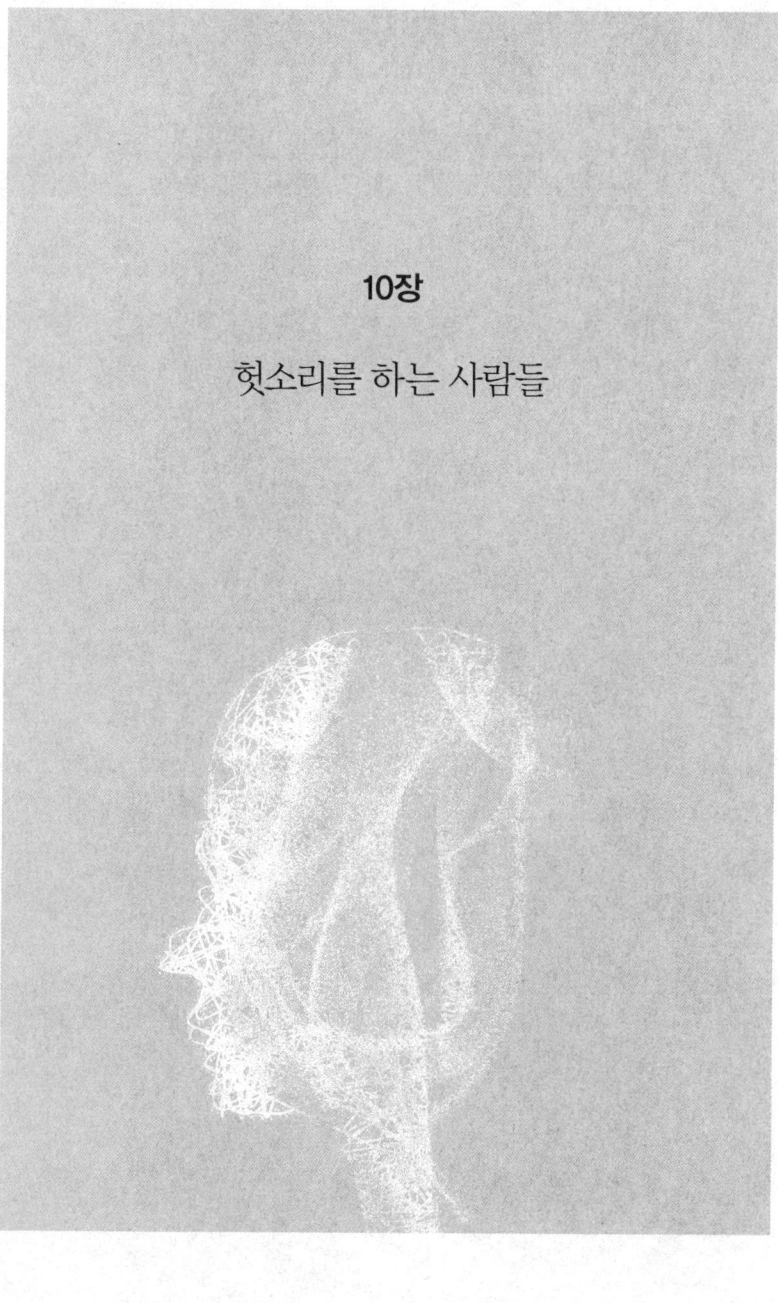

1950년대에 런던 미들섹스병원에서 의대생으로 공부하던 시절, 나는 섬망을 겪는 환자들을 많이 보았다. 섬망은 고열을 수반한 감염병 또는 신부전, 폐 질환, 당뇨 조절 실패 같은 문제들로 인해 의식이 요동치는 상태를 말한다. 그런 요인들은 모두 혈액의 화학작용에 격렬한 변화를 가져올 수 있다. 어떤 환자들은 약물 치료 때문에, 특히 통증 완화를 위해 맞은 모르핀이나 아편제 때문에 섬망 상태에 빠진다. 섬망 환자들은 거의 신경 병동이나 정신 병동이 아니라 내과 병동이나 외과 병동에 있었다. 섬망은 대개 건강상의 문제가 있다는 징후, 즉 뇌를 포함하여 몸 자체에 병이 있다는 증거였고, 건강 문제가 해결되면 서서히 사라졌다.

지적 기능이 온전하더라도 건강 문제나 약물 치료에 대한 반응에 있어서 나이로 인해 환각이나 섬망의 발병도가 높아질 수 있으며, 특히 다중 약물 치료를 자주 시행하는 오늘날에는 더욱 그럴 수 있다. 양로원에서 일하는 동안 나는 때때로 10여 가지 이상의 약물 치료를 받는 환자들을 보았다. 약물들은 서로 복잡하게 상호작용하기 쉽고, 드물지 않게 환자

를 섬망 상태로 몰아간다.[1]

　미들섹스병원의 내과 병동에는 신부전으로 죽어가던 제럴드 P.라는 환자가 있었다. 그의 신장은 더이상 혈액에 쌓여가는 요소尿素의 독소 수치를 낮추지 못했고, 그는 섬망 상태에 빠져 있었다. 제럴드 P.는 일생 동안 대부분 실론의 차 농장에서 감독관으로 일했다. 나는 이 사실을 차트에서 읽었지만 그가 섬망 상태에서 내뱉는 말을 잘 종합해도 알 수 있었을 것이다. 그는 한 생각에서 다른 생각으로 거칠게 연상하고 건너뛰면서 쉬지 않고 말을 내뱉었다. 나의 담당 교수는 그가 "헛소리를 지껄인다"고 했다. 사실 처음에는 그의 말을 거의 알아듣지 못했지만 점차 귀를 기울이니 더 많은 것이 이해되었다. 나는 가급적이면 많은 시간을 그의 곁에서 보내기 시작해서 때로는 하루에 두세 시간 동안 그의 이야기를 들었다. 나는 상형문자로 된 그의 헛소리 안에 사실과 공상이 어떻게 뒤섞여 있는지, 그가 길고 다양했던 삶의 다사다난한 사건과 열정을 어떻게 회상하고 어떻게 환각으로 경험하는지 이해하기 시작했다. 마치 꿈을 몰래 들여다보는 것 같았다. 처음에 그는 딱히 누군가에게 말을 하지 않았지만, 내가 질문을 던지자 질문에 응답했다. 나는 누군가 들어주는 사람이

---

1. 생명을 위협하는 건강 문제와 관련이 있는 명백한 섬망 외에, 의사를 찾지 않을 정도로 약하고 경미한 섬망을 겪는 사람들도 적지 않다. 그들은 섬망 증세를 무시하거나 망각한다. 1907년, 가워스는 편두통에는 "나중에 전혀 기억나지 않는 조용한 헛소리가 수반되곤 한다"고 썼다. 항상 섬망에 대한 정의는 일치하지 않았다. 디미트리오스 아다미스와 그의 동료들이 그 주제에 관한 평론에서 지적했듯이, 섬망은 다른 상태와 혼동되곤 한다. 히포크라테스는 "현재 우리가 섬망이라 부르는 임상증후군를 무려 열여섯 개의 이름으로 지칭했다"고 한다. 19세기에는 정신이상 치료에서 또 한 번의 혼동이 일어나서, 게르만 베리오스가 지적했듯이 정신이상을 만성적 섬망délire chronique이라고 지칭했다. 심지어 오늘날에도 이 전문용어는 애매함에서 벗어나지 못하고 때때로 중독성 정신병이라고 불린다.

있어서 그가 기뻤으리라고 생각한다. 그는 섬망 상태에서 덜 흥분하고 더 조리 있었다. 며칠 뒤, 그는 평화롭게 숨을 거뒀다.

1966년에 신경과 전문의로 첫발을 내디뎠을 때, 나는 만성질환자들의 고향이나 다름없는 브롱크스의 베스에이브러햄병원에서 일을 시작했다. 그곳의 한 환자 마이클 F.는 지적인 남성으로, 여러 가지 문제가 있었지만 특히 중증 간염으로 인해 간에 심한 손상과 경변이 있었다. 그에게 남아 있는 작은 간은 정상적인 식사에 대처하지 못하기 때문에 단백질 섭취를 엄격히 제한해야 했다. 마이클은 이 조처를 받아들이기 힘들어했고, 기회만 있으면 사람들을 "속이고서" 자신이 좋아하는 치즈를 조금씩 먹었다. 그러나 어느 날 정도를 지나친 듯, 거의 혼수상태로 발견되었다. 즉시 호출을 받고 내가 병실에 도착했을 때 마이클은 혼미함과 광적인 흥분을 오가는 특이한 상태에 있었다. 중간에 잠깐씩 그는 "정신을 차리고" 현재 상황을 이해하는 통찰력을 보였다. 한번은 이렇게 말했다. "난 이 세계를 벗어났소. 단백질에 취해버렸군."

지금 어떤 느낌이냐고 묻자 그가 대답했다. "꿈을 꾸는 것 같고, 혼란스럽고, 약간 미쳤고, 정신이 멍해요. 하지만 내가 취했다는 것을 나도 알고 있소." 그의 관심은 거의 무작위로 이 물건 저 물건으로 달려가서 일일이 만져보는 데 쏠려 있는 듯했다. 그는 아주 불안정했고, 온갖 종류의 불수의[무의식적] 운동을 보이고 있었다. 당시 나에겐 나만의 뇌전도 기계가 있었다. 기계를 끌고 와 그를 검사해보니 뇌파가 대단히 느린 상태였다. EEG에는 '간파'(간 기능 장애로 정신신경 증상이나 의식 장애가 생길 때 나타나는 특징적인 뇌파―옮긴이)뿐 아니라 다른 문제들도 나타났다.

하지만 다시 저단백 식사로 돌아오자 그는 24시간 내에 정상으로 회복되었고, EEG도 멀쩡해졌다.

많은 사람들, 특히 어린아이들은 고열을 앓을 때 섬망을 경험한다. 에리카 S.라는 여성은 그때를 회상하며 편지를 썼다.

열한 살 때, 어느 날 학교에서 돌아와 수두와 고열을 앓았어요. … 열이 치솟을 땐 내 몸이 줄어들었다 늘어났다 하는 무서운 환각을 경험했고, 그동안 시간이 아주 길게 느껴졌어요. … 숨을 쉴 때마다 몸이 계속 부풀어 오르는 것처럼 느껴져서 결국 피부가 풍선처럼 터질 거라고 믿게 되었죠. 아주 고통스러울 때에는 갑자기 정상적인 크기에서 기괴할 정도로 뚱뚱한 사람으로… 풍선 인형처럼… 커져 버린 듯했어요. 나는 틀림없이 피부가 더이상 감당 못해서 내장이 터져 나오고, 부풀어 오른 몸 때문에 땀구멍들이 커져서 피가 콸콸 흘러나올 것이라 믿고서, 내 몸을 내려다보곤 했죠. 그러나 몸의 크기는 정상으로 보였어요. … 그런데 계속 보고 있으면 그 과정이 역전되곤 했어요. 내 몸이 줄어들고 있는 것처럼 느껴졌죠. 팔과 다리가 점점 더 얇아지고… 앙상해지고, 뼈쩍 마르고, 만화처럼 가늘어지고(〈증기선 윌리〉에 나오는 미키마우스의 다리처럼), 결국 연필처럼 가늘어져서, 내 몸이 완전히 사라질 거라는 생각이 들었죠.

조제 B.도 어린 시절에 열병을 앓을 때 겪은 '이상한나라의앨리스증후군'에 대해 편지를 썼다. 그녀는 "믿을 수 없이 커지거나 믿을 수 없이 작아진 느낌이 들었고, 때로는 두 느낌이 동시에 들었다"고 기억했다. 또한 자기 수용 감각, 즉 자신의 자세에 대한 지각이 왜곡되는 것을 경험했다. "어느 날 저녁, 침대에 누웠는데 잠이 오지 않았어요. 사실 침대에 누울 때마다 내가 서 있는 느낌이 들곤 했죠." 시각 환각도 찾아왔다. "갑자기 나에게 사과를 던지는 카우보이들이 보였어요. 나는 엄마의 화장대로 뛰어 올라가 립스틱 뒤에 숨었어요."

엘런 R.이란 다른 여성은 율동적으로 고동치는 시각 환각을 경험했다.

매끄러운 표면이 "보이곤" 했어요. 유리 같기도 하고, 연못의 수면 같기도 했어요. … 마치 한가운데에 조약돌을 떨어뜨린 것처럼 동심원들이 가장자리로 퍼져 나갔죠. 이 율동은 천천히 시작되었지만… 속도가 빨라져서 표면이 끊임없이 출렁거렸고, 그러는 동안 흥분도 점점 고조됐어요. 결국 율동이 느려지고 표면이 잠잠해지면, 나도 긴장이 풀리고 차분해졌답니다.

때로는 섬망 상태에서 커졌다가 줄어들었다 하는 낮고 굵은 허밍 소리가 들리기도 한다.

많은 사람들이 섬망 상태에서 신체상이 부풀어 오르는 경험을 이야기하는 반면, 데번 B.는 열병을 앓을 때 신체가 아닌 정신적, 지적 팽창을 경험했다.

정말 이상한 점은 감각적 환각이 아니라 추상적 개념의 환각이었다는 거예요. … 엄청나게 큰 데다 계속 더 커지고 있는 숫자(숫자가 아니라면, 내가 절대 정의할 수 없는 어떤 것)를 보고 갑자기 공포를 느꼈죠. … 내가 복도를 왔다 갔다 하던 것이 기억납니다. … 기하급수적으로 커지는, 불가능한 숫자로 인해 공황과 공포는 커져만 갔죠. … 내가 걱정한 것은 이 숫자가 세계의 아주 기초적인 가르침을 위반하고 있다는 점이었어요. … 우리가 절대 위반하지 말고 간직해야 하는 어떤 가정 말이에요.

나는 이 편지를 보고 블라디미르 나보코프가 겪은 수학적 섬망이 생각났다. 그는 자서전《말하라, 기억이여》에서 불가능할 정도로 큰 숫자들과 씨름하는 장면을 묘사했다.

조그만 아이였을 때 나는 수학에 남다른 적성을 보였고, 뛰어난 재능이 없는 청소년 시절에는 수학에 완전히 빠져 살았다. 이 재능은 후두염이나 성홍열을 앓으며 몸부림칠 때 끔찍한 역할을 했다. 그때마다 나는 거대한 구체들과 엄청나게 큰 숫자들이 빠개질 듯 아픈 뇌 안에서 무자비하게 부풀어 오르는 것처럼 느꼈다. … 내가 읽은 책에는… 예를 들어 3,529,471,145,760,275,132,301,897,342,044,866,171,392의 17제곱근을 정확히 2초 만에 계산해내는 인도 수학자 이야기가 있었다(이 숫자가 맞는지 확신할 순 없지만, 어쨌든 그 근은 212였다). 그렇게 해서 괴물들이 섬망을 틈타 번성했고, 그것들이 나를 꽉 채워서 내가 밖으로 쫓겨나는 비극을 막을 수 있는 유일한 방법은 그것들의 심장을 뽑아내 죽이는 것이었다. 하지만 그것들은 너무 강했고, 나는 일어나 앉아서 힘들게 헛소리 같은 문장을 만들어가며 어머니에게 상황을 설명했다. 어머니는 헛소리 밑에 감춰져 있는, 어머니만이 알고 있는 느낌을 알아보았고, 어머니의 이해는 나의 팽창하는 우주를 다시 뉴턴의 척도로 되돌리곤 했다.

어떤 사람들은 꿈이나 환각제 경험이 그렇듯, 섬망의 환각과 이상한 생각들도 순간적으로 풍부한 감정적 진실을 보여줄 수 있거나 실제로 그러는 것 같다고 느낀다. 그뿐만 아니라, 깊은 지적 진리를 깨우치거나 완성하는 순간이 올 수도 있다. 1858년, 앨프리드 러셀 월리스는 동식물의 표본을 수집하고 진화의 문제를 숙고하면서 10년째 세계를 여행하던 중, 말라리아에 걸렸을 때 불현듯 자연선택이라는 개념을 생각해냈다. 그가 이 이론을 써서 보낸 편지에 힘을 얻어 다윈은 이듬해에 《종의 기원》을 발표했다.

로버트 휴스는 고야에 관한 책의 첫머리에서, 치명적인 자동차 사고에서 회복하는 동안 겪었던 장기적인 섬망을 묘사했다. 그는 5주간 혼수상태에 있었고, 일곱 달 가까이 입원해 있었다. 그는 (중환자실에서) 집중치료를 받던 경험을 다음과 같이 설명했다.

사람의 의식은 … 약물, 삽관, 강렬하고 지속적인 불빛, 움직일 수 없는 상태 등으로부터 이상한 영향을 받는다. 이런 것이 길고 이야기 같은 꿈, 환각 또는 악몽을 불러일으킨다. 그것들은 일반적인 꿈보다 훨씬 무겁고 답답해서 탈출할 수 없을 것만 같은 무서운 성격을 띤다. 그 바깥에는 아무것도 없고, 시간은 미로 속에서 완전히 녹아버린다. 많은 시간 동안 나는 고야에 관한 꿈을 꾸었다. 물론 그는 진짜 화가가 아니라 나의 두려움에 투사된 환영이었다. 내가 그에 관해 쓰려고 했던 책은 벽에 부딪힌 상태였다. 나는 교통사고를 당하기까지 몇 년 동안 한 글자도 나아가지 못하고 있었다.

이상한 섬망 상태에서 변형된 고야가 나타나 그를 조롱하고 괴롭혔으며, 그를 속여서 지옥 같은 곳으로 끌고 갔다. 나중에 휴스는 "기이하고 강박적인 환영"을 다음과 같이 해석했다.

나는 글로 고야를 "포획"하길 바랐지만, 오히려 그가 나를 감금했다. 나는 무지한 열정 때문에 탈출구가 전혀 보이지 않는 함정에 빠졌다. 나는 그 책을 쓸 수 없었을 뿐 아니라, 나의 주인공은 그 사실을 알고 나의 무능력을 광적으로 재미있어했다. 이 굴욕적인 속박에서 벗어나는 길은 하나뿐, 그것을 깨부수는 것이었다. … 고야는 주관적인 세계에서 너무나 중요했기 때문에, 공정하게 평가하든 못하든 간에 그를 포기할 수 없었다. 작가가 장애물을 극복하기 위해 장애물이 있는 복도와 함께 건물 자체를 폭파해버리는 것과 같았다.

앨리시아 헤이터의 《아편과 낭만적 상상Opium and the Romantic Imaginationn》에 따르면, 이탈리아 화가인 피라네시는 "말라리아로 섬망 상태에 빠졌을 때 〈상상의 감옥Imaginary Prisons〉이라는 동판화의 아이디어를 얻었다"고 한다. 피라네시는 이 병을 다음과 같이 요약했다.

그는 고대 로마의 무너진 유적을 탐험하는 동안 … 늪지대에서 나오는 밤의 독기에 쏘이고 말았다. 그는 어김없이 말라리아에 걸렸고, 그에게 찾아온 환영은 높은 체온뿐 아니라 아편 때문에 나타나는 듯했다. 당시 아편은 학질이나 말라리아에 쓰이는 일반적인 치료제였다. … 섬망과 열병을 앓을 때 생겨난 상은 그 후 의식을 완전히 되찾고 조심스럽게 일하는 동안에도 여러 해에 걸쳐 계속 나타났고, 정교한 모습을 유지했다.

섬망은 음악 환각을 불러일으킬 수 있다. 케이트 E.는 다음과 같이 편지를 썼다.

열한 살쯤 고열로 쓰러져서 침대에 누워 있을 때, 천상의 음악 같은 것이 들렸어요. 천사들의 합창이라고 짐작했지만, 그래도 이상했어요. 지금도 그렇지만 천국이나 천사를 믿지 않았으니까요. 그래서 크리스마스 성가대가 우리 집 앞에 와서 캐럴을 부르고 있다고 결론 내렸죠. 1분 정도 지나서 지금이 봄이란 사실을 깨달았어요. 분명히 환각이었죠.

많은 사람들이 음악의 시각적 환각, 즉 벽과 천장이 온통 기보법으로 뒤덮이는 환각을 적어 보냈다. 크리스티 C.는 이렇게 회상했다.

어린 시절에 아프면 고열에 시달리곤 했어요. 그때마다 환각이 나타났습니다. 음표와 가사로 이루어진 시각적 환각이었고, 음악은 들리지 않았죠. 열이 올라가면 음표들과 음자리표들이 무질서하게 뒤섞인 채 나타났어요. 음표들이 화를 내는 것 같아서 마음이 불안했답니다. 선과 음표는 뒤죽박죽이었고, 때로는 둥근 공 모양을 이루었어요. 나는 몇 시간 동안이나 머릿속으로 그것들을 매끄럽게 펴고 조화나 질서를 부여하려고 애썼어요. 어른이 되어서도 열이 올라가면 그와 똑같은 환각 증세에 빠지곤 합니다.

열병이나 섬망은 촉각 환각을 유발할 수도 있다. 조니 M.은 이렇게 묘사했다. "어린 시절에 고열을 앓을 때면 아주 기이한 촉각 환각을 겪곤 했어요. … 간호사의 손길이 아름답고 매끄러운 도자기에서 거칠고 차갑게 느껴지는 잔가지의 느낌으로 변하거나, 침대 시트가 쾌적한 공단에서 흠뻑 젖은 무거운 담요로 바뀌곤 했습니다."

열병은 섬망의 가장 흔한 원인으로 보이지만, 대사성 원인이나 독성 원인은 열병처럼 쉽게 드러나지 않을 수 있다. 의사 친구 한 명에게 최근에 그런 일이 일어났다. 이사벨 R.은 두 달 동안 갈수록 몸이 약해지고 때때로 혼동을 겪었다. 결국 무반응 상태가 되어 병원으로 실려갔고, 환각과 망상이 수반된 화려한 섬망 증세를 보였다. 그녀는 병실의 벽에 걸린 그림 뒤에 은밀한 실험실이 있으며 내가 그녀에 대한 일련의 실험을 감독하고 있다고 확신했다. 검사 결과, 그녀는 칼슘과 비타민D의 수치가 극히 높았다(골다공증 때문에 많은 양을 복용하고 있었다). 독소 수치들이 떨어지자 망상은 즉시 사라지고 그녀는 정상으로 돌아왔다.

망상은 예로부터 알코올 독성이나 금단 현상과 관련이 있다고 여겨졌다. 에밀 크레펠린은 1904년의 훌륭한 저서 《임상 정신의학 강의Lectures on Clinical Psychiatry》에서, 와인을 매일 6~7리터씩 마신 끝에 진전 섬망에 걸린 어느 여인숙 주인의 병력을 소개했다. 그는 불안정했고, 몽환 상태에 빠져 있었다. 크레펠린은 그의 상태를 이렇게 설명했다.

구체적인 실제 지각들이 … 매우 생생한 수많은 오지각들과 뒤섞이는데, 특히 시각과 청각에서 그런 일이 일어난다. 꿈을 꾸는 것처럼 아주 이상하고 놀랄 만한 사건들이 전체적으로 죽 이어지고, 이따금 갑자기 장면이 전환된다. … 시각적으로 생생한 환각, 불안정, 강한 떨림, 알코올 냄새로 보아서, 그는 진전 섬망이라는 임상적 상태의 모든 기본 특징을 보이고 있다.

여인숙 주인은 망상도 겪었는데, 아마 환각 때문에 그런 듯했다.

그에게 질문한 결과, 그는 전기로 처형당할 것이고 또한 총에 맞아 죽을 예정임을 알게 되었다. 그는 이렇게 말한다. "그림이 선명하지 않아요. 매 순간 어떤 사람이 이번에는 여기에, 다음에는 저기에 서서 권총을 들고 나를 기다려요. 눈을 뜨면 그들은 사라져요." 그는 악취를 풍기는 액체가 자신의 머리와 양쪽 엄지발가락으로 주입되었고, 그것 때문에 그림들을 현실로 착각하게 되었다고 말한다. … 그는 열심히 창문을 바라보는데 그 위에서 집과 나무가 나타났다가 사라진다. 눈에 경미한 압력을 가하면 먼저 섬광이 보이고, 다음으로 산토끼, 그림, 세면기, 반달, 사람의 머리가 처음에는 우중충하지만 어느덧 색이 있는 상으로 나타난다.

여인숙 주인이 겪은 망상은 주제나 맥락이 없고 뒤죽박죽인 반면, 어떤 망상에는 여행, 놀이, 영화 같은 느낌이 있어서 환각에 통일성과 의미를 부여한다. 앤 M.은 며칠 동안 고열을 앓고 나서 그런 경험을 했다. 처음에는 잠을 자려고 눈을 감을 때마다 무늬가 보였다. 그녀는 무늬들의 세련미와 대칭성이 에셔M. C. Escher의 그림을 닮았다고 묘사했다.

최초의 그림은 기하학적이었지만 다음에는 괴물 같은 다소 불쾌한 생명체로 발전하더군요. … 그림들은 색이 없었습니다. 잠을 자고 싶었기 때문에 즐겁게 감상하지 않았어요. 일단 하나의 그림이 완성되면 똑같은 그림들이 복제되어 시야의 4분면이나 6분면이나 8분면을 채우곤 했습니다.

이런 그림에 이어서 브뤼헐의 그림을 떠올리게 하는 풍부한 색감의 상이 나타났다. 이 상도 갈수록 괴물들로 들어차고 여럿으로 복제되어서, 결국 동일한 작은 브뤼헐들의 집합으로 변했다.

다음에는 더 급격한 변화가 찾아왔다. 앤은 "1950년대로 돌아가 중국 버스를 타고 중국의 교회들을 둘러보는 선전용 관광"을 했다. 그녀는 버스의 뒤쪽 창문에 중국의 종교적 자유에 관한 영화가 비치는 것을 보았다고 회상한다. 하지만 관점은 계속 변했다. 갑자기 영화와 버스가 각기 이상한 각도로 기울어서, 어느 순간 그녀가 보고 있는 교회의 뾰족탑이 "진짜"인지, 다시 말해 버스 바깥에 있는지, 영화의 일부인지 헷갈렸다. 그녀의 이상한 여행은 고열로 불면증에 시달리는 밤일수록 더 오래 걸렸다.

앤의 환각은 눈을 감았을 때 나타났고, 눈을 뜨면 즉시 사라졌다.[2] 그러나 어떤 섬망은 눈을 뜨고 봤을 때 실제의 환경에 있는 것처럼 느껴지는 환각을 만들어낸다.

1996년에 브라질을 방문하고 있을 때, 나는 대단히 밝은 색과 거의 석판화 같은 성질의, 정교한 이야기 같은 꿈을 꾸기 시작했다. 나의 꿈은 매일 밤새 계속되는 것 같았다. 나는 약간의 열과 함께 위장염을 앓고 있

---

2. 눈을 감았을 때 섬망의 상이 나타나고 눈을 떴을 때 사라지는 현상은 존 메이너드 케인스의 회고록 《미스터 멜키오르 Mr. Melchior》에 아래와 같이 묘사되어 있다.

> 우리가 파리로 돌아왔을 때, 나는 건강이 매우 안 좋아서 이틀 후 침대에 눕혀졌다. 곧 고열이 찾아왔다. … 나는 마제스틱호텔의 스위트룸에 누워서 거의 정신착란에 빠졌고, 아르누보풍 벽지 위에 도드라져 보이는 이미지가 어둠 속에서 감각을 너무 괴롭힌 나머지 전등을 켰을 때 안도감을 느꼈고, 아직 상상의 윤곽이 짓누르는 무시무시한 압박감에서 헤어 나오지 못하고 있었지만 그 이미지의 실제 모습을 보고 나서야 잠시 안도할 수 있었다.

었고, 건강 문제에 아마존강을 따라 여행한다는 흥분이 더해져서 이상한 꿈을 꾸는 것이라고 추측했다. 열이 내리고 뉴욕에 도착하면 이 광란의 꿈이 끝나리라고 생각했다. 그러나 오히려 꿈은 갈수록 더 늘어나고 강렬해졌다. 나의 꿈은 제인 오스틴의 소설이나 〈마스터피스 시어터Masterpiece Theatre〉[3] 같은 성격으로 여유 있게 전개되었다. 환영은 매우 세밀했고, 모든 인물이 〈센스 앤드 센서빌리티Sense and Sensibility〉에 등장한 사람들처럼 옷을 입고, 행동하고, 말했다(놀라웠다. 나는 결코 사교적인 감각과 감성이 풍부한 사람이 아니었고, 소설 취향은 오스틴보다는 디킨스 쪽에 가까웠기 때문이다). 밤중에 가끔씩 일어나 얼굴에 찬물을 묻히고 방광을 비우고 차를 마셨지만, 침대로 돌아가서 눈을 감으면 즉시 제인 오스틴의 세계로 들어갔다. 꿈은 깨어 있는 동안에도 계속 흘러갔고, 다시 들어가보면 내가 없는 사이에 줄거리가 진행된 것 같았다. 한 기간이 흐르고, 새로운 사건이 발생하고, 몇몇 인물이 사라지거나 죽고, 새로운 인물이 무대 위에 나타났다. 꿈이든 섬망이든 환각이든, 매일 밤 찾아와서 정상적인 수면을 방해하는 탓에 갈수록 수면 박탈로 녹초가 되어갔다. 나는 정신분석 전문의에게 이 "꿈"을 설명했는데, 보통의 꿈과는 달리 아주 상세한 부분까지 기억이 났다. 그가 말했다. "대체 무슨 일이오? 그전의 20년보다 지난 2주 사이에 더 많은 꿈을 꾸었군요. 뭘 먹고 있나요?"

나는 대답하지 않았다. 하지만 아마존을 여행하기 전에 말라리아 예방약인 라리암을 일주일간 복용했고, 돌아온 후에도 처방에 따라 두세 번 더 먹었던 것이 기억났다.

---

3. 소설이나 전기를 각색한 미국 텔레비전 시리즈.

《의사용 처방 참고서Physician's Desk Reference》를 찾아봤더니 지나치게 생생하고 화려한 꿈, 악몽, 환각, 정신병 등이 부작용이지만 1퍼센트도 안 된다고 되어 있었다. 나의 친구이자 열대의학 전문가인 케빈 케이힐에게 연락하자, 그는 지나치게 생생하고 화려한 꿈을 꾸는 비율이 30퍼센트에 가깝고 완전한 환각이나 정신이상의 발병률은 훨씬 낮다고 말했다. 나는 그에게 이 꿈이 언제까지 나타날는지 물었다. 한 달이나 그 이상은 지속될 것이라고 그는 대답했다. 라리암은 반감기가 아주 길어서, 몸에서 사라지기까지 그 정도 시간이 걸렸다. 나의 19세기풍 꿈은 시간을 끌긴 했지만 점차 희미해졌다.

시인인 리처드 하워드는 척추 수술을 받은 후, 며칠 동안 섬망 상태에 빠졌다. 수술 다음 날, 병원 침대에 누워서 천장을 보고 있을 때 갑자기 천장의 가장자리를 따라 수많은 작은 동물들이 보였다. 크기는 쥐만 했지만 머리는 사슴 같았다. 그리고 동물과 똑같은 색에 입체감, 생물체의 움직임 등이 아주 생생했다. 그는 "그것이 진짜라고 생각했다"라고 말했고, 병원에 도착한 친구가 그런 것은 보이지 않는다고 하자 화들짝 놀랐다. 그래도 리처드의 확신은 흔들리지 않았다. 단지 화가인 친구가 왜 그렇게 사물을 못 보는지 의아했을 뿐이다(결국 사물을 잘 보는 쪽은 그 친구였다). 자신이 환각을 보고 있을지도 모른다는 생각은 추호도 하지 않았다. 그는 이 현상이 놀라웠지만("사슴 머리를 한 쥐로 몰딩을 조각했다는 말은 듣도 보도 못했다"), 진짜로 받아들였다.

이튿날 리처드는 대학에서 문학을 가르치는 사람답게 놀라운 광경을 보기 시작했고, "문학의 가장행렬"이라는 이름을 붙였다. 의사, 간호사,

병원 직원이 19세기 문학의 등장인물처럼 차려입고 가장행렬을 연습하고 있었다. 리처드는 그들의 수준 높은 공연에 깊은 인상을 받았지만, 다른 구경꾼들은 다소 비판적으로 바라보는 듯했다. "배우들"은 그들끼리 자유롭게 이야기했고 리처드와도 이야기를 나눴다. 가장행렬은 병원 안의 몇 개 층에서 동시에 진행되었고, 그는 전체 행렬을 볼 수 있었다. 바닥이 투명해서 전 층의 공연이 훤히 들여다보였다. 예행연습을 하는 사람들은 그에게 의견을 물었고, 그는 행렬이 아주 매력적으로 영리하게 잘 구성되었고 매우 흥겹다고 말해주었다. 그로부터 6년 후, 그는 내게 그때의 일을 회상하기만 해도 즐겁다고 말하며 빙긋이 웃었다. "큰 특권을 누린 시간이었죠."

진짜 방문객이 오면 행렬은 사라지곤 했다. 리처드는 조심스럽게 눈치를 보며 평소와 같이 방문객들과 대화를 나눴다. 하지만 그들이 떠나면 즉시 가장행렬이 돌아왔다. 리처드는 날카롭고 비판적인 정신의 소유자였지만 섬망에 빠지면 비판 능력은 일시적으로 정지되는 것 같았다. 섬망은 사흘 동안 계속되었고, 아편 물질이나 기타 약물이 섬망을 부추기는 듯했다.

리처드는 헨리 제임스의 열렬한 예찬자였는데, 공교롭게도 제임스 역시 1915년 12월에 폐렴과 고열로 섬망, 그것도 말기 섬망을 겪었다. 프레드 캐플런은 제임스의 전기에 다음과 같이 묘사했다.

그는 다시 상상의 세계로, 이번에는 작가의 길에 첫발을 들인 시절로 거슬러 올라가는, 평생 동안 예술의 힘, 창작의 제국을 가리키는 은유로 삼았던 나폴레옹의 세계로 들어갔다. 그는 새로운 소설을 위해 "자신이 쓰고 있다고 상상하는 소설의 파편들"을 구술하기 시작했다. 그는 자신의 변화된 의식을 중심으로 극을 전개하듯, 자신을 나폴레옹으로, 그의 가족을 보나파르트 왕가로 상상하며 구술했다. … 그는 섭정자의 손으로 윌리엄과 앨리스를 움켜쥐고서 "나의 사랑하고 존경하는 동생들"이라고 불렀다. 이미 각각 나라를 하사한 바 있는 동생들에게, 그는 이제 "이곳 루브르와 튈르리에 있는 몇몇 아파트의 장식"을 위해 자신이 직접 세밀하게 고안한 설계를 감독하고 "그 일을 맡은 예술가들과 기술자들에게 자세히 전달되게 하라"는 책임을 부여했다. … 그는 "제국의 독수리"였다.

구술을 받아 적던 시어도라(제임스의 비서)는 자신이 참을 수 있는 한계에 다다랐다고 느꼈다. "가슴이 찢어지는 일이었어요. 그 상태에서도 놀라운 정신력으로 그의 특징이 완벽히 살아 있는 문장을 구성해냈다는 사실은 정말 특별했습니다."

다른 사람들도 이 사실을 알아보았으며, 대가는 미친 듯 헛소리를 하고 있었지만 그의 문체는 "순수한 제임스", 더 나아가 "말기의 제임스"로 평가받고 있다.

때로 약물이나 알코올의 금단 현상은 환청과 망상이 지배하는 섬망을 불러일으킨다. 환자가 정신분열증과 무관하고 정신병력이 전혀 없더라도 섬망은 사실 중독성 정신병이다. 에벌린 워는 자전적인 소설 《길버트 핀폴드의 시련The Ordeal of Gilbert Pinfold》에서 이 병에 대해 특별한 설명을 들려준다.[4] 워는 몇 년간 고래처럼 술을 퍼마셨고, 1950년대 어느 시점부터는 알코올에 강력한 수면제(클로랄하이드레이트와 브롬화물을 섞어 만든 물약)를 타서 마시기 시작했다. 약은 점점 강해졌고, 워는 자신의 분신인 길버트 핀폴드를 이렇게 묘사했다. "그는 복용량을 신중하게 재지 않고 기분 내키는 대로 술잔에 뿌려 넣었다. 너무 적게 먹어서 몇 시간 후 깨어나면 침대에서 일어나 비틀거리며 약병이 있는 데로 가서는 한 모금 더 꿀꺽 들이켰다."

병들고 불안정한 데다 자신의 기억에 기만당하기까지 하자 핀폴드는 인도 여행으로 건강을 회복하기로 결심한다. 수면제는 2~3일 후 동났지만 취기는 항상 높은 상태로 유지한다. 배가 출항하자마자 청각 환각이 찾아왔고, 대부분은 사람의 목소리이지만 때로는 음악 소리, 개 짖는 소리, 선장과 그의 정부가 가하는 살인적인 구타 소리, 갑판 위에서 거대한 쇳덩이를 던지는 소리가 들린다. 시각적으로는 모든 사물과 사람이 정상이다. 평범한 선원과 승객을 실은 조용한 배가 지브롤터 해협을 지나 지중해로 들어서고 있다. 그러나 청각 환각들이 복잡하고 때때로 앞뒤가 맞지 않는 망상을 만들어낸다. 예를 들어, 지브롤터에 대한 주권을 주장한 스페인이 이 배를 탈취하리라는 생각, 그를 괴롭히는 목소리의 주인들에게는 생각을 읽고 퍼뜨리는 기계가 있다는 생각이 든다.

어떤 목소리는 그에게 직접적으로 비웃고 증오하고 저주하는 말을 퍼

---

4. 나중에 나온 판의 서문에서 워는 이렇게 말했다. "3년 전 워 씨는 아래에 설명한 것과 비슷한 짧은 환각을 한 차례 겪었다. … 워 씨는 '핀폴드 씨'가 전체적으로 자신에 기초한 인물임을 부인하지 않는다." 따라서 《길버트 핀폴드의 시련》은 관찰과 묘사가 뛰어날 뿐 아니라 구성이 치밀하고 전율이 흐르는 작품이지만, 그와는 별도로 기질성 정신병의 자전적 '사례사'로 볼 수도 있다.
W. H. 오든의 말에 따르면 워는 그 시련으로부터 "아무 교훈도 얻지 못했다"고 하지만 적어도 그는 이전에 썼던 작품에서 크게 벗어난 대단히 코믹한 회고록을 쓸 수 있었다.

붓고, 종종 자살을 권한다. 하지만 부드러운 목소리도 들린다(그를 괴롭히는 사람들 중 한 명의 여동생이라 추측했다), 그녀는 그를 사랑하게 되었다고 말하면서 그도 자신을 사랑하느냐고 묻는다. 핀폴드는 그녀의 목소리만 들어서는 안 되고 그녀를 직접 봐야 한다고 말하지만, 그녀는 그것은 불가능하고 "규칙에 위배된다"고 말한다. 핀폴드의 환각은 청각에만 국한되고, 말하는 자를 보면 망상이 깨질 수 있다는 이유로 보는 것은 "허락"되지 않는다.

꿈과 마찬가지로 정교한 섬망과 정신병은 상향식인 동시에 하향식이다. 이 병은 뇌의 '하위' 수준(감각 연합 피질, 해마 회로, 변연계)에서 화산처럼 분출하지만, 또한 개인의 지성, 감정, 상상의 힘 그리고 그가 속한 문화의 믿음과 방식이 구체적인 면을 결정한다.

모든 종류의 약물(치료를 위해 먹든 기분 전환용으로 먹든)뿐 아니라 수많은 의학적, 신경학적 질환도 일시적인 '기질성' 정신병을 낳을 수 있다. 내 마음에 가장 생생하게 남아 있는 환자가 있다면, 뇌염후 증후군 환자이자 대단히 교양 있고 매력이 넘치는 남성인 시모어 L.이다(나는 그와 그의 환각에 대해 《깨어남》에서 짧막하게 언급했다). 파킨슨증 때문에 아주 소량의 엘도파를 투여하면 시모어는 병적으로 흥분했고, 특히 목소리를 들었다. 어느 날 그가 나를 찾아왔다. 그러더니 친절한 사람으로 여겼던 내가 그에게 "시모어, 모자를 쓰고 코트를 입고 병원 옥상으로 올라가 뛰어내리시오"라고 말하는 것을 듣고 충격을 받았다고 했다.

나는 꿈에도 그런 말을 한 적이 없으며, 그가 분명 환각을 겪는 것이라고 대답했다. 그리고 이렇게 덧붙였다. "내가 보이던가요?"

나는 말했다. "다시 그 목소리가 들리면, 주위를 둘러보고 내가 있는지 확인해보세요. 내가 안 보이면 그건 환각입니다." 시모어는 잠시 생각에 잠겼다가 고개를 저었다.

그가 말했다. "그래도 소용없을 겁니다."

이튿날, 그는 다시 모자를 쓰고 코트를 입고 병원 옥상으로 올라가 뛰어내리라고 말하는 내 목소리를 들었다. 그 목소리는 이렇게 덧붙였다. "그리고 주위를 둘러볼 필요가 없소. 진짜로 여기에 있으니까." 다행히도 시모어는 뛰어내리지 않았고, 엘도파를 중단하자 목소리도 멈췄다(3년 후 시모어는 다시 엘도파를 시작했고, 이번에는 섬망이나 정신병의 티를 내지 않고 멋지게 대꾸했다).

11장

수면의 문턱에서

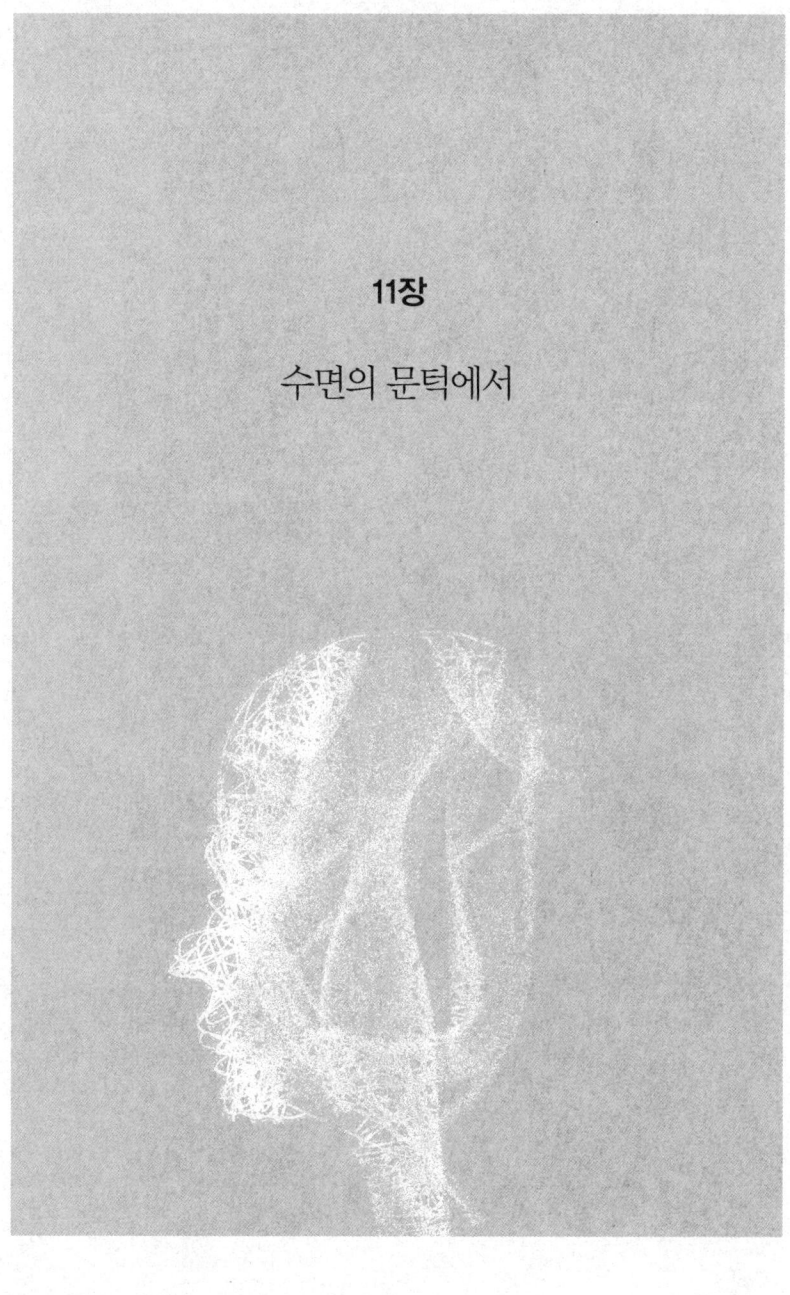

1992년 나는 호주 사람인 로버트 어터의 편지를 받았다. 그는 텔레비전에서 내가 편두통 전조에 관해 이야기하는 것을 보고 이렇게 썼다. "일부 편두통 환자들이 어떻게 눈앞에서 정교한 무늬들을 보는지 설명하셨지요. … 그리고 그것들이 뇌의 깊은 곳에 있는 무늬 생성 기능의 산물일지도 모른다고 추측하셨지요." 내 설명을 들었을 때 그는 잠자리에 들기만 하면 어김없이 겪는 경험이 떠올랐다.

대개 밤에 베개를 베는 순간 일어납니다. 눈을 감으면… 상이 보여요. 그림을 말하는 것이 아닙니다. 대개는 무늬나 결이 나타나죠. 예를 들어, 반복되는 형태, 형태의 그림자, 풍경 속의 풀처럼 이미지의 한 요소, 나뭇결, 잔물결 또는 빗방울…. 몹시 빠른 속도로 아주 이상하게 변합니다. 형태들이 복제되고, 증식하고, 음화로 바뀌는 등… 색이 더해지고, 엷게 칠해지고, 빠져나갑니다. 결이 가장 매혹적입니다. 풀이 모피가 되고, 모낭이 되고, 춤추며 흔들리는 빛줄기가 되지요. 나의 거친 표현으로는 그것들 사이에 나타나는 수백 가지의 변형과 미묘한 변화를 전부 묘사할 수 없습니다.

이 상과 그 뒤에 나타나는 변화는 제멋대로 나타났다가 사라집니다. 그 경험은 그때그때 달라서 몇 초간 지속될 때도 있고 몇 분 동안 지속될 때도 있습니다. 예측할 수 없어요. 현상은 눈 안쪽에서 일어나지 않고, 내 앞의 공간적 차원에서 일어납니다. 상의 강도는 거의 감지할 수 없는 수준에서부터 꿈의 이미지처럼 생생한 수준에 이르기까지 다양합니다. 하지만 꿈과는 달리 감정적 의미는 전혀 없습니다. 매혹적이긴 해도 마음이 움직이진 않아요. … 그 경험은 전체적으로 의미가 결여되어 있다고 여겨집니다.

그는 이 상이 뇌의 시각 영역에 생겨난 일종의 "한가함", 지각의 부재를 의미하는 것은 아닌지 궁금해했다.

어터가 생생히 묘사한 것은 꿈이 아니라 수면 직전에 나타나는 무의식적인 상 또는 유사 환각이며, 1848년 프랑스 심리학자 알프레드 모리가 만들어낸 용어로는 '입면 환각'이라고 한다. 입면 환각은 모르고 지나칠 수도 있지만, 다수의 사람에게서 가끔씩은 나타나는 것으로 추산되고 있다.

모리의 첫 관찰은 자신의 상에 머물렀지만, 프랜시스 골턴은 최초로 많은 대상자들로부터 정보를 수집하고 입면 환각을 체계적으로 조사했다. 1883년의 《인간 능력에 대한 연구 Inquiries into Human Faculty》에서 골턴은 처음에는 극소수의 사람만이 그런 경험을 인정한다고 지적했다. 그가 설문지를 보내면서 그 환각이 성격상 일반적이고 양성이라고 강조한 후에야, 일부 대상자들은 자신의 환각에 대해 편하게 털어놓았다.

골턴은 뜻밖에 자신도 입면 환각을 본다는 사실을 알게 되었다. 그 사실을 깨닫기까지 시간과 인내심이 필요했을 뿐이다. "곰곰이 생각해보기 전에 그런 질문을 받았다면, 분명 어둠 속에서 내 시야는 기본적으로 검은색 일색이고, 이따금 밝은 자주색의 흐릿한 구름이나 그 밖의 작은 변화들이 보일 뿐이라고 큰소리쳤을 것이다." 그러나 자세히 관찰하기 시작하자, 다음과 같은 사실이 드러났다.

무늬와 형체가 만화경처럼 끊임없이 변했지만, 너무 일시적이고 정교해서 아무리 잘 그려도 사실적인 모습에 접근할 수가 없다. 나는 그 다양함에 놀랐다. … 내가 어떤 생각을 하기 시작하면 그것들은 즉시 시야와 기억에서 사라졌고, 신기하게도 내 앞에 자주, 아주 확실히 나타나지만 나는 습관적으로 무시하고 넘어간다.

골턴의 설문에 응한 수십 명 중 조지 헨슬로 목사가 있었다(골턴은 "그의 환영은 나보다 훨씬 생생하다"고 썼다).[1] 헨슬로의 환각 중 하나는 석궁으로 시작해서 날아가는 화살로 변했다가, 별똥별로, 눈송이로 변했다. 그 뒤를 이어서 어느 목사관의 모습이 아주 세밀하게 나타나고, 다음으로 붉은 튤립 화단이 나타났다. 그가 보고하는 시각 연합(예를 들어, 화살이 별이 되고, 그다음 눈송이가 되었다)에서는 상이 빠르게 변했지만 이야기 식의 연속성은 없었다. 헨슬로의 심상은 대단히 생생했지만, 꿈이나 이야기 같은 성질은 전혀 없었다.

헨슬로는 환각이 자발적인 심상과 대단히 다르다고 강조했다. 자발적

---

1. 헨슬로 목사는 캠브리지에서 다윈을 가르치고, 다윈이 비글호에 승선할 수 있는 직위를 갖도록 힘써준 식물학자 존 스티븐스 헨슬로의 아들이다.

인상은 그림처럼 천천히, 조금씩 짜 맞춰지고 일상 경험의 영역에 포함되어 있다고 느껴지지만, 환각은 자동적으로, 불현듯, 완성형으로 나타난다. 그의 입면 환각은 "대단히 아름답고 화려할 때가 아주 많았다. 유리 세공(내가 의식하면서 본 어느 것보다 훨씬 정교했다), 깊은 돋을새김에다 금줄과 은줄을 넣은 장식품, 금과 은으로 만든 화분 받침대 등이 있었고, 색색의 무늬를 정교하게 넣은 화사한 색조의 카펫이 있었다".

골턴은 명료함과 상세함을 보여주는 예로 이러한 묘사를 골랐지만, 헨슬로는 조용하고 어두운 방에서 잘 준비를 하고 누웠을 때 기본적으로 그와 비슷한 환영을 보았다고 묘사한 많은 사람 중 한 명에 불과했다. 환영은 골턴이 직접 본 희미한 상에서부터, 사실상의 환각에 이르기까지 생생함이 아주 다양했다. 물론 그런 환각을 현실로 착각한 사람은 아무도 없었다.

골턴은 입면 환각에 잘 빠지는 기질을 병으로 간주하지 않았다. 소수의 사람들은 자주 경험하고 잠자리에 들 때마다 생생하게 경험하는 반면, (전부는 아니라도) 대부분의 사람들은 가끔씩 경험했다. 입면 환각은 어둡거나 눈을 감은 상태, 수동적인 정신 상태, 막 잠이 들려는 상태 등 특별한 조건이 필요하지만, 정상적인 현상이었다.

1950년대까지 다른 과학자들은 입면 환각에 크게 주목하지 않았다. 그러던 중 피터 매켈러와 그의 연구팀은 수십 년의 연구 계획을 통해 입면 환각을 조사하기 시작했다. 그들은 대규모 집단(애버딘대학교의 학생들)을 대상으로 환각의 내용과 발생률을 자세히 조사하고, 다른 종류의 환각들, 특히 메스칼린이 유발하는 환각과 비교했다. 1960년대에 이르러 그들은 대상자들이 완전히 깨어 있는 상태에서 입면 상태에 이르는 과정을 뇌전도로 조사하여, 지금까지의 현상적 관찰을 보충할 수 있었다.

매켈러의 실험 대상자 중 절반 이상이 입면기의 심상을 보고했고, 청각 환각(목소리, 벨 소리, 동물이나 그 밖의 소음)도 시각 환각만큼 자주 나타났다. 나에게 편지를 보내는 사람들 중에서도 많은 사람들이 개 짖는 소리, 전화벨 소리, 이름 부르는 소리 같은 단순 청각 환각을 적어 보낸다.

에드먼드 윌슨은 《업스테이트Upstate》라는 책에서 많은 사람이 공감할 만한 입면 환각을 묘사했다.

아침에 잠이 완전히 깨기 직전에 전화벨 소리가 울리는 것처럼 들린다. 처음에는 전화를 받으러 가곤 했지만, 전화벨은 울리지 않았다. 이제는 그냥 침대에 누워서, 벨 소리가 계속 울리지 않으면 상상의 소리인 줄 알고 일어나지 않는다.

안토넬라 B.는 잠이 드는 동안 음악을 듣는다. 처음 그런 일이 일어났을 때 "나는 대형 오케스트라가 연주하는, 아주 복잡하고 내가 알지 못하는, 정말 훌륭한 클래식 음악을 들었습니다"라고 그녀는 썼다. 대개 그녀의 음악에는 시각적 상이 전혀 수반되지 않으며, "단지 아름다운 소리들이 나의 뇌를 가득 채운"다.

도서관 사서인 수전 F.는 더 정교한 청각 환각을 경험했다고 썼다.

몇십 년 전부터 막 잠이 들려고 하면 문장을 읽는 소리가 들려요. 그 소리는 항상 문법적으로 정확하고, 대개 영어이고, 주로 남자 목소리예요(몇 번은 여자가 읽었고, 한 번은 내가 알아듣지 못하는 언어였어요. 나는 라틴계 언어들, 중국어, 한국어, 일본어, 러시아어, 폴란드어를 구별할 줄 압니다. 하지만 어느 것도 아니에요). 때로는 "가서 물 한 잔 가져와" 같은 명령문이 들리지만, 그 외에는 진술문이나 의문문입니다. 1993년 여름에 나는 그 말들을 기록했습니다. 이런 문장도 있어요. "일전에 그는 내 앞을 걸어가고 있었다", "이건 아마 네 것일 거야", "그 사진이 어떻게 생겼는지 아니?", "엄마는 쿠키를 조금 먹고 싶어 해", "유니콘 냄새가 나는구나", "가서 샴푸를 가져와". 들리는 문장은 내가 그날, 전날, 그 주 또는 그해에 읽거나 보거나 경험하거나 외운 것과는 아무 상관이 없어요. 대개 긴 여행을 하면서 남편이 운전하고 있을 때, 꾸벅꾸벅 졸음이 밀려와요. 그때 문장들이 아주 빠르게 들려요. 1초쯤 졸고 있을 때, 몽롱한 상태에서 문장을 듣고는 남편에게 그것을 되풀이해요. 그리고 다시 졸음에 빠지면 몽롱한 상태에서 다른 문장이 들려요. 계속 이러다가 잠에서 깨기로 결심하고 정신을 차립니다.

《말하라, 기억이여》에서 나보코프는 잠들 때 경험한 청각 환각과 시각 환각의 심상들을 생생히 묘사했다.

기억이 미치는 한 아주 오래전부터… 나는 약한 환각에 빠져들곤 했다. … 잠이 들기 직전 내 마음의 경계 지대에서, 내 생각의 실제 흐름과는 완전히 별개로 일반적인 대화 같은 것을 의식하게 된다. 누구인지 알 수 없는, 중립적이고 초연한 목소리가 나에게 조금도 중요하지 않은 말을 지껄이는 것이 포착된다. 영어나 러시아어 문장이고, 나에게 하는 말이 아니며, 하도 사소한 말들이라 차마 예를 들지도 못하겠다. … 이 한심한 현상은 수면 전에 나타나는 환영과 청각적으로 짝을 이루는 듯하다. 환영도 나에겐 매우 익숙하다. … 환영은 졸고 있는 관찰자가 끼어들 여지도 없이 나타났다가 사라지지만, 자신의 감각을 여전히 지배하고 있다는 점에서 꿈속의 영상과는 근본적으로 다르다. 환영들은 종종 그로테스크하다. 험상궂은 옆얼굴, 콧구멍이나 귀가 부풀어 오른 야비한 얼굴의 불그스레한 난쟁이가 나를 괴롭힌다. 하지만 때때로 환시는 다소 진정이 되는, 윤곽이 흐릿한 성격을 띠는데, 사실 눈꺼풀 안쪽에 영화처럼 투영된다. 그런 다음 벌집들 사이를 걸어 다니는 희끄무레한 인물이나, 작고 검은 앵무새들이 눈 덮인 산속으로 점차 사라지거나, 움직이는 돛대들 뒤로 연보랏빛의 먼 하늘이 녹아내리는 것을 본다.

입면 환각에 특히 자주 나타나는 환영은 얼굴이다. 안드레아스 마브로마티스는 백과사전 형식의 저서 《입면 환각: 각성과 수면 사이의 독특한 의식 상태Hypnagogia: The Unique State of Consciousness Between Wakefulness and Sleep》에서 1886년에 어느 남성이 묘사한 얼굴을 인용했다.

[그 얼굴은] 어둠 속에서 안개처럼 튀어나와서, 급속히 발전하여 뚜렷한 윤곽을 갖추어가면서 둥근 형태, 선명함, 생생한 현실성을 띤다. 그들이 사라져도 다른 얼굴이 놀라울 정도로 빠르게, 엄청난 수로 나타나서 그 자리를 차지한다. 전에 이 얼굴은 굉장히 추했다. 사람인 것은 맞지만 동물과 닮았고, 그마저도 신의 창조물과 전혀 비슷하지 않고 생김새가 악마 같았다. … 최근에 그 얼굴은 절묘하리만치 아름다워졌다. 이제는 흠잡을 데 없이 완벽한 형

태와 이목구비를 한 얼굴이 무한히 다양하고 무수히 많이 꼬리에 꼬리를 물고 나타난다.

다른 묘사들도 얼굴 환각이 얼마나 흔한지 강조한다. 때로는 저마다 아주 개성적이지만 알아볼 수는 없는 얼굴이 무리지어 나타난다. F. E. 리닝은 1925년에 입면 환각에 관한 논문에서, 얼굴의 강세는 "인간의 마음에 특별한 '얼굴 인식' 성향이 있음을 시사하는 것이 거의 분명하다"고 말했다. 리닝의 "성향"은 시각피질의 분화된 부위에 방추상 얼굴 영역이라는 해부학적 기층과 관련이 있다. 도미니크 피체와 그의 연구팀은 fMRI 연구를 통해 얼굴 환각이 일어날 때 활성화하는 부위가 우뇌의 바로 그 영역임을 보여주었다.

좌뇌의 상동 영역이 활성화하면 사전辭典 환각이 일어날 수 있으며, 목록에는 철자, 숫자, 기보, 때로는 단어나 유사 단어 또는 문장이 포함된다. 마브로마티스의 한 환자는 이렇게 표현했다. "졸고 있거나 잠들기 전… 책을 읽고 있는 듯한 기분이 든다. 활자를 선명히 보고 단어들을 구분하지만 거의 의미가 없는 듯하다. 내가 읽고 있는 것 같은 책은 전혀 익숙하지 않지만, 그날 읽고 있던 어떤 주제를 다루곤 한다."

(입면 환각으로 나타나는 얼굴과 장소의 상은 대개 [누구인지, 어디인지] 알아볼 수 없는 반면, 매켈러와 심슨이 "보속성"이라고 명명한 독특한 부류의 입면 환각도 있다. 환각이나 이른 아침에 마주친 상이 반복적으로 나타나는 현상이다. 예를 들어, 하루 종일 운전하고 있으면 눈을 감아도 죽 늘어선 산울타리나 줄지어 선 나무들이 계속 보인다.)

입면 환각의 심상은 희미하거나 무색일 때도 있지만, 종종 화사하고 흠뻑 배어든 색을 띤다. 아르디스와 매켈러는 1956년 논문에 한 실험 대상자의 묘사를 인용했다. "스펙트럼의 색이 아주 강렬한 햇빛에 적신 듯 매우 선명하다." 다른 과학자들처럼 두 사람도 이 현상을 메스칼린이 유발하는 색의 과장에 비유했다. 입면 환각에서는 밝기나 윤곽이 비정상적으로 뚜렷하고, 그와 함께 그림자나 골이 과장될 수 있으며, 때때로 과장은 만화 같은 인물이나 장면으로 나타난다. 입면 시 나타나는 환영은 "불가능할 정도로" 선명하거나 "현미경적으로" 세밀하다고 많은 사람들이 말한다. 그 상은 지각된 것이라기보다 마치 심안의 시력이 1.0이 아니라 3.0인 것처럼 미세한 입자들의 집합으로 보인다(초시력은 많은 유형의 시각 환각에서 공통된 특징이다).

입면 환각에서는 여러 개의 상이 별자리처럼 나타날 수 있다. 예를 들어, 가운데에 풍경이 자리 잡고 왼쪽 상단 구석에서는 얼굴이 툭 불거지고 가장자리를 따라 복잡한 기하학적 무늬가 나타나는데, 모두 한꺼번에 나타나고 제멋대로 발전하거나 변형된다. 일종의 다초점 환각인 셈이다. 많은 사람들이 사물이나 형상이 여럿으로 증식되는 복시 환각을 보고한다(매켈러의 한 대상자는 먼저 분홍관앵무 한 마리를 보았고, 다음으로 수백 마리의 분홍색 앵무새가 서로 말하는 것을 보았다).

형상이나 사물이 갑자기 사람 앞으로 확대되면서 점점 커지고 세밀해진 다음 뒤로 물러나는 경우도 있다. 입면 환각의 상은 의식 속으로 번쩍 들어오고 1~2초간 머문 뒤 사라지기 때문에 종종 스냅사진이나 슬라이드에 비유되는데, 상이 서로 연결되지 않거나 뚜렷한 연관성이 없어 보이는 다른 상으로 바뀌기도 한다.

입면 환영은 "다른 세계"에서 온 것처럼 느껴지며, 환영을 묘사하는 사람들은 이 표현을 여러 번 되풀이한다. 에드거 앨런 포는 입면 환영이 낯설 뿐 아니라 이전에 본 그 무엇과도 다르다는 점을 강조했다. 그 상은 "절대적으로 새로웠다".[2]

대부분의 입면 환영은 진짜 환각과 다르다. 입면 환영은 진짜처럼 느껴지지 않고, 외부 공간에 투영되지 않는다. 그러나 한편으로는 환각의 특수한 특징을 많이 공유한다. 입면 환영은 비자발적[불수의적]이고, 통제할 수 없으며, 자율적이다. 또한 정상적인 심상과 달리 초자연적인 색과 세부성을 띠고, 빠르고 기이하게 변형을 거친다.

입면 환영 특유의 빠르고 자동적인 변형에는 어터가 암시했듯이 뇌가 "게으름"을 피우고 있다고 짐작하게 하는 측면이 있다. 오늘날 신경학자들은 뇌에서 제 역할을 하지 않고 제멋대로 상을 만들어내는 '불이행 신경망들'이 있다고 말한다. 어쩌면 '유희'라는 과감한 단어를 끌어들여서, 시각피질이 그 모든 순열을 가지고 아무런 목표나 초점, 의미 없이 유희를 벌인다고 말할 수도 있다. 무작위 활성, 즉 수많은 작은 결정 인자들로 이루어져서 어떤 무늬도 반복되지 않는 활성이 발생하는 것이다. 어떤 현상을 들여다봐도, 입면 상태와 같이 무한히 변하고 끊임없이 변하는 무늬

---

2. 입면 환각이 상상력을 확대시키고 풍부하게 해준다고 느낀 포는 환각을 겪는 동안 갑자기 벌떡 일어나서 정신을 차린 뒤 자신이 본 특별한 것을 메모했고, 그 기록을 자신의 시와 단편소설에 집어넣었다. 포의 위대한 번역자인 보들레르도 환영의 독특함에 매료되었고, 아편이나 해시시로 효력을 더하곤 했다. 19세기 초에는 (사우디와 드퀸시뿐 아니라 콜리지와 워즈워스까지 포함하여) 한 세대 전체가 환각의 영향을 받았다. 앨리시아 헤이터는 그녀의 저서《아편과 낭만적 상상력》에서, 에바 브랜은 권위 있는 저서《상상의 세계: 개요와 요지The World of the Imagination: Sum and Substance》에서 이 주제를 탐구했다.

와 형태를 쏟아내는 뇌의 창조성과 연산 능력에 접하기는 어렵다.

마브로마티스는 입면 환각이란 "수면과 각성 중간의 독특한 의식 상태"라고 썼지만, 다른 의식 상태에서도 유사한 점을 보았다. 다시 말해 꿈, 명상, 황홀경, 창조적 상태뿐 아니라 정신분열병, 히스테리, 약물이 유발하는 몇몇 상태에서도 독특한 의식을 보았던 것이다. 입면 환각은 감각성(즉, 시각피질, 청각피질 등에서 만들어지므로 피질성이다)이지만, 개시 과정은 뇌의 기초적인 피질하 부위에서 일어나며, 이것도 입면 환각과 꿈의 공통점일 수 있다고 느꼈다.

그러나 둘은 확연히 다르다. 꿈은 번뜩이는 상이 아니라 일화로 나타나고, 연속성, 통일성, 이야기, 주제를 갖는다. 꿈을 꾸는 당사자는 꿈에 참여하거나 참여하는 동시에 관찰할 수 있지만, 입면 환각에서는 구경꾼으로 머문다. 꿈은 당사자의 소망과 두려움을 불러들이고, 하루나 이틀 전의 경험을 재생하여 기억을 강화하는 데 일조한다. 꿈은 때때로 문제에 대한 해결책을 암시하는 것처럼 느껴지고 개인적 특성이 강하며, 대부분 위로부터 결정되는 '하향식' 창조물이다(하지만 앨런 홉슨은 풍부한 증거를 바탕으로, 꿈도 '상향식' 과정을 사용한다고 주장한다). 이와는 대조적으로 입면 환영 또는 입면 환각은 향상되거나 과장된 색과 세부성과 윤곽, 밝기, 왜곡, 증식, 클로즈업 등 감각적 성질을 지니고 개인적 경험과 분리되는 성향이 있는 '상향성'이 압도적으로 큰 과정이다(물론 이는 단순화한 말이다. 신경계의 모든 수준에서 일어나는 양방향 소통을 감안할 때 대부분의 처리 과정은 상향식인 동시에 하향식이기 때문이다). 입면 환각과 꿈은 둘 다 의식의 특별한 상태로서 깨어 있는 의식과는 다르지만, 그에 못지않게 서로 다르기도 하다.

잠에서 막 깨어날 때 나타나는 출면 환각은 입면 환각과 성격상 근본적으로 다르다.[3] 입면 환각은 눈을 감은 상태에서나 어둠 속에서 보이고, 가상의 공간에서 조용히, 쏜살같이 지나가며, 대개 물리적으로 방 안에 있다고 느껴지지 않는다. 반면 출면 환각은 눈을 뜬 상태에서 밝은 조명에서 나타나고, 외부 공간에 투사되는 경우가 많으며, 완전히 입체적이고 실제적으로 느껴진다. 출면 환각은 때때로 재미나 즐거움을 주지만, 스트레스, 더 나아가 공포의 원인이 되기도 한다. 지향성(의식이 어떤 대상을 향하는 작용 일반—옮긴이)이 가득해 보이고 방금 잠에서 깬 당사자를 당장이라도 공격할 것처럼 느껴지기 때문이다. 입면 환각에는 지향성이 전혀 없으며 경험자는 자신과 무관한 구경거리를 본다.

출면 환각은 대부분의 사람들에게는 이따금 나타나지만, 일부 사람들에겐 빈번히 나타난다. 나는 도널드 피시라는 호주 남성의 편지를 통해 생생한 환각을 알게 되었고, 그 후 시드니에서 그를 만났다. 그가 써 보낸 경험담은 다음과 같다.

평온하게 잠을 잤고 아주 정상적인 꿈을 꾼 것 같은데, 깨어나는 순간 깜짝 놀랍니다. 내 앞에 할리우드에서도 만들어낼 수 없을 것 같은 괴물이 버티고 있습니다. 환각은 약 10초 후 서서히 사라지고, 환각이 보이는 동안 몸을 움직일 수 있습니다. 사실 그냥 움직이는 것이 아니라 공중으로 1피트 정도 펄쩍 뛰어오르며 비명을 지릅니다. … 환각은 점점 나빠지고 있습니다. 이젠

---

3. 출면 환각은 입면 환각보다 발생 빈도가 훨씬 낮고, 어떤 사람들은 잠에서 깰 때 입면 환각을 보거나 잠이 들 때 출면 환각을 본다.

하룻밤에 네 번 정도 나타나죠. 잠자리에 들기가 겁이 날 지경입니다. 내가 본 환각을 적어봤습니다.

거대한 천사의 형상이 검은 옷의 저승사자와 나란히 서서 나를 굽어본다.
내 옆에 썩어가는 시체가 누워 있다.
내 목구멍에 거대한 악어가 틀어박혀 있다.
죽은 아기가 피범벅이 되어 바닥에 쓰러져 있다.
소름 끼치는 얼굴들이 나를 조롱한다.
거대한 거미가 자주 나온다.
거대한 손이 내 얼굴을 덮거나, 방바닥을 지름 5피트 정도나 덮고 있다.
거미줄이 떠다닌다.
새와 곤충이 내 얼굴 속으로 날아 들어온다.
바위 밑에서 두 얼굴이 나를 보고 있다.
나이만 조금 더 들어 보이는 나 자신의 형상이 양복 차림으로 침대 옆에 서 있다.
쥐 두 마리가 감자를 먹고 있다.
색색의 깃발이 무리지어 나를 향해 내려온다.
추하게 생긴 원시인이 텁수룩한 오렌지색 머리를 하고 바닥에 누워 있다.
유리 파편이 나에게 쏟아져 내린다.
바닷가재를 잡는 철사 통발 두 개가 보인다.
빨간색 점이 피를 뿌려놓은 듯 수천 개로 늘어난다.
산더미 같은 통나무들이 나를 덮친다.

흔히 입면 환각과 출면 환각은 어린 시절에 더 생생하고 잘 기억된다고 말하지만, 피시의 환각은 여덟 살에 시작해서 여든이 넘은 지금까지 나타나고 있으니 평생 계속되는 셈이다. 그가 왜 그렇게 출면 환각에 잘 빠지는지는 미스터리로 남아 있다. 그는 출면 환각을 수천 번 겪었지만 충분히 정상적인 삶을 영위하면서 창조력을 꾸준히 발휘해왔다. 뛰어난 상상력을 지닌 그래픽 디자이너이자 시각 예술가인 그는 때때로 초현실적인 환각에서 영감을 얻는다.

피시의 출면 환영은 극단적으로 자주 나타나지만(그리고 그를 몹시 괴롭히지만), 성격상 비정형은 아니다. 엘린 S.는 그녀가 본 입면 환영에 대해 편지를 썼다.

가장 일반적인 경우는 침대에 앉아 있을 때 어떤 사람이 침대 발치에서 약간의 거리를 두고 나를 빤히 쳐다보는 것인데, 그 사람은 늙은 부인일 때가 많습니다(어떤 사람들은 유령이라고 생각하겠지만, 나는 그렇게 생각하지 않습니다). 다른 때에는 폭이 1피트나 되는 거미가 벽을 타고 기어오르거나, 불꽃놀이나, 작은 악마가 침대 발치에서 자전거를 타고 한자리에 멈춰 서 있는 것이 보입니다.

어떤 사람이나 물건이 근처에 '존재'한다는 느낌은 뚜렷한 감각적 성격은 전혀 없으면서도 진짜인 것처럼 사람을 강하게 설득하는 환각 형태로, 그 존재는 악의적으로 느껴질 수도 있고 선하게 느껴질 수도 있다. 그럴 때 경험자는 누군가 있다는 확신을 거부하지 못한다.

내 경우에 출면 환각은 대개 시각적이기보다 청각적이며 다양한 형태를 지니고 나타난다. 출면 환각이 꿈이나 악몽의 마지막일 때도 있다. 한 번은 방구석에서 긁는 소리가 들렸다. 처음에는 벽 속에 쥐가 있겠거니 생각하고 주의를 기울이지 않았다. 그러나 긁는 소리가 갈수록 커지는 바람에 무서워지기 시작했다. 나는 잔뜩 경계한 채 베개를 구석으로 집 어던졌다. 그러나 집어던지는 동작 때문에 잠에서 완전히 깼었고, 눈을 크게 뜨고 보니 꿈속에서 본 병실 같은 방이 아니라 내 침실이었다. 그러나 잠에서 깬 후에도 긁는 소리는 몇 초 동안 계속 크게, 정말 "진짜처럼" 들렸다.

나는 (수면 유도제로 클로랄하이드레이트를 먹었을 때) 꿈속의 음악이 깬 상태로까지 계속 이어지는 음악 환각을 겪었다. 한 번이었고, 모차르트 5중주였다. 나는 정상적인 음악적 기억력과 심상이 그리 강한 편은 아니며, 교향악은 물론이고 5중주에서 나는 모든 악기 소리를 거의 듣지 못한다. 그래서 모차르트를 들으면서 모든 악기의 소리를 구분했던 그 경험은 놀랍고도 아름다웠다. 그보다 정상적인 상태에서 나는 음악적 감수성이 고조된 (그리고 다소 무비판적인) 상태로 출면 환각을 경험한다. 이 상태에서는 어떤 음악이든 즐겁게 들린다. 매일 아침 타이머 라디오 소리에 잠에서 깨면 이런 일이 일어난다. 라디오 주파수는 클래식 방송에 맞춰져 있다(화가인 친구도 이와 비슷하게, 아침에 침대에서 처음 눈을 떴을 때 색감과 질감이 높아진다고 말한다).

최근에 나는 놀랍고 다소 감동적인 시각 환각을 경험했다. 돌이켜보면 무슨 꿈을 꾸고 있었는지, 혹은 꿈을 꾸거나 했는지 기억나지 않지만, 잠에서 깨어보니 턱수염이 까맣고 소심하다기보다 싱글거리며 미소를 짓고 있는 마흔 살의 내 얼굴이 보였다. 얼굴은 약 2피트 정도 떨어져 있었고 실물 크기였으며, 선명하지 않은 파스텔색으로 희미하게 공중에 떠 있었다. 그리고 호기심과 애정이 담긴 눈으로 나를 보는 듯하다가 5초쯤 지나자 흐릿해지며 사라졌다. 환각은 내가 젊은 시절의 나와 이어져 있다는 묘한 향수를 불러일으켰다. 침대에 누워서, 젊은 시절에 거의 여든이 된 지금의 내 얼굴을 본 적이 있는지, 40년의 세월을 건너뛴 출면 환각의 "인사"를 받아본 적이 있었는지 사뭇 궁금했다.

우리는 꿈속에서 대단히 공상적이고 초현실적인 경험을 하지만, 우리가 꿈 의식에 갇혀 있기 때문에 그것을 꿈으로 인정하고, 꿈 밖에서 꿈을 비판적으로 의식하지는 않는다(드물게 발생하는 자각몽[꿈속에서 꿈이라고 알아차리는 것—옮긴이]은 예외다). 잠에서 깨면 꿈의 파편, 작은 조각만 기억하며, 그것을 '개꿈'으로 치부하고 쉽게 넘어간다.

이와 대조적으로 환각은 사람을 깜짝 놀라게 하고, 아주 상세히 기억되는 경향이 있다. 이는 수면과 관련된 환각과 꿈의 현저한 차이점 중 하나다. 나의 동료인 D박사는 평생 출면 환각을 단 한 번, 30년 전에 경험했다. 그러나 그는 환각을 아주 생생히 기억한다.

나른한 여름밤이었다. 나는 가끔 한밤중에 잠에서 깨는데, 이날도 새벽 2시쯤 잠에서 깼다. 그때 옆에 키가 6.5피트[약 198센티미터]나 되는 무시무시한 아메리카 원주민이 서 있었다. 거대한 몸집, 깎아놓은 듯한 근육, 검은 머리와 검은 눈의 남자였다. 그가 나를 죽이려 들면 꼼짝없이 당하리라는 생각과 그는 틀림없이 진짜가 아니라는 생각이 거의 동시에 들었다. 하지만 그는 동상처럼, 그러나 진짜 살아 있는 것처럼 가만히 서 있었다. 온갖 생각이 머리를 스치고 지나갔다. 어떻게 집 안으로 들어왔을까? … 왜 꼼짝하지 않고

서 있을까? … 이것은 분명 현실이 아니다. 하지만 그의 존재는 무서움을 불러일으켰다. 5~10초가 지나자 그는 투명하게 변해 부드럽게 증발하더니, 안개처럼 사라졌다.[4]

출면 환영들의 기이한 성격, 즉 무서운 감정적 반향을 불러일으키고 그 상태에서 피암시성(암시를 받아들이는 경향—옮긴이)을 높이는 성격을 감안할 때, 천사와 악마가 나오는 출면 환영이 경이감이나 공포감을 불러일으킬 뿐 아니라 물리적으로 실재한다고 믿게 되는 것도 충분히 이해할 만하다. 사실 괴물, 귀신, 유령이라는 개념 자체가 환각에 어느 정도 기인하는지 생각해봐야 한다. 육체에서 분리된 영적인 세계를 잘 믿는 개인적, 문화적 성향과 환각이(실재하는 생리학적 기초에서 나오긴 하지만) 결합하면 초자연적인 존재에 대한 믿음을 강화시킬 수 있으리라고 쉽게 상상할 수 있다.

마이어스는 강령회와 영매가 판을 치던 19세기 말의 사람답게, 유령, 귀신, 망령에 대해 광범위한 글을 남겼다. 그 시대의 사람들처럼 그도 사후세계를 믿었지만, 그는 이 개념을 과학적 맥락에서 설명하려 했다. 그는 초자연적인 방문으로 곧잘 해석되는 경험은 특히 출면 상태에서 잘 일

---

4. 1660년대에 스피노자도 친구인 페터 빌링에게 보낸 편지에서 이와 비슷한 환각을 묘사했다.

어느 날 아침 동이 튼 뒤 아주 불쾌한 잠에서 깨어났더니 꿈에서 보았던 상이 눈앞에 현실처럼 아주 생생히 머물러 있었네. 특히 한 번도 본 적 없는 나병에 걸린 시커먼 브라질 사람이 선명하게 보였네. 내가 생각을 돌리기 위해 눈길을 책이나 다른 물건으로 돌리자 그 상은 대부분 사라졌다네. 하지만 구체적인 물건에 주의를 고정하지 않고서 다시 눈을 들면, 즉시 그 흑인의 똑같은 상이 생생하게 자꾸 나타나더군. 결국 그 머리는 사라졌네만.

어난다고 생각하면서도, 한편으로는 영적, 초자연적 영역이 객관적으로 실재한다고 믿었고, 사람의 마음은 꿈, 출면 상태, 황홀경 상태, 몇몇 종류의 간질 같은 다양한 생리적 상태에서 그 영역에 잠깐 접근할 수도 있다고 믿었다. 그러나 동시에 출면 환각은 꿈이나 악몽이 각성 상태에 남긴 파편일지도 모른다고 생각했다. 다시 말해, 깨어 있는 꿈인 셈이었다.

그러나 1903년의 두 권짜리 저서 《인성과 육체적 죽음 이후의 생존Human Personality and Its Survival After Bodily Death》뿐 아니라, 그와 그의 동료들(거니 등)이 환자들의 병력을 모아 편집한 1886년의 《산 자들의 환영Phantasms of the Living》을 읽어보면, 그곳에 묘사된 "심령학적" 또는 "불가사의한" 경험의 대다수가 사실은 환각임을 짐작할 수 있다. 그 경험은 사별, 사회적 고립, 감각 박탈의 상태, 무엇보다 졸린 상태나 혼수상태에서 발생하는 환각으로 여겨진다.

심리 치료사이자 나의 동료인 B박사는 아침에 잠에서 깨면 "파란 드레스를 입은 여자가 밝은 빛에 둘러싸인 채 침대 발치에서 공중에 떠다니는 것을 보는" 열 살 된 남자아이의 이야기를 들려주었다.

그 여자는 친절하고 부드러운 목소리로 자신을 "수호천사"라고 소개했다네. 아이는 무서워서 침대 곁에 있는 등을 켰어. 그러면 상이 사라질 거라고 생각했지. 하지만 여자는 허공에 계속 매달려 있었어. 아이는 방에서 달려 나와 부모를 깨웠지.
부모는 아이를 안심시키려고 꿈이라고 둘러댔다네. 아이는 부모의 말을 믿지 않았고, 그 사건을 이해하지 못했어. 아이의 가족은 종교를 믿지 않았기에 아이는 천사의 상이 낯설고 이상했지. 아이는 점점 더 두려워하기 시작해서, 잠에서 깨면 다시 그 여자가 나타나리라는 두려움 때문에 불면증까지 걸렸다네. 부모와 선생님은 아이가 초조하고 산만하다고 묘사했지만 아이는 갈수록 친구들과의 관계나 교내외 활동에서 멀어졌어. 결국 부모는 소아과 의사를 불렀고, 의사는 아이에게 정신과 검사와 심리 치료를 받게 했다네.

그 아이는 과거에 기능 장애, 수면 장애, 신체적 질병을 앓은 적이 한 번도 없었고 생활에도 잘 적응한 아이 같았어. 상담 치료가 효과가 있어서 아이는 그 치료를 통해 … 자신에게 일어났던 일을 이해하게 되었지. 그 사건이 잠에서 깨어난 직후 흔히 일어나는 환각이라는 걸 말일세.

B박사는 이렇게 덧붙였다. "건강하고 생활에 잘 적응한 사람들 사이에 출면 환각의 유병률[발병률]이 높게 나타나지만, 환각은 잠재적으로 외상을 입힐 수 있기 때문에 그 현상이 당사자에게 어떤 의미가 있고 무엇과 연관되어 있는지를 밝혀내는 것이 매우 중요하다네."

평범한 세계에서 멀리 벗어난 경험은 세계관과 믿음의 체계에 가혹한 시련으로 작용할 수 있다. 이것을 어떻게 이해해야 하는가? 이 사실은 무엇을 의미하는가? 우리는 어린 환자에게서 악몽 같은 환영이 자신의 실재성을 고집할 때 이성이 어떻게 흔들릴 수 있는지 안쓰러운 심정으로 바라보게 된다.

12장

기면증과 몽마夢魔

1870년대 말의 어느 날, 포도주를 만드는 가문 출신의 프랑스 신경과 의사 장-밥티스트-에두아르 젤리노에게 2년 동안 갑자기 거부할 수 없는 잠에 잠깐씩 빠지곤 하는 38세의 와인 상인을 조사할 기회가 찾아왔다. 젤리노에게 왔을 무렵, 그 상인은 하루에 많게는 200번이나 그 증상을 보이고 있었다. 때로는 밥을 먹다 잠이 들어서 나이프와 포크를 놓쳤고, 때로는 말하는 도중에 꾸벅 졸았으며, 극장에 들어가 앉자마자 졸기도 했다. 슬픔이나 행복감 같은 강렬한 감정이 수면 발작을 촉진하기도 했다. 더 나아가 근육의 힘과 긴장이 갑자기 사라지는 이른바 '기립 불능 astasia' 증세를 유발했는데, 그럴 때 그는 의식이 멀쩡한 상태로 무기력하게 쓰러지곤 했다. 젤리노는 기면증(그가 붙인 이름이다)과 기립 불능증(현재에는 탈력 발작cataplexy이라고 부른다)이 동시 발생하는 이 증상을 새로운 증후군으로, 신경학적 근원으로 인한 것으로 간주했다.[1]

 1928년 뉴욕의 외과 의사 새뮤얼 브록은 기면증을 더 포괄적인 관점에서 보았고, 갑작스러운 수면 발작과 탈력 발작뿐 아니라 수면 발작에 이어서 말을 못하거나 움직이지 못하는 마비 증세를 겪는 22세의 젊은 남성의 사례를 소개했다. 수면마비(나중에 붙여진 이름이다) 상태에서 그는 생생한 환각을 겪었고, 다른 때에는 결코 환각을 경험하지 않았다. 기면증에 관한 1929년의 한 평론은 브룩의 사례를 "유일무이하다"고 묘사했지만, 곧이어 수면 발작과 그에 따르는 환각은 결코 드물지 않으며, 두 증세를 기면증후군의 빼놓을 수 없는 특징으로 간주해야 한다는 점이 명백해졌다.

오늘날 시상하부는 '깨어 있는 상태'의 호르몬인 오렉신orexin을 분비하는데, 선천성 기면증이 있는 사람들에겐 이것이 부족하다고 알려져 있다. 두부 손상이나 종양이나 질병으로 시상하부에 손상을 입으면 그로 인해 나중에 기면증이 나타날 수 있다.

완전한 기면증은 치료받지 않으면 정상적인 활동을 못하게 만들지만, 고맙게도 그런 환자는 2,000명 중 1명꼴로 드물게 발생한다(약한 증상은 그보다 꽤 흔할 것이다). 기면증을 앓는 사람들은 흔히 창피해하거나 고립되거나 오해를 받지만(젤리노의 환자는 주정뱅이로 여겨졌다), 부분적으로 기면증 네트워크 같은 조직들 덕분에 오늘날 올바른 인식이 확산되고 있다.

그래도 기면증은 오진의 틈새로 빠져나가곤 한다. 저넷 B.는 성인이 될 때까지 기면증으로 진단받지 못했다고 편지를 썼다. 초등학교에 다닐 때 "입면 환각 때문에 내가 정신분열병에 걸린 줄 알았어요. 6학년 때에

---

1. 빌 헤이스는 《불면증과의 동침Sleep Demons》이라는 저서에서, 거부할 수 없는 압도적인 졸음과 탈력 발작으로 추정되는 증세에 대한 오래된 출처를 소개했다. 그는 거의 알려지지 않은 1834년의 책 《수면의 철학The Philosophy of Sleep》에서 "한창 유쾌함에 젖어 있는 사람에게 졸음이 엄습한다"라는 문장을 인용했는데, 저자는 스코틀랜드의 내과의 로버트 맥니시였다.

는 정신분열병에 관해 리포트를 쓰기도 했어요(그게 내 병이라고는 절대 언급하지 않았죠)"라고 했다. 그리고 그녀는 한참 뒤에야 기면증 모임에 나갔다. "많은 참석자들이 환각을 경험할 뿐 아니라 나하고 완전히 똑같은 환각을 겪는다는 사실을 알고 까무러칠 정도로 놀랐어요!"

최근 기면증 네트워크의 뉴욕 지부가 모임을 가지려 한다는 말을 들었을 때, 나도 참석하여 회원들의 경험담을 듣고 몇몇 회원과 직접 이야기를 나눌 수 있느냐고 물었다. 모임에 온 많은 사람들이 감정이나 웃음과 함께 갑자기 근육의 긴장이 완전히 사라지는 탈력 발작을 겪고 있었고 그에 대해 자유롭게 이야기했다(사실 탈력 발작을 숨기기는 거의 불가능하다. 나는 어떤 사람과 대화를 했는데, 우연히도 코미디언 로빈 윌리엄스의 친구였다. 그는 로빈을 만날 때마다 아예 미리 바닥에 드러눕는다고 말했다. 그렇지 않으면 백발백중 웃음이 유발하는 탈력 발작으로 풀썩 쓰러지기 때문이다). 그러나 환각은 다른 문제였다. 사람들은 환각을 인정하기를 주저하는 경향이 있으며, 심지어 기면증 환자들이 가득 모인 공간에서도 환각에 대해 내놓고 말하는 사람이 거의 없었다. 나중에 많은 사람들이 자신의 환각에 대해 나에게 편지를 썼다. 그중 샤론 S.는 아래와 같이 묘사했다.

배를 깔고 누워서 자다가, 매트리스가 숨을 쉬고 있다는 느낌 때문에 잠에서 깨어나요. 내 밑에 검은 털이 듬성듬성하게 난 대리석 무늬의 희뿌연 피부를 "보고" 있는 동안 나는 꼼짝도 하지 못하고 공포에 사로잡힌답니다. 나는 걷고 있는 코끼리의 등 위에 큰 대자로 뻗어 있어요. … 환각이 너무 터무니없어서 그 때문에 탈력 발작으로 쓰러집니다. … [다른 때에] 낮잠에서 깨는 도중에 내가 침실 구석에 있는 걸 "보았어요". … 나는 천장 가까이 있었는데,

낙하산을 타고 바닥으로 천천히 내려오고 있었어요. 그러는 동안 환각은 완전히 정상적으로 느껴졌고, 아주 평화롭고 차분한 느낌에 빠졌어요.

샤론은 운전 중에도 환각을 경험했다.

출근하려고 차를 몰고 있는데, 점점 졸음이 몰려왔어요. 갑자기 내 앞에서 도로가 위로 올라와서 얼굴을 때리더군요. 아주 사실적이었어요. 나는 머리를 뒤로 피했어요. 그러자 졸음이 확 달아났죠. 이 경험은 다른 환각과 달라요. 눈을 뜨고 있었고 실제로 주변을 보고 있었지만, 왜곡되었다는 점에서 말예요.

대부분의 사람들은 수면-각성 주기가 확실하고 대부분 밤에 수면을 취하지만, 기면증이 있는 사람들은 하루에 '마이크로 수면'(어떤 경우에는 단 몇 초간 지속된다)과 '중간 상태'를 수십 번씩 겪는다. 그리고 모든 발작은 매번 대단히 생생한 꿈, 환각 또는 거의 구분할 수 없을 정도로 뒤섞인 양자의 혼합물로 채워진다. 탈력 발작을 수반하지 않고 갑자기 일어나는 기면성 수면은 중독 상태나 다양한 약물(특히 진정제)로 인해 발생할 수 있다. 그리고 나이가 들면 누구나 어느 정도는 그런 경향을 보인다. 꾸벅꾸벅 졸다가 깜박 잠에 빠져 꿈을 꾸는 노인들을 보라.

나도 그런 경험을 점점 더 자주 한다. 언젠가 나는 침대에서 기번의 자서전을 읽고 있었다. 1988년 당시에 나는 청각장애인들과 그들의 수화법에 대해 생각하고 책을 많이 읽고 있었다. 그리고 1770년 런던에서 한 무리의 청각장애인들이 수화로 활발히 대화를 나누며 소통하는 장면을 그린 기번의 놀라운 묘사를 발견했다. 나는 즉시 그 구절이 내가 쓰고 있는 책에 멋진 각주가 되리라 생각했지만, 기번의 묘사를 다시 읽으려고 찾았을 때 그 대목은 온데간데없었다. 본문의 두 문장 사이에서 순간적으로 글을 환각으로 보았거나 꿈으로 본 것이 분명했다.

스테퍼니 W.는 다섯 살 때 집에서 유치원으로 걸어가던 중, 처음으로 기면 환각을 겪었다. 그녀는 나에게 보낸 편지에서, 환각은 낮 시간대에 자주 발생하고 아주 짧은 마이크로 수면 전후에 찾아오는 것으로 추정했다.

하지만… 주위에 있는 어떤 것이 눈에 띄게 앞으로 "건너뛰거나" 변화를 일으키지 않으면, 나는 마이크로 수면이 발생한 것을 알아차리지 못합니다. 실제로 일어난 일인데, 운전하는 도중 마이크로 수면에 빠지면 차량이 도로 위에서 까닭을 알 수 없이 앞으로 튀어나가곤 합니다. … 기면증을 치료하기 전에는 환각이 나타나는 발작을 하루에 여러 번 겪었습니다. … 어떤 환각은 아주 온순해요. 고속도로 출구에 이르면 그 위에 "천사"가 주기적으로 나타나곤 했어요. … 내 이름을 반복해서 속삭이는 소리가 들리고, 아무도 듣지 못하는 노크 소리가 들리고, 개미들이 내 다리 위를 걸어가는 것이 보이고 느껴져요. … 어떤 환각은 무섭습니다. 앞에 있는 사람들이 죽어가는 모습을 시각적으로 보는 경험 같은 거예요. …

어렸을 땐 주변 사람들이 감지하지 못하는 경험을 한다는 사실이 특히 힘들었어요. 반복해서 겪고 있는 일을 어른이나 다른 아이에게 이야기하면 그들은 화를 내거나 의심하면서 내가 "미쳤다"거나 거짓말을 하고 있다고 야단쳤던 기억이 납니다. … 어른이 되자 쉬워졌지요(하지만 정신건강 치료를 받을 땐, "현실 검증[자아가 수행하고 있는 가장 주요한 기능의 하나로, 현실의 조건과 상태를 여러 가지 기준에 비추어 비교하고 평가하고 판단하는 것—옮긴이]이 특별히 강한 정신병"이란 말을 들었어요).

기면증이라는 올바른 진단을 받았을 때 스테퍼니 W.는 깊이 안도했고, 기면증 네트워크에서 자신과 비슷한 사람들을 만나면서 더욱 위안을 얻었다.[2] 이 진단과 함께 효과적인 약물 치료를 처방받은 후 그녀는 삶이 완전히 변했다고 느낀다.

린 O.는 의사들에게서 환각이 기면증후군의 일부라고 더 일찍 들었으면 좋았을 것이라고 말했다. 그리고 진단을 받기 전에는 다음과 같았다고 설명했다.

나는 평생 동안 이 증세를 아주 자주 겪었기 때문에 수면 장애를 의심하는 대신 인생에 불길한 마가 끼었다고 생각했습니다. 많은 사람들이 그런 경험을 이런 식으로 결론짓지 않나요? 이 장애에 대해 적절한 교육을 받았다면, 무언가의 노리개가 되었거나 귀신에 홀렸거나 영적으로 시험당하고 있거나 정신병이 들었다고 생각하는 대신, 더 이른 나이에 더욱 건설적인 도움을 구했을 거예요. 지금 마흔세 살입니다. 내가 겪은 많은 경험이 이 장애 때문이라는 사실을 알고부터 마음에 새로운 평화가 자리 잡았습니다.

---

2. 기면증 모임에서 핵심적인 사람은 내과 의사인 마이클 소피로, 브롱크스의 몬트피오리 메디컬센터에서 평생 수면 장애 클리닉을 운영한 경험을 바탕으로 기면증을 비롯한 수면 장애를 다룬 많은 책을 썼다.

나중에 보낸 편지에서 그녀는 이렇게 말했다. "나는 수많은 '불길한' 경험을 재평가해야 하는 새로운 단계에 와 있습니다. 그리고 새로운 진단에 기초하여 새로운 세계관을 재구성할 필요가 있다는 생각이 듭니다. 이는 어린 시절을 손에서 놓는 것, 아니 불가사의하고 마술에 가까운 세계관을 놓아버리는 것과 같습니다. 그렇습니다. 나는 지금 애도의 손길을 느끼고 있습니다."

많은 기면증 환자가 시각 환각과 함께 청각 환각이나 촉각 환각을 겪고, 더 나아가 복합적인 신체 감각을 경험한다. 크리스티나 K.는 수면마비 증세가 있고, 여기에 환각이 함께하곤 한다. 일례로 그녀는 다음과 같은 증상을 경험했다.

침대에 누워서 자세를 몇 번 뒤척이다가 결국 얼굴을 묻고 누웠어요. 즉시 몸이 점점 마비되는 느낌이 들더군요. 나는 자신을 "끄집어내려" 했지만, 이미 마비 상태에 너무 깊이 들어가버렸어요. 마치 누군가가 내 등에 올라타고 앉아서 나를 매트리스 속으로 더 깊이 짓누르는 것 같았답니다. … 등에 가해지는 무게가 점점 무거워지는 바람에 꼼짝도 할 수 없었어요. [그런 뒤] 그것이 내 등에서 내려와 내 옆에 눕더군요. … 내 옆에 누워서 숨을 쉬고 있는 것이 느껴졌어요. 나는 너무 무서웠고 환상이 아닌 진짜인 것이 분명하다고 생각했죠. … 계속 깨어 있었기 때문에 그 시간은 영원 같았지만 간신히 용기를 내서 그쪽으로 고개를 돌렸어요. 그러자 비정상적으로 키가 크고 검은색 양복을 입은 남자가 눈에 들어오더군요. 초록빛을 띤 창백한 안색에 병이 들어 보였고, 겁에 질린 눈을 하고 있었어요. 나는 비명을 지르려 했지만 입을 움직일 수 없었고, 아무 소리도 낼 수 없었답니다. 그는 툭 튀어나온 눈으로 나를 계속 노려보았어요. 그러더니 갑자기 되는대로 숫자를 외치기 시작하더 군요. 5-11-8-1-3-2-4-1-9-20, 이런 식으로요. 그리고 나서 히스테리에 걸린 것처럼 웃었어요. … 어느덧 다시 움직일 수 있을 것 같은 느낌이 들었어요. 정상적인 상태로 돌아오는 동안 남자의 모습은 점점 흐릿해지다가 결국 사라졌고, 그제야 일어날 수 있었어요.

나에게 편지를 보낸 J. D.도 수면마비에 따른 환각을 다음과 같이 묘사했다. 그녀는 가슴에 압박감을 느꼈다.

가끔 거대한 지네나 애벌레 같은 것들이 천장 가득 기어 다니는 것이 보였어요. 한번은 내 방 선반 위에 내 고양이가 있는 것 같았어요. 고양이는 이리저리 구르면서 쥐로 변하고 있었죠. 가장 끔찍한 환각은 내 가슴 위에 거미가 있는 것이었어요. 꼼짝도 할 수 없었어요. 그때마다 비명을 지르려 했죠. 거미는 정말 무섭거든요.

어느 날 그녀는 유체이탈 체험과 비슷한 환각을 경험했다.

환각 속에서 내 몸이 침대 끝을 향해 천장으로 떠오르더니, 갑자기 눈 깜짝할 사이에 밑으로 떨어졌고, 침실 바닥을 통과해서 건물의 1층으로 떨어지는가 싶더니, 그 바닥까지 통과해서 지하실로 떨어지더군요. 각 방의 모든 것을 볼 수 있었어요. 바닥을 통과할 때 바닥이 부서지는 것 같지는 않았어요. 그냥 쑥 지나가더군요.

최근까지 수면, 꿈, 수면 장애에 대한 심리학적 이해는 전무하다시피 했다. 1953년에야 시카고대학교의 유진 아세린스키와 너새니얼 클라이트먼이 REM수면, 즉 빠른 안구 운동과 EEG 변화를 특징으로 하는 특이한 수면 단계를 발견했다. 또한 그들은 REM수면 중에 있는 실험 대상자를 깨우면 대상자들이 항상 꿈을 꾸고 있었다는 것도 밝혀냈다. 그러므로 꿈은 REM수면과 상관이 있다.[3] REM수면 중에는 얕은 호흡과 안구 운동을 제외하고 온몸이 마비된다. 대부분의 사람들은 잠이 든 후 90분 정도가 지나면 REM 단계에 들어서지만, 기면증이 있는 사람들(또는 수면 박탈을 겪는 사람들)은 잠이 드는 순간 REM 단계에 돌입해서 즉시 꿈과 수면마비에 빠진다. 그들은 또한 "잘못된" 시간에 잠에서 깨고, 그래서 REM수면의 특징인 어렴풋한 환영과 근육 마비가 깨어 있는 상태까지 지속된다. 잠에서 완전히 깨어났지만, 꿈 또는 악몽 같은 환각이 계속 공격하는 데다가, 움직이거나 말을 할 수 없어서 훨씬 두려움을 느끼는 것이다.

그러나 수면마비와 환각을 경험한다고 해서 기면증은 아니다. 실제로 워털루대학교의 J. A. 체인과 그의 연구팀은 전체 인구의 3분의 1 내지 절반에 이르는 사람들이 가끔씩 그런 증상을 겪는다는 사실을 밝혀냈다. 그리고 그 증상은 단 한 번을 경험해도 쉽게 잊지 못한다.

체인 등은 3,000명의 학생 참가자들뿐 아니라 인터넷 설문에 응답한 다수의 보고에 기초하여, 수면마비와 관련된 현상을 광범위하게 조사하

---

3. 이 간단한 방정식은 나중에 수정되었다. 약간 종류가 다르긴 하지만, 비REM수면 중에도 꿈을 꿀 수 있음이 밝혀진 것이다.

고 분류했다. 그들은 고립된 수면마비(즉, 기면증이 없는 수면마비)는 비교적 흔한 현상으로, "환각성 경험을 연구할 수 있는 유일무이한 천연 실험실"이라고 결론지었지만, 이러한 환각을 일반적인 입면 또는 출면 경험에 비유해서는 안 된다고 강조했다. 고립된 수면마비에 수반되는 환각은 "무시할 수 없을 정도로 생생하고, 정교하고, 다감각적이고, 무서우며", 그래서 경험자에게 과격한 영향을 미칠 가능성이 더 높다는 것이다. 환각은 시각적일 뿐 아니라 마음으로 느껴지거나 청각적이거나 촉각적일 수 있으며, 숨이 막히거나 가슴이 짓눌리는 느낌, 악의를 품은 존재가 있다는 느낌, 전체적으로 완전한 무기력과 절망적인 공포에 빠진 느낌을 수반한다. 물론 이것은 악몽의 주요한 특징이며, 악몽이란 단어의 본래적인 의미를 잘 드러낸다.

악몽, 'nightmare'의 'mare'는 원래 잠자는 사람의 가슴을 눌러 숨을 막는 마녀를 가리켰다(뉴펀들랜드에서는 그녀를 '마녀 할망구Old Hag'라고 불렀다). 어니스트 존스는 〈악몽에 관하여On the Nightmare〉라는 연구논문에서, 악몽은 당사자가 항상 (때때로 가슴에 걸터앉은) 무서운 존재를 감지하고, 호흡 곤란을 겪고, 완전한 마비 상태를 자각한다는 점에서 일반적인 꿈과 근본적으로 다르다고 강조했다. '악몽'이라는 말은 나쁜 꿈이나 불안한 꿈을 설명하기 위해 사용되곤 하지만 진정한 악몽은 완전히 다른 질서에 대한 두려움을 불러일으키는데, 체인은 이를 "불길한 초자연성"이라고 표현했다. 그는 악몽을 적절히 표현하는 용어에는 하이픈이 들어가는 것("night-mare")이 좋겠다고 제안했고, 그 후 이 분야의 다른 연구자들도 그의 관습에 따랐다.

셸리 애들러 역시 《수면마비: 악몽, 노시보, 몸과 마음의 관계Sleep Paralysis: Night-mares, Nocebos, and the Mine-Body Connection》라는 저서에서, 수면마비의 경험을 다른 경험과 다르게 만드는 요소로 공포와 운명의 극단에 서 있는 느낌을 꼽는다. 악몽은 꿈과 달리 사람이 깨어 있을 때 일어나지만 부분적으로 깨어 있거나 의식이 분열된 상태일 때 일어나고, 이 점에서 '수면'마비라는 말은 잘못되었다고 강조한다. 이 상태의 공포는 REM수면의 얕은 호흡과 빠르거나 불규칙한 심박 때문에 고조되어, 극도의 흥분을 동반할 수 있다. 압도적인 두려움과 그에 따르는 심리 상태는 특히 수면마비를 죽음과 연결시키는 문화적 전통에서는 치명적일 수 있다. 애들러는 1970년대 말에 라오스에서 캘리포니아 중부로 이주한 몽족 난민을 연구했다. 대량학살과 강제수용의 격변을 겪는 동안 그들은 전통적인 종교의식을 충분히 올리지 못했다. 몽족 문화에는 악몽이 사람의 목숨을 앗아갈 수 있다는 강한 믿음이 있다. 1970년대 말과 1980년대 초에 거의 200명에 달하는 몽족 이주민들(대부분 젊고 건강한 사람들)이 밤에 급사한 것은 불길한 예감, 즉 노시보 효과(치료 등이 유해할 것이라고 믿는 부정적 생각이나, 그렇게 믿는 사람에게 유해한 효과를 일으키는 위약. 플라시보의 반대—옮긴이)가 아니고서는 설명할 길이 없다. 그들이 더 잘 동화하고 낡은 믿음이 힘을 잃자, 급사는 멈췄다.

모든 문화의 민속에는 잠자는 사람을 성적으로 괴롭히는 남자 악령과 여자 악령, 희생자를 마비시키고 숨을 빼앗아 가는 마녀 할망구 같은 초자연적인 존재가 있다. 그런 이미지들은 보편적으로 존재하는 듯하고, 지역에 따라 형태는 다르지만 매우 이질적인 문화 사이에도 그런 존재들은 뚜렷한 유사점을 지니고 있다. 원인이 무엇이든, 환각 경험은 상상의 존재와 거처(천국, 지옥, 요정의 나라)로 이루어진 하나의 세계를 만들어낸다. 신화와 믿음을 고안하는 목적은 설명을 해주고 안심시켜주는 동시에 두려움을 불러일으키고 경고하는 데 있다. 인간은 일반적이고 실제적이며 생리적 기초가 있는, 악몽이라는 야간 경험을 설명하기 위해 이야기를 지어낸다.

 우리는 더이상 악마, 마녀, 마녀 할망구 같은 전설의 존재들을 믿지 않지만, 외계인, '전생'으로부터의 방문객 같은 새로운 존재들이 그 자리를 대신하고 있다. 환각은 깨어 있을 때의 다른 경험에 비할 수 없이 흥분, 당황, 두려움, 영감을 강하게 불러일으키고, 어떤 개인과 문화도 완전히 외면할 수 없는 (숭고한, 무서운, 창조적인, 우스운) 민속과 신화를 낳는다.

13장

귀신에 붙들린 마음

샤를보네증후군, 감각 박탈, 파킨슨증, 편두통, 간질, 약물 도취, 입면 환각은 환각을 만들어내거나 촉진하는 뇌 속의 메커니즘과 관련이 있는 듯하다. 이 기본적인 생리 메커니즘은 국지적 자극, '방출', 신경전달물질의 장해 등과 관련이 있는 반면, 개인의 생활환경, 성격, 감정, 믿음 또는 심리 상태와는 거의 무관하다. 당사자들은 환각을 감각적 경험으로 즐길 수(혹은 즐기지 않을 수) 있지만, 한목소리로 환각의 무의미성, 즉 그들의 삶을 이루는 사건이나 문제와 무관함을 강조한다.

지금부터 다룰 환각은 완전히 다르며, 기본적으로 과거 경험의 강박적 귀환이라고 할 수 있다. 측두엽 발작으로 인한 플래시백은 때로 뭉클하긴 해도 기본적으로 사소한 반면, 다시 돌아와 마음에 붙어 다니는 이 환각은 사랑스럽거나 정반대로 끔찍한, 중요한 과거다. 감정이 가득 배인 삶의 경험은 뇌에 지울 수 없이 각인되거나 뇌가 재현하게끔 강요한다.

이때의 감정은 다양할 수 있다. 죽음, 추방, 시간의 경과 등으로 인해 헤어지게 된 사랑하는 사람이나 장소에 대한 슬픔이나 갈망일 수도 있고, 자아나 생명을 위협하는 대단히 충격적인 사건을 겪은 후의 공포, 두려움, 고통, 괴로움일 수도 있다. 또한 자신이 저지른 범죄나 죄악이 뒤늦게 양심을 찔러서 압도적인 죄의식에 빠뜨릴 때에도 환각을 경험할 수 있다. 유령, 죽은 자의 돌아온 망령을 보는 환각은 특히 폭력적인 죽음 및 죄의식과 관계가 있다.

유령 출몰과 환각에 관한 이야기는 모든 문화의 신화와 문학에 확고히 자리 잡고 있다. 따라서 햄릿의 살해당한 부친은 햄릿에게 그가 어떻게 살해당했고 왜 복수해야 하는지 알려주는 것처럼 보인다("내 마음으로 보았네, 호레이쇼"). 또한 맥베스가 던컨 왕을 살해할 음모를 꾸미고 있을 때, 그의 의도를 상징하는 동시에 범행을 부추기는 단검이 허공에 나타난다. 나중에는 그의 범죄를 폭로하겠다고 위협하는 뱅쿼에게 자객을 보내 죽이자, 뱅쿼의 유령이 환각으로 나타나 그를 괴롭힌다. 한편 맥베스 부인은 던컨 왕의 피를 살해된 시종들의 옷에 문지른 후, 자신의 손에서 왕의 피를 "보고" 지울 수 없는 냄새를 맡는다.[1]

절실한 열정이나 위협은 어떤 생각이나 강렬한 감정이 짙게 밴 환각을 낳을 수 있다. 특히 흔한 것은 상실과 슬픔이 만들어낸 환각으로, 수십 년간 동고동락한 배우자를 잃은 경우가 대표적인 예다. 부모, 배우자, 자식을 잃으면 곧 자기 자신의 일부를 잃었다고 느낀다. 사별은 유족의 삶에 갑자기 큰 구멍을 남기며, 이 구멍은 무엇으로든 채워져야 한다. 사별은 감정의 문제뿐 아니라 인지와 지각의 문제를 부르고, 현실을 부정하고 싶은 고통스러운 갈망을 낳는다.

나는 부모님이나 세 형제를 잃은 후 환각을 경험하지는 않았지만, 종종 그들 꿈을 꾸었다. 가장 고통스러운 첫 상실은 1972년에 어머니가 갑작스럽게 죽은 일이었고, 그로 인해 몇 달 동안 거리에서 다른 사람을 어머니로 계속 착각했다. 지금 생각해보면 착각의 이면에는 외모상으로 닮은 점이나 몸가짐이 있었고, 나의 일부가 과민 반응하는 상태에서 무의식적으로 돌아가신 어머니를 찾고 있었던 듯하다.

때때로 사별 환각은 목소리의 형태로 나타난다. 정신분석의인 매리언 C.는 나에게 보낸 편지에, 죽은 남편의 목소리(그에 이어 가끔씩 웃음소리)를 "들었던" 경험에 대해 이렇게 썼다.

어느 날 저녁에 일을 마치고 집에 돌아오니, 언제나처럼 텅 빈 집이 나를 기다리고 있었습니다. 그 시간에 폴은 대개 〈뉴욕타임스〉의 오락면을 펼쳐놓고 전자게임기로 체스를 복기하고 있었지요. 현관에서 테이블은 보이지 않았지

---

1. H. G. 웰스의 여러 단편소설에도 죄의식 환각이 나온다. 평생의 라이벌을 죽음으로 몰아갔다고 느끼는 곤충학자는 아무한테도 보이지 않고 거대하며 과학계에 알려져 있지 않는 새로운 종의 나방에 사로잡혀 결국 광인이 된다. 그러나 정신이 맑을 때, 그는 농담으로 그것이 죽은 경쟁자의 유령이라고 말한다.
디킨스는 귀신에 사로잡힌 사람답게 이 주제에 관한 책을 다섯 권이나 썼는데, 그중 《크리스마스 캐럴》이 가장 유명하다. 《위대한 유산》에서 그는 해비샴 부인과 처음 무섭게 마주친 후, 핍에게 나타난 환영을 극적으로 묘사한다.

그때 나는 그것이 이상하다고 생각했고, 한참 지난 후에는 더 이상하다고 생각했다. 서리가 낀 불빛을 바라보느라 눈이 약간 침침했지만, 눈을 돌려 오른쪽으로 나와 가까운 그 건물의 낮은 곳에 있는 커다란 나무 대들보를 보았다. 바로 그곳에 목을 맨 사람의 형상이 보였다. 그 형상은 온몸에 노란색과 흰색 옷을 둘렀고, 한쪽 발에만 신을 신고 있었으며, 드레스의 색 바랜 장식이 흙 속에 파묻혀 있던 종이 같았고, 그 얼굴이 마치 나를 부르는 듯 표정 전체에 어떤 움직임이 번져 있는 해비샴 부인의 얼굴임을 알아볼 수 있게 매달려 있었다. 그 형상을 보고, 그리고 방금 전까지만 해도 그곳에 없었다는 확신으로 공포에 사로잡혀, 처음에는 그로부터 멀리 달아났고, 그런 뒤 다시 그쪽으로 가까이 달려갔다. 그곳에 아무 형상도 없음을 확인한 순간, 공포는 극에 달했다.

만, 그는 나에게 친근하게 인사했습니다. "여보! 돌아왔군! 수고했어!" … 그의 목소리는 건강할 때와 똑같이 밝고 힘 있고 진실했어요. 난 그 목소리를 "들었습니다". 마치 그가 실제로 체스 테이블 앞에서 나에게 한 번 더 인사하는 것 같았어요. 환각의 다른 부분은 아까 말한 것처럼 현관에서는 그가 보이지 않지만, 그가 보인다는 것이었어요. 나는 그를 "보았고", 그의 표정을 "보았고", 그가 체스 말을 어떻게 움직이는지 "보았고", 그가 나에게 인사하는 것을 "보았답니다". 그 부분은 꿈속에서 보는 것 같았고, 어떤 사건의 사진이나 영화를 보고 있는 것 같았어요. 하지만 그의 말은 진짜로 생생했답니다.

사일러스 웨어 미첼은 남북전쟁에서 팔다리를 잃은 병사들을 돌보는 일을 하면서, 환상지의 신경학적 성격을 가장 먼저 이해하게 되었다. 그 이전에 환상지는 일종의 사별 환각으로 여겨졌다. 별나고 아이러니한 일이지만, 미첼 역시 절친한 친구가 갑자기 죽은 후 사별 환각을 경험했다. 제롬 슈네크는 1989년 논문에 아래와 같이 묘사했다.

어느 날 아침에 기자가 예기치 않은 뉴스를 전했고, 미첼은 큰 충격에 빠진 채 아내에게 알리러 갔다. 아래층으로 돌아오는 길에 그는 이상한 경험을 했다. 브룩스의 얼굴이, 실물보다 크고 미소를 짓고 있고 매우 또렷하지만 마치 이슬에 젖은 잔 거미집으로 만든 것 같은 친구의 얼굴이 보였다. 눈길을 돌리자 환영은 사라졌지만, 그 얼굴은 열흘 동안 그의 머리에서 약간 위로 왼쪽에 나타났다.

사별 환각은 정서적 욕구 및 감정과 강하게 묶여 있어서 쉽게 잊히지

않는 경향이 있다. 조각가이자 판화가인 엘리너 S.는 다음과 같이 편지를
썼다.

열네 살 때 부모님과 오빠와 나는 여러 해 전부터 그랬듯이 할아버지 댁에서
여름을 보내고 있었습니다. 할아버지는 지난해 겨울에 돌아가셨죠.
우린 주방에 있었는데, 할머니는 싱크대 앞에 있었고 어머니는 설거지를 도
왔으며 나는 뒤쪽 출입문이 마주 보이는 자리에 앉아 식탁에서 저녁 식사를
끝내고 있었어요. 그때 할아버지가 걸어 들어왔죠. 나는 할아버지를 보고 행
복한 나머지 일어나서 인사를 했답니다. "할아버지." 그러고 나서 할아버지
쪽으로 걸어가는데 갑자기 사라지더군요. 할머니는 눈에 띄게 동요하셨어
요. 그래서 나는 할머니의 표정을 보고 할머니가 나 때문에 화가 났으리라 생
각했죠. 어머니에게 정말 할아버지가 또렷이 보였다고 말하자, 어머니는 내
가 할아버지를 보고 싶어 했기 때문에 보인 것이라고 말했습니다. 나는 의식
적으로 할아버지를 생각하고 있지 않았기 때문에, 아직도 할아버지가 어떻
게 또렷이 보였는지 이해가 되지 않습니다.
지금 나는 76세인데 아직도 그때의 일이 기억나고, 그 후로 그와 비슷한 일
은 다시는 경험하지 못했습니다.

엘리자베스 J.는 어린 아들이 경험한 슬픔 환각에 대해 편지를 썼다.

남편은 30년 전, 오랜 투병 끝에 세상을 떠났어요. 그때 나의 아들은 아홉 살
이었죠. 부자는 규칙적으로 시간을 정해서 함께 달리기를 했어요. 남편이 죽
은 후 몇 달이 지났을 때, 아들이 나에게 와서는 가끔 아버지가 (평소에 입고

달리던) 노란 반바지를 입고 집 앞을 달리는 모습이 보인다고 말하더군요. 그때 우리는 유족 위로 상담을 받고 있었어요. 내가 아들의 경험을 설명하자, 상담원은 슬픔에 대한 신경학적 반응으로 환각이 보이는 것이라고 하더군요. 그 말에 우리는 안심했고, 나는 지금도 노란색 반바지를 보관하고 있답니다.

웨일스의 일반의인 W. D. 리스는 최근에 사별한 300명에 가까운 대상자를 인터뷰한 결과, 그들 중 절반이 죽은 배우자의 환영이나 완전한 환각을 보았음을 밝혀냈다. 환각은 시각적이거나, 청각적이거나, 혹은 둘 다였다. 어떤 대상자들은 환각 속의 배우자와 즐겁게 대화했다. 환각은 결혼 기간에 비례해서 나타났고, 몇 달 혹은 몇 년이나 지속되기도 했다. 리스는 애도 과정에서 환각이 나타나는 것은 정상이며, 심지어 유족에게 도움이 된다고 보았다.

수전 M.은 어머니와의 사별로 특별히 생생하고 다감각적인 경험을 몇 시간 동안 겪었다. "어머니가 사용하시던 보행기의 바퀴 소리가 복도에서 삐걱대며 들렸어요. 그런 직후 어머니는 방으로 들어와서 나란히 침대에 앉으셨죠. 나는 어머니가 매트리스 위에 앉는 것을 느낄 수 있었어요. 나는 어머니에게 말을 걸었고, 어머니가 죽은 줄 알았다고 말했죠. 어머니가 뭐라고 대답했는지는 정확히 기억나지 않습니다. 내 말을 가로막는 것 같았어요. 분명한 점은 내가 그 자리에서 어머니를 느낄 수 있었다는 사실이었어요. 무서웠지만 한편으로 위로가 됐답니다."

레이 P.는 아버지가 85세에 심장 수술을 받고 돌아가신 후 나에게 편지를 보냈다. 레이는 급히 병원으로 달려갔지만, 아버지는 이미 혼수상태였다. 아버지가 숨을 거둔 지 한 시간 후 레이는 아버지에게 이렇게 속삭였다. "아빠, 저 레이예요. 엄마는 잘 보살펴드릴게요. 걱정하지 마세요. 모든 일이 잘될 거예요." 레이는 며칠 밤이 지난 후 유령 때문에 잠에서 깨어났던 이야기를 편지에 썼다.

밤중에 잠이 깼습니다. 정신이 불안정하거나 혼란스럽지 않았고, 생각과 시력은 또렷했습니다. 누군가가 침대 모서리에 앉아 있는 것이 보였습니다. 아버지가 헐거운 카키색 바지에 황갈색 폴로셔츠 차림으로 앉아 있더군요. 처음에는 꿈이 아닐까 하고 의심했지만, 나는 완전히 깨어 있었습니다. 아버지는 조금도 에테르 같지 않았고 불투명했기 때문에, 건너편 창으로 볼티모어의 밤에 깔리는 옅은 오염이 아버지에 가려 보이지 않았습니다. 아버지는 잠시 앉아 있다가 이렇게 말했습니다. "모든 일이 잘되고 있구나." 어쨌든 아버지가 말을 한 건지, 단지 생각을 전달한 건지 잘 모르겠습니다만.
나는 몸을 돌려 침대에서 내려왔습니다. 그리고 다시 아버지를 향해 고개를 돌렸을 때, 아버지는 그곳에 없었습니다. 나는 욕실로 가서 물을 한 잔 마신 후 다시 침대로 돌아왔습니다. 아버지는 돌아오지 않았습니다. 이것이 환각인지 무엇인지 모르겠습니다만, 나는 잠정적으로 초자연의 세계를 믿지 않기 때문에, 분명 환각이었다고 생각합니다.[2]

슬픔의 환각은 때로 이보다 덜 친절한 형태를 취한다. 정신과 의사인 크리스토퍼 베트게는 특별히 충격적인 상황에서 어린 자식을 잃은 두 어머니의 상태를 설명했다. 둘 다 죽은 딸이 보이고, 목소리가 들리고, 냄새를 맡고, 촉감을 느끼는 등 다감각성 환각을 겪었다. 그리고 둘 다 망상에 사로잡혀서, 자신의 환각을 다른 세계와 연결 지어 설명했다. 한 어머니는 "딸이 다른 세계에서 나와 접촉하려는 시도다. 딸은 그 세계에 계속 존재한다"고 믿었다. 다른 어머니는 딸이 "엄마, 걱정하지 마세요. 난 돌아올 거예요"라고 울면서 외치는 소리를 들었다.[3]

최근에 나는 진료실에서 책 상자에 걸려 심하게 넘어지는 바람에 엉덩이뼈가 부러졌다. 그 과정은 슬로모션처럼 느껴졌다. 나는 '팔을 뻗어서 충격을 줄일 수 있는 시간이 충분해'라고 생각했지만 그대로 바닥에 쓰러졌고, 바닥에 부딪힐 때 엉덩이가 우두둑하는 것을 느꼈

---

2. 물론 배우자와의 사별은 가장 스트레스가 큰 사건에 속하지만, 그런 상실은 실직에서부터 애완동물의 죽음에 이르기까지 다른 상황에서도 발생할 수 있다. 나의 한 친구는 스무 살이 된 고양이가 죽자 매우 슬퍼했고, 몇 달 동안 주름진 커튼 위에서 고양이와 그의 특징적인 동작들을 "보았다".
다른 친구인 멜러니 K.는 열일곱 살 된 사랑하는 고양이를 보낸 후, 다른 종류의 고양이 환각을 경험했다고 묘사했다.

    이튿날 나는 깜짝 놀랐다. 출근 준비를 하고 있을 때, 고양이가 침실 문 앞에 나타나 평소 하던 대로 미소를 지으며 "안녕"이라고 야옹거렸다. 나는 소스라치게 놀랐다. 남편에게 달려가 이야기한 다음 돌아와보니, 당연히 고양이는 그곳에 없었다. 나는 환각을 본 경험이 전혀 없었고, 나에게 그런 경험은 "어림없는" 일이라고 생각했기 때문에 몹시 당황했다. 하지만 이 경험이 우리가 거의 20년 동안 아주 가깝게 유대 관계를 쌓고 유지해왔던 결과임을 인정했다. 그렇다. 나는 그녀가 마지막 가는 길에 나를 찾아주어서 아주 고맙게 여기고 있다.

3. 상실, 갈망, 잃어버린 세계에 대한 향수도 환각을 유발하는 강력한 요인이다. 내가 《화성의 인류학자》에서 설명한 '기억의 화가' 프랑코 마그나니는 폰티토라는 작은 고향 마을을 떠나 타향살이를 했고, 수십 년 동안 고향에 돌아가지 못한 채 폰티토에 대한 꿈과 환각에 끊임없이 사로잡혔다. 그에게 나타난 폰티토는 1943년에 나치가 침입하기 이전의, 이상적이고 시간이 멈춘 듯한 마을이었다. 그는 아름답고 기이할 정도로 정확하며 향수를 불러일으키는 수백 장의 그림을 그려서 평생 동안 환각들을 구체화했다.

다. 다음 몇 주 동안 거의 환각처럼 생생하게 그 사고를 반복적으로 경험했다. 그 사고가 마음과 몸에 고스란히 재연되었다. 나는 두 달 동안 사고가 난 진료실에는 가지 않았다. 그곳에 가면 꽈당 넘어져서 뼈가 우두둑 부러지는 유사환각이 떠올랐기 때문이다. 사소한 예일지는 몰라도, 유사환각은 외상에 대한 반응, 즉 약한 외상후스트레스증후군이라고 할 수 있다. 이제 장애는 거의 사라졌지만, 그래도 평생 마음속 깊은 곳에 외상 기억으로 잠복해 있다가 어떤 조건이 갖춰지면 다시 활성화되지 않을까 하는 생각이 든다.

추락사고, 자연재해, 전쟁, 강간, 학대, 고문, 유기 등을 겪고 살아남은 사람은 나보다 훨씬 깊은 외상과 그에 따른 PTSD(외상후스트레스장애)에 시달릴 수 있다. 자신과 타인의 안전을 위협하면서 아찔한 공포를 느끼게 하는 경험이라면 무엇이든 그럴 수 있다.

이 모든 경험이 즉각적인 반응을 낳을 수 있지만, 때로는 몇 년이 지난 후까지도 악성과 지속성을 동시에 띠는 외상후스트레스증후군으로 나타날 수 있다. 이 증후군의 특징으로는 불안, 과도한 놀람 반응, 우울증, 자율신경 장애 외에도, 경험했던 참사를 강박적으로 반추하는 강한 경향이 있으며, 원래의 외상을 총체적으로 반복 경험하면서 당시에 느꼈던 모든 감각과 감정을 다시 느끼는 경우도 드물지 않다.[4] 플래시백은 종종 자동적으로 일어나지만, 원래의 외상과 관련이 있는 사물, 소리, 냄새 등이

---

4. '플래시백'은 영화와 관련된 시각적 용어이지만, 청각 환각에서도 매우 두드러지게 나타나곤 한다. PTSD를 겪는 퇴역 군인들은 동료, 적군 병사, 민간인의 죽어가는 소리를 듣기도 한다. 홈스와 티닌은 한 연구에서 전투 PTSD를 겪는 퇴역 군인의 65퍼센트 이상이 노골적으로든 암시적으로든, 그들을 비난하는 침입성 목소리를 듣는다고 확인했다.

있으면 특히 잘 환기된다.

'플래시백'이란 용어로는 외상 후 환각과 함께 나타날 수 있는 뿌리 깊고 때로 위험하기까지 한 망상적 상태를 잘 설명하지 못한다. 그런 상태에 빠진 사람은 현재에 관한 모든 감각을 잃거나 환각과 망상에 근거하여 잘못 해석한다. 따라서 외상을 입은 퇴역 군인들은 플래시백을 겪는 동안 슈퍼마켓에 있는 사람들이 적군 병사라고 확신하고, 총이 있다면 발포한다. 이 극단적인 의식 상태는 드물지만 잠재적으로 치명적이다.

한 여성은 나에게 보낸 편지에서, 세 살 때 괴롭힘을 당하고 열아홉 살 때 폭행을 당한 후 "두 사건의 냄새들이 강하게 재현된다"고 썼다.

> 어렸을 때 폭행당했던 경험이 처음 환각으로 재현된 것은 버스에서 한 남자가 내 옆에 앉았을 때였어요. [그의] 땀 냄새와 체취를 맡은 순간, 나는 더이상 그 버스에 있지 않았어요. 나는 이웃집 차고에 있었고, 모든 기억이 되살아났어요. 버스가 목적지에 도착했을 때, 버스 운전사는 나에게 버스에서 내리지 않느냐고 물었어요. 나는 시간과 공간에 대한 의식을 완전히 잃어버렸어요.

강간과 성폭행은 특별히 심하고 장기적인 스트레스 반응으로 이어질 수 있다. 일례로 테리 헤인스와 그의 연구팀이 보고한 사례에서, 55세의 한 여성은 어렸을 때 부모의 성관계를 지켜보도록 강요당하고 여덟 살에는 아버지와 강제로 성관계를 맺은 영향으로, 어른이 되었을 때 그 외상을 반복해서 경험하고 심지어 "목소리"까지 듣는 플래시백을 겪었다. 의사들은 그녀의 외상후스트레스증후군을 정신분열병으로 오진해서 그녀를 정신병원에 입원시켰다.

PTSD 환자들은 외상 경험들이 고스란히 혹은 다소 위장되어 합쳐진 꿈이나 악몽을 되풀이해서 꾸는 경향이 있다. 1963년 폴 차도프는 외상이 강제수용소의 생존자들에게 미친 영향에 관한 글에서, 그런 꿈을 외상후스트레스증후군의 현저한 특징으로 보았고, 전쟁이 끝나고 15년이 지난 후에도 수많은 환자들이 그런 꿈을 꾼다고 지적했다.[5] 플래시백도 마찬가지다.

차도프는 강제수용소의 경험을 강박적으로 반추하는 경향은 시간이 지나면 약해지지만, 그렇지 않은 사람들도 있다고 진술했다.

[그들은] 해방된 이후로 그들의 삶에 현실적으로 중요한 일이 단 하나도 일어나지 않은 것 같은 기이한 느낌을 호소했다. 그들은 수용소의 경험을 마치 눈앞에서 벌어지고 있는 일처럼 너무 생생하고 자세히 보고하는 바람에, 진료실의 벽이 사라지고 아우슈비츠나 부헨발트의 황폐한 광경으로 대체되는 듯했다.

루스 재피는 1968년의 논문에서, 잦은 발작과 함께 아우슈비츠의 문 앞에서 겪은 일을 다시 체험하는 한 강제수용소 생존자를 묘사했다. 그녀는 수용소 문 앞에서 여동생이 곧 죽게 될 집단으로 끌려가는 것을 보았고, 동생 대신 자신이 죽겠다고 나서봤지만 그 외에는 동생을 위해 아

---

5. 때로는 약물 치료가 그 효과를 강화시킨다. 1970년, 나는 강제수용소의 생존자이자 뇌염후 증후군 파킨슨증 환자인 사람을 보았다. 그녀에게 엘도파를 투여하자 외상적 악몽과 플래시백이 참을 수 없는 수준으로 악화되어서, 어쩔 수 없이 투약을 중단했다.

무엇도 할 수 없었다. 발작이 일어나면 그녀는 사람들이 수용소의 문으로 들어가는 것을 보았고, 동생이 "언니, 어디 있어? 왜 나를 두고 간 거야?"라고 부르는 목소리를 들었다. 어떤 생존자들은 후각적 재현에 시달렸다. 그들은 갑자기 가스 화덕의 냄새를 맡았는데, 그 냄새는 다른 무엇보다 수용소의 공포를 다시금 불러왔다. 이와 마찬가지로 9·11 사건 이후 몇 달 동안 세계무역센터 주변에는 불에 타는 잡석 냄새가 머물렀고, 실제로 냄새가 사라진 후에도 일부 생존자들은 계속 냄새 환각을 경험했다.

쓰나미나 지진 같은 자연재해에 이어서 극심한 스트레스 반응과 지연 반응이 함께 나타나는 현상은 수많은 책의 주제이기도 하다(이런 반응은 어린아이들에게도 나타나지만, 아이들은 과거의 재난을 환각으로 겪거나 반복 경험하기보다는 그대로 재현하는 경향이 있다). PTSD는 인간에 의한 폭력이나 재난이 발생했을 때 발병률이 훨씬 높고 강도도 더 세다. 자연재해는 '신의 행위'로 여기고 더 쉽게 받아들이기 때문이다. 급성 스트레스 반응도 마찬가지다. 입원 환자들이 대단히 두려운 질병에 맞설 때에는 엄청난 용기와 침착성을 보이면서도, 간호사가 환자용 변기나 약을 늦게 갖고 오면 불같이 화를 내는 경우를 자주 보곤 한다. 도덕을 초월한 자연의 섭리는 계절풍이든, 발정기의 코끼리든, 질병이든, 어떤 형태로 나타나도 쉽게 받아들인다. 그러나 다른 사람의 의지에 무기력하게 종속되는 경우는 전혀 다르다. 인간의 행동에는 항상 도덕적 책임이 포함되어 있기(혹은 포함되어 있다고 느껴지기) 때문이다.

제1차 세계대전 이후 몇몇 내과의들은 당시 전쟁 신경증이라 부른 증상의 기초에는 반드시 기질적인 뇌 장애가 있다고 느꼈다. 전쟁 신경증은 여러 면에서 '정상적인' 신경증과 달랐기 때문이다.[6] 제1차 세계대전에 새로 도입된 고성능 폭탄이 군인들에게 반복적으로 뇌진탕을 가해서 뇌의 메커니즘을 교란시켰다는 개념이 나오자, '폭탄 충격shell shock'이라는 신조어가 생겨나기도 했다. 동료들의 시체가 썩고 있는 진흙투성이 참호에서 며칠 동안 계속 쏟아지는 폭탄과 겨자탄을 견디고 살아남은 병사들이 겪는 극심한 외상의 지연 효과는 아직 공식적으로 인정받지 못하고 있었다.[7]

베넷 오말루와 몇몇 연구자들이 발표한 최근 연구는 뇌진탕(의식 불명을 일으키지 않는 '순한' 뇌진탕이라도)이 반복되면 만성적인 뇌병증을 앓을 수 있고, 기억 및 인지 장애를 갖게 될 수 있으며, 그로 인해 우울증, 플래시백, 정신병이 나타날 경향이 높아질 수 있음을 보여주었다. 만성 외상적 뇌병증은 전쟁과 부상의 심리적 외상과 더불어 퇴역 군인들의 자살률을 높이는 요인으로 여겨진다.

PTSD에는 심리적 결정 인자뿐 아니라 생물학적 결정 인자도 있다는 사실을 알았더라면, 프로이트는 고개를 끄덕였을 것이다. 그리고 이런 증

---

6. 보통 정신과 의사들이 보는 '정상적인' 신경증의 경우, 감춰진 발병 요소는 훨씬 더 이른 나이로 거슬러 올라간다. 이런 환자들도 무엇인가에 시달리지만, 레너드 솅골드가 쓴 책의 제목처럼, "부모에게 시달린다Haunted by Parents".
7. 프로이트는 제1차 세계대전 이후 외상후증후군들의 집요함에 매우 당황하고 난처해했다. 사실 그런 증후군 때문에 자신의 쾌락원칙 이론을 되돌아봐야 했고, 적어도 이 경우에는 훨씬 무자비한 원칙이 작동하고 있었다. 부적응으로 보이기도 했지만, 그것은 반복 강박의 원칙이자 치유 과정과는 정반대되는 원칙이었다.

상들을 치료하려면 정신요법뿐 아니라 약물 치료가 필요하다. 그러나 최악의 PTSD 형태들은 치료가 거의 불가능한 난치성 장애로 남을 수 있다.

해리dissociation 개념은 히스테리나 다중인격장애 같은 병을 이해할 때만 중요한 것이 아니라, 외상후증후군을 이해하는 데에도 대단히 중요할 수 있다. 생명을 위협하는 상황이 발생하면 즉시 거리 두기 또는 해리 기제가 발동한다. 예를 들어, 충돌을 코앞에 둔 운전자가 자신의 차를 멀찍이서, 극장의 관객처럼, 참여자가 아니라 구경꾼이 된 느낌으로 보는 것이다. 그러나 PTSD는 이보다 강한 해리를 필요로 한다. 소름 끼치는 경험의 참을 수 없는 광경, 소리, 냄새, 감정은 마음의 독립된 지하실 방에 들어가 문을 굳게 잠그기 때문이다.

상상과 환각은 질적으로 다르다. 예술가와 과학자의 상상, 우리 모두가 경험하는 공상과 백일몽은 각자의 마음에 존재하는 상상의 공간, 즉 나만의 전용 극장에서 펼쳐진다. 그것들은 보통 지각의 대상과는 달리 외부 공간에 모습을 드러내지 않는다. 상상이 경계를 넘어서 환각으로 대체되려면 마음/뇌에서 어떤 일이 일어나야 한다. 해리나 단절이 일어나야 하고, 정상일 때에는 자신의 생각과 상상을 책임지고 그것을 외부에서 온 것이 아닌 나 자신의 것으로 받아들이는 메커니즘에 고장이 나야 한다.

그러나 해리로 모든 것을 설명할 수 있을지는 불확실하다. PTSD에는 각기 다른 종류의 기억이 연루되어 있기 때문이다. 크리스 브루원과 그의 연구팀은 PTSD의 특이한 재현 기억과 보통의 자전적 기억 사이에는 근본적인 차이가 있다고 주장하면서, 그 차이를 뒷받침하는 심리학적 증거를 풍부히 제시했다. 브루윈 등은 언어로 접근할 수 있는 자전적 기억과 언어적으로나 자발적으로 접근할 수 없고 외상적 사건이나 그와 관련된 것(광경, 냄새, 소리)에 대한 지시가 있을 때 반사적으로 분출하는 재현 기억에는 근본적인 차이가 있다고 보았다. 자전적 기억은 고립적이지 않고, 인생 전체의 맥락에 들어가 있으며, 넓고 깊은 맥락과 시각을 제공받는다. 그리고 자전적 기억은 다른 맥락이나 시각과 관계를 맺으면서 수정되기도 한다. 그러나 외상적 기억은 그렇지 않다. 외상의 생존자들은 회고나 회상할 때처럼 초연함을 유지하지 못한다. 그들에게 외상적 사건은 모든 두려움과 공포, 생생한 감각 운동과 구체성 속에 격리되어 있다. 그 사건은 다른 형태의, 고립적이고 분리된 기억 속에 보존되어 있다.

외상적 기억의 고립적 성격을 감안할 때, 정신요법의 요지는 외상적 사건을 완전한 의식의 빛 속으로 해방시키고, 그 사건을 자전적 기억에 통합시키는 것이다. 이는 극히 어렵고 때로는 거의 불가능한 과제일 수도 있다.

각기 다른 종류의 기억이 연루되어 있다는 개념은 외상적 상황을 경험했으면서도 PTSD를 겪지 않고 온전한 삶을 건강하게 영위하는 생존자들이 강하게 지지한다. 한 예로 나의 친구인 벤 헬프갓은 열두 살부터 열여섯 살까지를 강제수용소에 갇혀서 지냈다. 헬프갓은 그 시절의 경험에 대해, 부모와 가족의 죽음과 수용소의 온갖 참상에 대해 항상 거리낌 없이 자유롭게 이야기한다. 그는 모든 것을 의식적, 자전적 기억으로 회상할 줄 안다. 그의 경험은 외상적 기억처럼 밀폐되어 있지 않지만 반대의 경우도 잘 알고 있다. "잊어버리는 사람은 나중에 고통을 당한다"라고 그는 말한다. 헬프갓은 《더 보이즈The Boys》의 주인공 중 한 명이다. 마틴

길버트가 쓴 이 훌륭한 책은 헬프갓처럼 여러 해 동안 강제수용소에 감금되었지만 비교적 피해를 입지 않고 살아남았을 뿐 아니라 PTSD나 환각에 빠지지 않은 수백 명 아이들의 이야기를 들려준다.

미신과 망상이 지배하는 분위기도 극단적인 감정 상태에서 발생하는 환각을 조장할 수 있고, 환각은 지역 사회 전체를 뒤흔들 수 있다. 1896년에 로웰대학교의 강의에서(《특이한 정신 상태에 관한 윌리엄 제임스의 강의William James on Exceptional Mental States》라는 선집으로 발표되었다), 제임스는 "귀신 들림"과 주술에 관한 장을 포함시켰다. 두 상태의 특징적인 환각을 아주 상세하게 묘사하는 이야기가 주변에 떠돌곤 한다. 환각은 때때로 유행병처럼 무섭게 퍼져 나갔고, 악마나 그 앞잡이의 소행 탓으로 여겨졌다. 그러나 우리는 그것을 종교가 광적으로 변해버린 사회에서 통용되는 암시, 더 나아가 고문의 효과로 해석할 수 있다. 소설 《루됭의 악마The Devils of Loudun》에서 올더스 헉슬리는 1634년에 우르슬라회 수녀원의 원장과 수녀에게서 시작된 귀신 들림의 망상이 어떻게 프랑스의 루됭이라는 마을을 휩쓸었는지 묘사했다. 처음에는 잔느 수녀의 종교적 강박관념에 불과했던 증상은 귀신을 쫓아내려고 굿을 한 엑소시스트들 때문에 환각과 히스테리 상태로 증폭되었으며, 그들로 인해 악마에 대한 주민들의 공포는 오히려 더해졌다. 심지어 엑소시스트들 중 몇 명도 귀신이 들리고 말았다. 수린 신부는 잔느 수녀와 몇 백 시간 동안 밀폐된 공간에 있다가, 자신도 끔찍한 종교적 환각에 사로잡히고 말았다. 광기는 온 마을을 휩쓸었다. 후에 벌어진 악명 높은 세일럼 마녀재판(1692년 미국 매사추세츠 주 세일럼 빌리지에서 일어난 마녀재판 사건. 5월부터 10월까지 185명을 체포해 열아홉 명을 처형하는 등 스물다섯 명이 목숨을 잃었다—옮긴이)과 모양새가 똑같았다.⁸

루딩과 세일럼의 상황과 사회적 압력은 대단했을 테지만, 오늘날 마녀사냥과 자백을 강요하는 관행은 전 세계에서 자취를 감추었다. 단, 주의할 것은 형태를 바꾸어 존속하고 있다는 점이다.

어떤 사람들에게 내적 갈등을 수반하는 극심한 스트레스는 쉽게 의식 분열을 유발하고, 그와 함께 환각을 포함한 다양한 감각 및 운동 증상을 불러온다(과거에는 이 증상을 히스테리라고 불렀고, 현재에는 전환장애라고 부른다). 프로이트와 브로이어가 《히스테리 연구Studies on

---

8. 세일럼 마녀재판에서 나온 많은 증언과 고발에는 악귀, 악마, 마녀, 고양이(마녀의 친구로 여겨졌다)에 대한 공격이 등장했다. 고양이가 잠자는 사람 위에 걸터앉아 가슴을 짓누르며 숨을 막았고, 그러는 동안 잠자는 사람은 힘을 전혀 쓰지 못하고 움직이거나 저항할 수 없었다는 것이다. 우리는 이런 경험을 수면마비와 악몽으로 해석하지만, 당시에는 초자연적인 이야기로밖에 설명하지 못했다. 이 주제 전체를 탐구한 논문으로 오언 데이비스가 2003년에 발표한 〈악몽 경험, 수면마비, 주술 고발The Nightmare Experience, Sleep Paralysis, and Witchcraft Accusations〉이 있다.
17세기 뉴잉글랜드의 환각과 히스테리에 대해 다른 원인을 제시한 사람이 있다. 로리 윈 칼슨은 《세일럼의 열병A Fever in Salem》에서 그 광기를 뇌염후증후군 장애의 발현으로 보았다. 맥각중독이 원인이었다는 설도 있다. 맥각은 LSD와 비슷한 독성 알칼로이드 화합물을 함유하고 있는 균류로, 호밀 등의 곡류에 기생하는데 빵이나 밀가루에 섞여 사람 몸속에 들어가면 맥각중독을 일으킨다. 중세에는 이런 일이 자주 일어났으며, 그로 인해 고통스러운 괴저가 발생하곤 했다(이 때문에 유명한 이름 중 하나인 '성聖안토니오의 불'이란 이름이 생겼다[성안토니오는 여러 기적과 함께 피부 감염병을 낫게 해주는 기적을 행하는 성인이었다—옮긴이]). 맥각중독은 LSD와 매우 유사한 경련과 환각을 불러일으킨다.
존 그랜트 풀러가 《성안토니오의 불의 날The Day of St. Anthony's Fire》에서 묘사했듯이, 1951년에 프랑스의 한 마을 전체가 맥각에 중독되었다. 중독된 사람들은 몇 주 동안 무서운 환각을 견뎠고, 경련을 일으키다가 창에서 뛰어내렸으며, 극심한 불면증에 시달렸다.

Hysteria)에서 묘사한 환자인 안나 O.가 주목할 만한 예다. 안나는 어릴 때부터 지적 에너지나 성적 에너지를 분출할 기회가 거의 없었고, 공상에 잠기는 경향이 강했으며, 자신의 공상을 "개인 전용 극장"이라고 불렀다. 나중에 아버지가 병상에서 죽자 그녀는 두 의식 상태가 번갈아 나타나는 인격 분열 또는 인격 해리 증상에 빠졌다. '황홀경' 상태(브로이어와 프로이트는 "자기최면" 상태라고 불렀다)에 빠지면 그녀는 생생하고 항상 두려움을 느끼게 하는 환각을 경험했다. 가장 흔한 환각은 뱀이 나타나거나, 자기 머리카락이 뱀으로 보이거나, 해골로 바뀐 아버지의 얼굴이 보이는 것이었다. 그녀는 다시 최면 상태에 빠질 때까지 환각을 전혀 기억하거나 의식하지 못했지만, 한번은 브로이어가 그 상태를 유도했다.

그녀는 대화 도중에 환각에 빠져서, 밖으로 달려 나가거나 나무에 오르는 등의 행동을 했다. 다른 사람이 붙잡으면 그녀는 즉시 중단했던 문장으로 되돌아왔고, 그사이에 일어난 일을 전혀 기억하지 못했다. 그러나 최면 상태에 들자, 그녀는 그 모든 환각을 경험하고 보고했다.

병이 진행됨에 따라 안나의 '황홀경' 인격은 갈수록 지배적 위치를 차지했다. 그녀는 장시간 동안 현재를 잊거나 보지 못하고 과거에 있는 듯한 환각에 빠졌다. 이때가 되면 그녀는 루됭의 수녀들이나 세일럼의 '마녀들'처럼 주로 망상에 가까운 환각의 세계에서 살았다.

그러나 마녀들, 수녀들 또는 강제수용소와 전투의 힘겨운 생존자들과는 달리, 안나 O.는 모든 증상에서 거의 완전히 회복하여 그 후로 알차고 생산적으로 살았다.

안나가 '정상'일 때에는 자신의 환각을 기억하지 못하다가 최면에 걸렸을 때 모든 환각을 기억하는 것으로 보아, 그녀의 최면 상태는 자연발생적인 황홀경 상태와 비슷함을 알 수 있다.

실제로 최면 암시를 이용하면 환각을 유발할 수 있다.[9] 물론 히스테리라고 부르는 장기적인 병리 상태와 최면 전문가가 (혹은 본인이) 일으키는 짧은 황홀경 상태에는 엄청난 차이가 있다. 윌리엄 제임스는 특이한 정신 상태에 대한 강연에서, 죽은 자의 목소리와 이미지를 전해주는 영매 그리고 수정 구슬로 미래를 들여다보는 점쟁이에 대해 언급했다. 제임스는 그 상황에서 목소리와 환영이 정직한 것인지 아닌지 하는 것보다, 환각을 낳을 수 있는 정신 상태에 더 주목했다. 그는 신중한 관찰(그는 많은 강령회에 참석했다)을 통해 영매와 점쟁이는 일반적인 의미에서 의식적으로 허풍을 떨거나 거짓말하는 사람들이 아님을 확신했다. 그가 느끼기에 그들은 환각에 기여하는 변성된 의식 상태에 빠져 있었고, 환각의 구체적인 내용은 그들이 받은 질문에 따라 결정되었다. 특이한 정신 상태는 자기최면을 통해 형성되었다(분명 어두컴컴한 조명과 모호한 주위 환경, 그리고 의뢰인들의 열렬한 기대에 힘입기도 했을 것이다).

약물, 영적인 의식, 무아경의 북소리나 춤 같은 관습적 요인도 최면 같은 황홀경 상태와 그에 따르는 생생한 환각 및 기본적인 생리 작용의 변

---

9. 브래디와 레빗은 이 사실을 실험적으로 입증했다. 1966년의 연구에서 그들은 최면에 걸린 대상자들에게 그들이 움직이는 시각적 자극물(수직의 선이 그려진 북이 회전하는 것)을 "보고" 있다고(환각으로) 암시했다. 그러는 동안 대상자들의 눈은 실제로 돌아가는 북을 보고 있을 때 발생하는 자율적인 추적 운동(시운동성안진)을 나타냈다. 반면에 시각적 표적을 상상할 때에는 그런 운동이 일어나지 않았다.

화(예를 들어, 온몸이 판자처럼 굳어서 머리와 발만 들어도 수평 상태가 유지되는 경직성)를 일으킬 수 있다. 많은 종교 전통에서는 묵상이나 명상법을 이용해왔으며(신성한 음악, 그림 또는 건축을 곁들여서), 그 목적은 환각적인 상을 유도하는 것이기도 했다. 앤드루 뉴버그와 여러 학자들이 입증한 바에 따르면, 장기적으로 명상 수행을 하면 주의, 감정, 몇몇 자율 기능에 관여하는 뇌 부위의 피질 혈류량에 유의미한 변화가 일어난다고 한다.

특이한 정신 상태 중 가장 흔하고, 사람들이 가장 많이 찾고, (수많은 문화와 사회에서) 가장 '정상적인' 상태는 영적으로 동조된 의식, 즉 초자연성이나 신성을 물질적이고 실질적으로 경험하는 의식 상태다. 민족학자인 T. M. 루어만은 탁월한 저서 《신이 답할 때When God Talks Back》에서 이 현상을 감탄이 나올 정도로 훌륭하게 조사했다.

루어만의 예전의 책은 현재 영국에서 주술을 행하고 있는 사람들에 관한 책이었고, 그 책을 쓰기 위해 그녀는 그들의 세계에 아주 깊이 들어갔다. "나는 인류학자를 따라 했다. 그들의 세계에 참여하고, 그들의 집단에 합류했다. 그들의 책과 소설을 읽었다. 그들의 기술을 몸소 행하고, 그들의 의식에 직접 참가했다. 그리고 그 의식들은 대개 상상의 기술에 의존하고 있음을 알게 되었다. 사람들은 눈을 감고 그룹의 지도자가 말하는 이야기를 마음의 눈으로 보았다." 흥미롭게도 이 기술을 1년 정도 훈련하자 그녀의 심상은 더 분명해지고 세밀해지고 입체적이 되었다. 그리고 그녀의 집중 상태는 "더 깊어지고, 평소 때와 확연히 달라졌다". 어느 날 밤 그녀는 아서 왕의 영국에 관한 책에 몰두하게 되었는데, "그 이야기가 내 감정을 사로잡고 마음을 가득 채울 정도로 빠져들었다"라고 썼다. 이튿날 아침, 그녀는 잠에서 깨어나 놀라운 광경을 보았다.

여섯 명의 드루이드 성직자가 런던의 번화한 거리를 발아래 두고 선 자세로 창문에 바짝 붙어 있었다. 나는 그들을 보았고, 그들은 나를 손짓해서 불렀다. 나는 잠시 충격과 놀라움에 사로잡혀 그들을 바라보았고 재빨리 침대에서 나왔지만, 그사이에 그들은 사라져버렸다. 그들은 육신을 갖고 그곳에 있었던 것일까? 아마 아닐 것이다. 하지만 그 경험에 대한 기억은 매우 선명하다. … 내가 그 순간을 기록한 공책을 볼 때처럼, 나는 그들을 틀림없이, 확실히, 객관적으로 보았다고 기억한다. 그리고 워낙 특이한 경험이었기 때문에 기억은 더욱 선명하다. 그런 일은 난생처음이었다.

나중에 루어만은 복음주의 종교를 연구하기 시작했다. 신성, 하나님의 본질은 비물질적이다. 신은 정상적인 방법으로는 볼 수 없고, 만질 수 없고, 들을 수 없다. 그녀는 의아하게 여겼다. 이렇게 증거가 부족한데도 어떻게 신은 그렇게 많은 복음주의자들과 종교를 믿는 사람들의 삶에 현실적이고 친근한 존재가 되었을까? 많은 복음주의자들이 실제로 신의 손길을 느끼고 목소리를 크게 들었으며, 어떤 사람들은 물리적으로 신의 존재를 느꼈고, 신이 실제로 존재하며 분명 그들과 나란히 걸어 다닌다고 한다.

복음주의 기독교는 기도와 영적 수련을 강조하는데, 그 기술을 익히려면 배우고 연습해야 한다. 그런 기술은 실제의 경험이든 상상의 경험이든, 자신의 경험에 완전히 빠지고 충분히 몰입하는 성향이 있으면 더 쉽게 익힐 수 있다. 그 능력은 "마음의 대상에 초점을 맞추는 것 … 소설을 읽는 사람이나 음악을 듣는 사람이나 일요일에 산을 타는 사람이 상상이나 감상感想에 몰입하는 방식"이라고 루어만은 정의했다. 몰입 능력은 연습을 통해 갈고닦을 수 있으며, 기도할 때 바로 그런 일이 일어난다고 그녀는 생각했다. 기도의 기술은 종종 세부적인 감각에 주의를 기울이는 데 집중된다.

[신도들은] 마음의 눈으로 보고, 듣고, 냄새 맡고, 접촉하는 연습을 한다. 그들은 이렇게 상상으로 연습할 때 실제 사건에 대한 기억과 연관된 감각적 생생함을 부여한다. 그들이 상상하는 것은 그들에게 더욱 실제적으로 바뀐다.

그리고 어느 날 마음이 상상에서 환각으로 도약하면, 신도는 신의 목소리를 듣고 그 모습을 보게 된다.

그토록 갈망하던 목소리와 모습은 완벽히 현실성을 띤다. 루어만의 대상자인 새러는 다음과 같이 표현했다. "[기도하는 중에] 내가 보는 그 상은 아주 현실적이고 명료해요. 단순한 백일몽과는 달라요. 정말이지, 가끔은 파워포인트 프레젠테이션과 거의 똑같아요." 시간이 흐르자, 새러의 상들은 "더 풍부해지고 복잡해졌다. 테두리도 선명해진 듯했다. 상은 갈수록 더 복잡하고 뚜렷해졌다"고 루어만은 말했다. 이렇듯 심상은 객관세계만큼 확실하고 현실적으로 변한다.

새러는 그런 경험을 많이 했다. 어떤 신자들은 한 번에 그치지만, 신을 단 한 번만 경험해도 실제로 지각되는 힘에 압도당하면 평생 신앙을 유지할 수 있다.

더 소박한 차원에서도 사람들은 누구나 암시 효과에 잘 걸리고, 특히 감정을 고조시키고 모호한 자극을 곁들이면 더 잘 걸려든다. 어떤 집에 "귀신이 출몰한다"는 생각은 이성적으로는 코웃음치고 넘어갈 수 있지만, 그래도 경계심을 유발하고 심지어 환각을 불러일으킬 수 있다. 레슬리 D.는 다음과 같이 편지를 썼다.

4년 전쯤, 나는 펜실베이니아 주 하노버에서 가장 오래된 주택에 입주했습니다. 첫째 날, 나는 그 집에 유령이 사는데 그곳에 오래전에 살았던 음악 교사인 고브레 씨의 유령이라는 말을 들었어요. … 나는 그가 그 집에서 죽었겠거니, 하고 생각했습니다. 내가 초자연적인 것을 얼마나 믿지 않는지는 어떤 표현을 동원해도 설명이 불가능할 겁니다! 하지만 며칠도 지나지 않아서 책상 앞에 앉아 있을 때 어떤 손이 바짓가랑이를 잡아당기는 것 같은 느낌이 들기 시작했어요. 이따금 내 어깨를 건드리기도 하고요. 일주일 전에 우리는 그 유령에 대해 의논하고 있었는데, 그때 바로 어깨 아래에서 내 등을 따라 손가락들이 움직이는 것을 (아주 확실하게) 느꼈어요. 그 느낌이 너무 뚜렷해서 펄쩍 뛰었답니다. 아마도 암시 효과겠죠?

아이들은 종종 상상의 친구와 사귄다. 때때로 아이가 지속적이고 체계적으로 만들어낸 공상이나 이야기일 수 있으며, 특히 상상력이 풍부하고 외로운 아이의 창작품일 가능성이 높다. 그러나 어떤 경우에는 환각의 요소가 포함되어 있을 수 있다. 헤일리 W.가 나에게 묘사한 것처럼 그 환각은 온순하고 유쾌하다.

형제자매 없이 크던 시절, 나는 가상의 친구 몇 명을 창조했습니다. 자주 만나서 노는 친구들로, 나이는 대략 세 살에서 여섯 살까지였죠. 가장 기억에 남는 친구는 케이시와 클레이시라는 이름의 일란성 쌍둥이 여자애들이었어요. 둘은 나이와 몸집이 나와 비슷했죠. 우리는 뒷마당에서 그네를 타거나 소꿉놀이를 했습니다. 그리고 케이시와 클레이시에게는 밀키라는 어린 여동생이 있었어요. 나는 마음의 눈으로 그 아이들을 모두 선명하게 보았습니다. 그때 아이들은 아주 진짜 같았죠. 부모님은 재미있게 여기셨지만, 상상의 친구들이 그렇게 여러 명이고 자세한 것이 과연 자연스러운 일이냐고 물으시더군요. 부모님 덕분에 기억이 났는데, 나는 식탁에 앉아서 "없는 사람"과 오랫동안 이야기를 주고받았고, 부모님이 물으면 항상 케이시와 클레이시하고 대화하고 있다고 대답했습니다. 장난감을 갖고 놀거나 게임을 할 때에도 케이시와 클레이시 또는 밀키와 놀고 있다고 말했죠. 나는 그 아이들에 대해 많이 이야기했고, 한동안 맹도견 생각에 병적으로 집착해서 어머니에게 한 마리 키우자고 졸라댔던 기억이 납니다. 어머니는 놀라는 대신, 왜 그런 생각을 하게 되었냐고 물으시더군요. 나는 케이시와 클레이시의 어머니가 장님인데, 나도 그 부인의 맹도견 같은 개를 갖고 싶다고 대답했습니다. 성인이 된 지금도 나는 다른 사람들이 상상의 친구 같은 것은 없었다고 말하면 놀라곤 합니다. 그렇게 중요하고 즐거운 유년의 추억이 없다니요.

그러나 여기에서 "상상"은 적절한 단어가 아니다. 그 친구들은 공상이나 상상이 만들어낸 어떤 작품도 따라오지 못할 만큼 아주 진짜 같았기 때문이다. 어린이들의 생각과 유희를 어른들이 지닌 '현실'과 '상상'의 범주에 끼워 맞추기 어렵다는 사실은 놀라운 일이 아니다. 피아제가 옳다면, 아이들은 대략 일곱 살까지는 공상과 현실, 내적 세계와 외적 세계를 일관되고 자신 있게 구분하지 못하기 때문이다. 상상의 친구들이 하나둘씩 떠나는 시기도 대개 이 무렵이다.

아이들은 또한 (우리의 문화가) 환각을 '비정상'으로 간주한다는 사실을 아직 배우지 못한 탓에 환각을 더 잘 받아들인다. 톰 W.는 자신이 "작정하고 만든" 유년기의 환각들, 4~7세에 재미로 떠올리곤 하던 입면 환영에 대해 편지를 썼다.

어린 시절에는 잠이 드는 동안 환각을 경험하면서 즐거워하곤 했습니다. 흐릿한 불빛 속에서 침대에 누워 천장을 응시하곤 했어요. … 한 점을 뚫어지게 보면서 두 눈을 고정하면, 천장이 흑백 톤으로 변하면서 점차 벌떼 같은 화소가 되고, 그런 뒤 여러 가지 무늬로 변했어요. 파도무늬, 격자무늬, 페이즐리 무늬(휘어진 깃털 같은 무늬—옮긴이) 등으로요. 그런 뒤 그 한가운데에 사람의 형상들이 나타나 서로에게 뭔가를 하기 시작했어요. 아주 많은 인물들이 기억납니다. [그리고] 그들이 시각적으로 특별히 선명했던 것도 기억납니다. 일단 환영이 나타나면 영화를 볼 때처럼 이것저것 둘러볼 수 있었습니다. 다른 방법으로도 할 수 있었습니다. 침대 발치에 가족사진이 걸려 있었는데, 조부모님, 사촌들, 고모와 삼촌, 우리 부모님, 형과 내가 모여서 찍은 전통적인 사진이었어요. 우리 뒤에 커다란 쥐똥나무 울타리가 있었습니다. 이번에도 저녁에 그 사진을 응시하곤 했죠. 그러면 즉시 즐겁긴 하지만 이상하고 어처구니없는 일이 벌어지기 시작했어요. 쥐똥나무 울타리에서 사과가 자라고, 사촌들이 재잘거리면서 서로 잡으려고 우리 주위를 뛰어다녔습니다. 할머니의 머리가 펑 하고 사라진 다음 두 종아리에 달라붙고, 그런 상태로 두 다리가 춤을 추며 돌아다니기 시작했지요. 지금은 좀 섬뜩한 느낌이 들지만, 그때는 짜릿할 정도로 재미있었답니다.

인생의 반대편에는 죽을 때나 죽음을 예감할 때 방문하는 특별한 환각이 우리를 기다리고 있다. 나는 양로원과 요양원에서 일하는 동안, 의식이 맑고 정신이 멀쩡한 환자들이 죽음이 임박했음을 느낄 때 환각을 경험하곤 한다는 사실에 놀라움과 뭉클함을 느끼곤 한다.

로잘리는 내가 샤를보네증후군에 관한 장에서 묘사한 아주 연로한 시각장애인 할머니였다. 그녀가 병상에 누워서 곧 죽으리라고 생각했을 때, 그녀의 어머니가 환영으로 나타났고 천국에서 그녀를 맞이하는 어머니의 목소리가 들렸다. 이 환각은 성격상 로잘리가 평소에 겪은 샤를보네증후군 환각과는 완전히 달랐다. 이번에는 다감각적이었고, 개인적이었으며, 그녀에게 말을 걸었고, 따뜻함과 부드러움이 흠뻑 스며들어 있었다. 이와 대조적으로 샤를보네증후군 환각은 명백히 그녀와 관련이 없었고, 어떤 감정도 불러일으키지 않았다. 내가 아는 바로는 다른 환자들, 즉 샤를보네증후군이나 그 밖의 특별한 질환이 환각을 유발하지 않는 환자들도 그와 비슷한 임종 환각을 겪는다. 그러한 환각은 그들의 일생에 처음이자 마지막인 셈이다.

14장

도플갱어: 나를 보는 환각

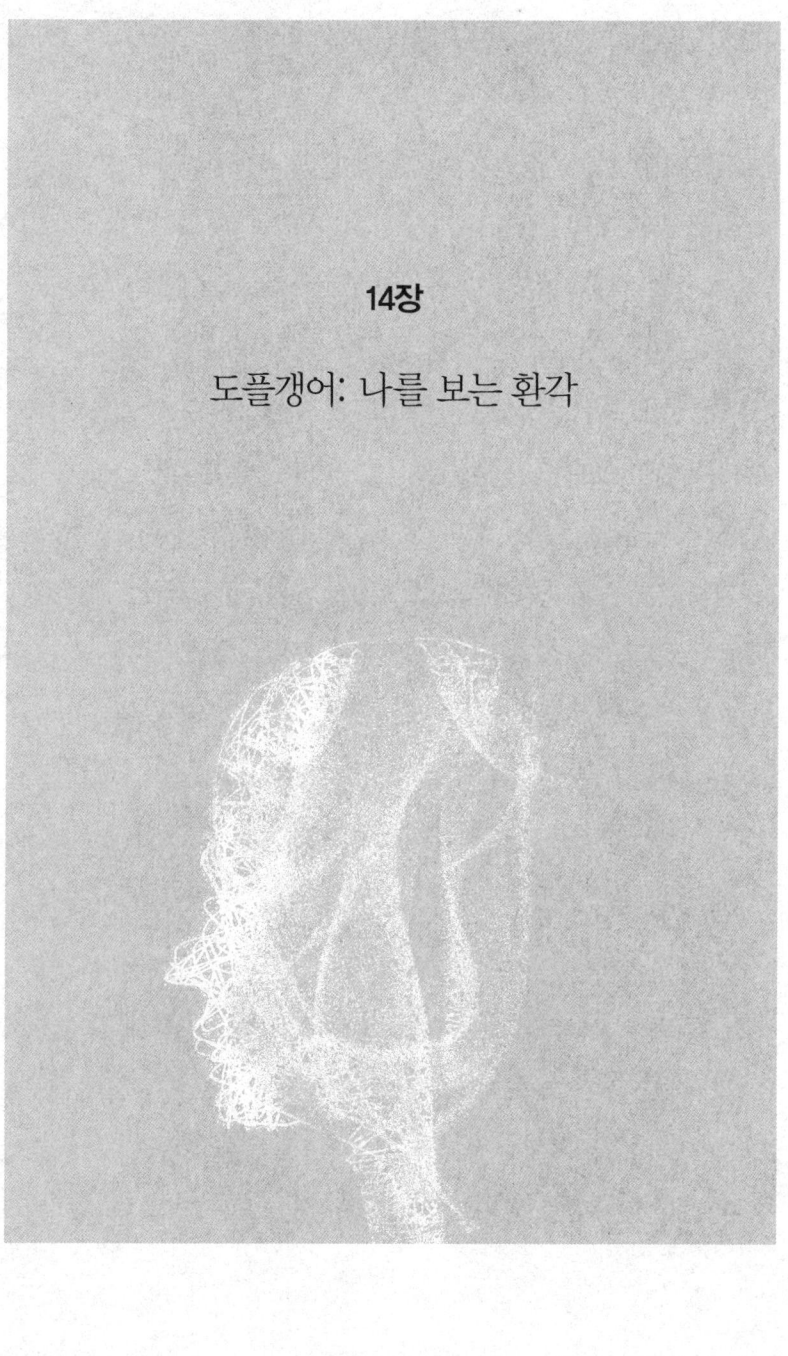

나에게 편지를 보낸 몇몇 경험자들이 강조하듯이, 수면마비는 물 위에 떠 있거나 공중부양을 하는 느낌, 더 나아가 몸에서 빠져나가 허공을 날아다니는 환각과 관련이 있다. 이 경험은 소름 끼치는 악몽과 달리, 평온함과 기쁨을 수반한다(체인의 몇몇 대상자들은 "희열"이란 단어를 썼다). 저넷 B.는 평생 기면증과 수면마비(그녀는 "마법"이라고 표현한다)를 겪은 여성으로, 그 느낌을 다음과 같이 묘사했다.

대학을 졸업한 후, 이 마법은 짐이자 축복이 되었습니다. 어느 날 밤, 나는 마비 상태에 빠져서 될 대로 되라는 심정으로 누워 있었어요. 그때 나 자신이 몸 밖으로 서서히 떠오르는 것을 느꼈어요! 내가 몸 밖으로 나와 공중에 떠 있는 동안, 처음에는 공포감이 들었지만 곧 경이롭고 평화로운 희열감이 밀려왔습니다. 그 경험을 하는 동안, 그것이 환각이라고 믿기가 정말 어려웠습니다. 모든 감각이 유별나게 예민해진 듯했어요. 다른 방에서 나는 누군가의 라디오 소리, 창밖에서 우는 귀뚜라미 소리. 자세한 이야기는 차치하고도, 분명 내가 경험한 어떤 것보다도 즐거운 환각이었어요. …

지금 생각해보면 유체이탈 체험에 깊이 중독되었던 것 같아요. 신경과 의사가 야간의 마비와 환각을 완화시켜주려고 약을 권했을 때, 나는 유체이탈 체험을 포기하기보다 약을 거부하는 쪽을 선택했답니다. 물론 이유는 말하지 않았죠.

꽤 오랫동안 나는 그 즐거운 환각을 경험하려고 스스로 노력했습니다. 환각이 대개 심한 스트레스나 수면 부족 후에 온다는 사실을 알게 되었고, 그래서 일부러 잠을 안 자곤 했어요. 지구의 둥근 곡선이 보일 정도로 높이 올라가 별들 사이에 떠 있는 것을 경험하려고요. …

그러나 희열은 공포와 담합하기도 한다. 나의 친구인 피터 S.가 이 사실을 깨달은 것은 환각을 동반한 수면마비를 한 번 겪은 뒤였다. 그는 자신의 몸에서 벗어났고, 고개를 돌려 자신의 몸을 힐끗 본 뒤 하늘 높이 솟구쳤다. 그는 육체의 한계에서 벗어났다는 생각에 엄청난 자유와 기쁨을 느꼈고, 온 우주를 마음껏 돌아다닐 수 있다고 느꼈다. 하지만 두려움도 밀려왔고, 두려움은 공포로 바뀌었다. 지상으로 내려가서 자신의 몸과 재결합하지 못하고 무한한 공간에서 영원히 헤맬지 모른다는 생각이 들었기 때문이다.

유체이탈 체험은 발작이나 편두통을 겪는 과정에서 뇌의 특정한 영역이 자극을 받으면 발생할 뿐 아니라, 피질에 전기 자극을 가해도 발생한다.[1] 또한 약물 경험으로나 스스로 유발한 황홀경 상태에서도 발생한다. 유체이탈 체험은 심장마비나 부정맥, 다량의 출혈이나 쇼크로 뇌에 충분한 혈액이 공급되지 않을 때에도 발생할 수 있다.

나의 친구인 새러 B.는 분만실에서 출산한 직후에 유체이탈 체험을 경험했다. 그녀는 건강한 아기를 낳았지만, 많은 피를 흘렸다. 그녀의 산과 의는 출혈을 멈추려면 자궁을 압박해야 한다고 말했다. 새러는 이렇게 편지를 썼다.

자궁이 짓눌리고 있는 느낌이 들었고, 나는 움직이거나 비명을 지르지 않겠다고 다짐했죠. … 그때 갑자기 내가 뒤통수를 천장으로 향한 채 공중으로 떠오르기 시작했어요. 밑을 내려다보니 내가 아닌 어떤 몸이 보이더군요. 그 몸은 나와 약간 떨어져 있었어요. … 나는 의사가 여자를 사정없이 내리치고, 애를 쓰며 큰 소리로 투덜거리는 것을 지켜보았어요. 나는 "이 여자는 어지간히 배려심이 없군. J박사를 저렇게 힘들게 하다니" 하고 생각했어요. … 나는 시간, 요일, 장소, 사람, 사건에 대한 인지력을 완전히 상실했죠. 그 드라마의 중심이 나 자신이란 것을 전혀 몰랐어요.

잠시 후 J박사가 몸에서 손을 떼고 뒤로 물러선 뒤, 출혈이 멈췄다고 말했어요. 그가 그 말을 할 때, 마치 팔이 코트의 소매 속으로 쑥 들어가듯 내가 몸속으로 미끄러지듯 들어가는 것을 느꼈어요. 나는 더이상 위에서 의사를 내려다보고 있지 않았어요. 의사는 아주 가까이, 내 위로 어렴풋이 보였어요. 그의 초록색 수술 장갑은 피로 뒤덮여 있었죠.

---

1. '유체이탈 체험OBE, out-of-body experience'이라는 용어는 1960년대의 옥스퍼드 심리학 교수 셀리아 그린이 처음 소개했다. 유체이탈을 체험했다는 이야기들은 수 세기 동안 존재했지만, 그린은 최초로 직접적인 보고를 체계적으로 조사했다. 이를 위해 그녀는 신문과 BBC를 통해 대중에게 홍보하여 400여 명의 소재를 파악하고 그들의 보고를 수집했다. 1968년의 책 《유체이탈 체험Out-of-the-Body Experiences》에서 그녀는 이 보고들을 자세히 분석했다.

새러는 심각한 저혈압 상태였고, 이로 인해 뇌에 충분한 산소가 공급되지 않아서 유체이탈 체험을 한 듯하다. 불안함도 추가적인 요인으로 작용할 수 있다. 그녀는 계속 저혈압 상태였지만 출혈이 멈췄다는 안도감이 발작을 멈추는 데 도움이 되었다. 그녀가 자신의 몸을 알아보지 못한 것은 이상하다. 보통 경험자들은 육체를 떠난 자아가 자신의 집을 내려다보고 있을 때 그 몸이 "텅 비었거나" "공허해" 보인다고 보고한다.

화학자인 다른 친구 헤이즐 R.은 여러 해 전의 경험을 내게 말했는데, 그 일도 출산 중에 일어났다. 그녀는 통증 때문에 헤로인을 맞았고(당시 영국에서 흔한 일이었다), 헤로인의 효과가 나타나자 위로 붕 떠올라 분만실 천장의 한쪽 구석에서 멈춘 것처럼 느껴졌다. 자신의 몸을 내려다보는 그녀는 통증을 전혀 느끼지 않았지만 밑에 있는 몸에는 통증이 남아 있다고 생각했다. 그녀는 또한 시각적, 지적 예리함이 엄청나게 높아져서 어떤 문제든 쉽게 풀 수 있을 것만 같았다(그녀는 익살맞은 표정으로, 애석하게도 아무 문제도 떠오르지 않았다고 말했다). 헤로인의 약효가 떨어지자 그녀는 다시금 자신의 몸, 맹렬한 수축과 통증으로 돌아왔다. 그녀의 산과의가 헤로인을 한 번 더 맞아도 된다고 말했을 때 그녀는 헤로인이 몸에 역효과를 내는 것은 아니냐고 물었다. 그렇지 않다는 말에 안심하고 두 번째 주사를 맞았고, 이번에도 자신의 몸과 산통에서 분리되어 천상에 있는 듯한 평화로움과 명료한 정신을 즐겼다.[2] 50여 년 전에 일어난

---

2. 셀리아 그린의 몇몇 대상자들도 이와 비슷한 느낌을 묘사했다. 한 명은 "정신이 어느 때보다도 맑고 활발했다"고 말했다. 다른 대상자는 "모든 것을 알고 이해할 수 있는" 상태였다고 말했다. 그린은 그 대상자들이 "어떤 문제를 선택해도 해답을 명확히 내놓을 수 있을 것"처럼 느꼈다고 썼다.

일이지만 헤이즐은 지금도 모든 것을 자세히 기억하고 있다.

유체이탈은 경험해보지 않으면 쉽게 상상할 수 없다. 나는 유체이탈 체험을 한 번도 경험하지 못했지만, 사람의 자아의식이 얼마나 쉽게 몸과 분리되어 로봇 속에 "재형성"되는지 보여주는 아주 간단한 실험에 참가한 적이 있다. 로봇은 커다란 금속 인형으로, 두 개의 카메라가 '눈'을 대신하고 바닷가재 같은 집게발이 '손'을 대신했다. 이는 우주비행사들이 우주에서 비슷한 기계를 작동할 수 있도록 훈련하기 위해 고안된 것이었다. 나는 비디오카메라와 연결된 고글을 통해 사실상 로봇의 눈으로 세계를 보았고, 내 동작을 등록하여 로봇의 집게발에 전달할 센서가 달린 장갑에 두 손을 집어넣었다. 그렇게 연결되어 로봇의 눈으로 세상을 보자마자, 즉시 왼쪽으로 몇 피트 떨어진 곳에 이상하게 작은 사람이(내가 로봇의 몸에 들어가 아주 커졌기 때문에 그렇게 작게 느껴졌을까?) 고글과 장갑을 낀 채 의자에 앉아 있는 것이 보였다. 처음에는 껍데기만 남은 사람이라는 생각이 들었지만, 분명히 나였다.

외과 의사인 토니 치코리아는 몇 년 전에 벼락을 맞아 심장마비를 일으켰다(나는 《뮤지코필리아》에서 그의 복잡한 이야기를 모두 설명했다). 그는 나에게 이렇게 설명했다.

번개가 번쩍하면서… 내 얼굴을 때린 기억이 납니다. 그다음 기억은 내가 뒤로 날아가고 있다는 것이었어요. … [그런 다음] 나는 앞으로 날아가고 있었습니다. 내 몸이 바닥에 쓰러져 있는 것이 보이더군요. 나는 속으로 "이런 젠장, 내가 죽었군"이라고 말했습니다. 사람들이 내 시체 주위로 모이는 모습이 보였어요. 한 여자가… 내 몸 위에서 인공호흡을 하는 것이 보였습니다.

치코리아의 유체이탈 체험은 더 복잡해졌다. "푸르스름한 흰 빛이 있었고… 행복과 은총의 느낌이 강하게 밀려왔어요." 그는 자신이 천국으로 끌려가고 있다고 느꼈다(그의 유체이탈 체험은 '임사 체험'으로 발전했는데, 유체이탈 체험에서는 드문 경우였다). 그리고 벼락을 맞은 순간으로부터 30~40초쯤 흘렀을 때였다. "슬램덩크처럼 다시 돌아왔습니다!"

'임사 체험near-death experience'은 레이먼드 무디의 1975년 저서 《다시 산다는 것Life After Life》을 통해 세상에 소개되었다. 무디는 많은 인터뷰로 정보를 수집한 후, 수많은 임사 체험에 공통으로 나타나는 상당히 일정하고 틀에 박힌 경험들을 묶어서 묘사했다. 다수의 사람들이 어두운 터널 속으로 끌려가고, 그런 뒤 밝은 곳(어떤 대상자는 "빛의 존재"라고 불렀다)을 향해 나아가고 있다고 느꼈다. 그리고 마지막으로 앞쪽에 한계나 장애물이 있다고 느꼈으며, 대부분의 사람들은 그곳을 삶과 죽음의 경계로 해석했다. 어떤 사람들은 살면서 겪었던 사건을 빠르게 재생하거나 재검토하는 경험을 했고 다른 사람들은 친구들과 친척들을 보았다. 전형적인 임사 체험의 모든 과정에는 아주 강렬한 기쁨과 평온함이 가득해서 (자신의 몸속으로, 삶 속으로) "되돌아가야" 할 때에는 유감스러운 마음이 강하게 들곤 했다. 경험자들은 그 경험을 진짜처럼 느꼈으며 "현실보다 더 현실적이었다"고 평가했다. 무디가 면담한 많은 사람들이 이 놀라운 경험을 초자연적으로 해석하기를 좋아했지만, 어떤 사람들은 그것을 특별히 복잡한 종류이긴 하지만 환각으로 여기는 경향이 있었다. 많은 연구자들이 뇌 활성과 혈류에 기초하여 자연적 원인으로 설명하려 하는 이유는 임사 체험이 심장마비와 특별한 관련이 있고 실신 상태에서 발생하는데, 혈압이 곤두박질치고 얼굴이 창백해지고 머리와 뇌에서 혈액이 빠져나가기 때문이다.

켄터키대학교의 케빈 넬슨과 그의 연구팀은 유력한 증거를 제시했다. 대뇌의 혈류량이 감소할 때 의식이 해리되고, 깨어 있는 상태인데도 대상자들은 몸이 마비되고 REM수면의 특징인 꿈 같은 환각('REM 침투')에 빠진다. 이 상태는 수면마비와 비슷한 점이 있다(임사 체험은 수면마비에 잘 걸리는 사람들에게 더 자주 일어난다). 이 외에도 다양한 특징이 있다. 넬슨이 생각하기에는, "어두운 터널"은 망막으로 가는 혈류의 감소와 일치한다(이는 시야의 수축 또는 터널 시야를 일으키는데, 조종사들이 중력 스트레스를 받을 때 가끔 이 현상을 겪는다). "밝은 빛"은 뇌간의 한 부위(뇌교)에서 피질하 시각 중계소들을 거친 뒤 후두피질로 이동하는 뉴런 흥분의 흐름과 관계가 있다고 넬슨은 추측한다. 모든 신경생리학적 변화에 더하여, 체험자는 자신이 죽음의 위기에 있음을 알고(어떤 체험자들은 자신이 죽었다는 선고를 듣기도 했다), 죽음이 임박해 있고 피할 수 없다면 평화롭게 이승에서 저승으로 넘어가기를 바라는 상태에서 공포심과 경외심을 느낄 수 있다.

올라프 블랑케와 페터 브루거는 각자 몇 명의 중증 간질 환자를 대상으로 그 현상을 연구해왔다. 1950년대 와일더 펜필드의 환자들처럼, 약물치료에 반응하지 않는 난치성 발작 환자들은 수술로 문제의 간질 초점을 제거해야 한다. 수술을 하려면 간질 초점을 찾아내고 치명적인 부위를 피하기 위해 광범위한 검사와 매핑[뇌지도 그리기] 작업을 해야 한다. 이 과정을 거치는 동안 환자는 깨어 있어야 하고, 자신이 무엇을 경험하고 있는지 보고할 수 있다. 블랑케는 한 환자를 대상으로 우뇌 각회(두정엽과 측두엽의 윗부분—옮긴이)의 특정 부위들을 자극하면 어김없이 유체이탈 체험을 하는 것을 입증했다. 환자는 몸이 가벼워지면서 공중에 뜨는 느낌과 함께 신체상身體像의 변화를 겪었는데, 두 다리가 "점점 짧아지면서" 얼굴 쪽으로 올라오는 것을 보았다. 블랑케 등은 각회가 신체상과 전정지각을 중재하는 회로에 있어서 결정적으로 중요한 곳이고, "자아와 육체의 해리 경험은 신체에서 오는 정보를 전정의 정보와 통합하지 못한 결과"라고 추측한다.

어떤 경우, 사람은 몸에서 나오는 대신 정상적인 관점에서 자신이 두 배로 늘어나는 것을 본다. 이때 새로운 자아는 그의 자세와 동작을 똑같이 따라 한다(또는 공유한다). 자기상 환각은 순전히 시각적이고 보통 상당히 짧게 끝난다. 예를 들어, 자기상 환각은 몇 분 동안 편두통이나 간질 전조를 겪을 때 일어날 수 있다. 맥도널드 크리츨리는 편두통의 역사를 유쾌하게 다룬 《편두통: 카파도키아에서 퀸스퀘어까지 Migraine: From Cappadocia to Queen Square》에서 위대한 박물학자 칼 린네의 자기상 환각을 이렇게 묘사했다.

린네는 "자신의 다른 자아"가 그와 함께 나란히 정원을 거니는 것을 보곤 했다. 환영은 린네의 동작을 똑같이 따라 하곤 했는데, 예를 들어 린네와 똑같이 몸을 구부리고 식물을 관찰하거나 꽃을 꺾었다. 때때로 분신은 서재의 책상 앞에 있는 린네의 의자를 차지하곤 했다. 어느 날, 린네는 실물 교습을 하던 중 자신의 서재에서 표본을 가져와서 학생들에게 보여주려 했다. 그는 문을 급히 열고 들어가려다 멈춰 서서 이렇게 말했다. "아하! 내가 벌써 와 있군."

샤를 보네의 할아버지인 샤를 룰린도 3개월 동안 규칙적으로 이와 비슷한 분신 환각을 보았다. 다우베 드라이스마는 아래와 같이 묘사한다.

어느 날 아침, 그는 창가에서 조용히 파이프 담배를 피우고 있었다. 그때 그의 왼쪽에 한 남자가 편하게 창틀에 기대서 있었다. 머리 하나쯤 크다는 사실 말고는, 그 남자는 룰린과 똑같았다. 그도 파이프 담배를 피우고 있었고, 똑같은 모자에 잠옷 가운을 입고 있었다. 그 남자는 다음 날 아침에도 나타났고, 점차 친숙한 유령이 되었다.

자기상의 분신은 말 그대로 거울에 비친 자신의 모습으로, 오른쪽과 왼쪽이 바뀌어 있고, 자세와 동작을 똑같이 따라 한다. 분신은 순전한 시각적 현상이며, 독립적인 정체성이나 지향성은 전혀 없다. 분신은 욕구도 없고 주도권도 없다. 다시 말해, 분신은 수동적이고 중립적이다.[3]

장 레르미트는 1951년 자기상 환시autoscopy를 다룬 평론에서 이렇게 썼다. "분신 현상은 간질 외에도 여러 뇌질환에 의해 발생한다. 그 현상은 전신 마비[신경매독], 뇌염, 정신분열병의 뇌증, 뇌의 초점 병변, 외상 후증후군 등에서 발생한다. … 분신 유령을 본다면 발병을 심각하게 의심해야 한다."

현재 자기상 환시의 모든 사례 중 상당수(약 3분의 1)가 정신분열병과 관계가 있다고 보이지만, 명백한 신체적 또는 기질적 병인을 가진 환자들은 암시에 민감할 수 있다. T. R. 데닝와 게르만 베리오스는 두부 손상을 당한 후 측두엽 발작으로 헛것을 보는 35세 남성에 대해 묘사했다. 그 남성은 얼마 전에 자신의 넥타이들이 뱀처럼 꿈틀대며 (넥타이 걸이에) 매달려 있는 것을 보았다고 말했다. 그러나 명백한 환각이나 자기상 환시를 겪고 있느냐는 질문에 아니라고 대답했다. 일주일 후 그는 약간 흥분한 상태로 예약 시간에 도착했다. 이번에는 자기상 환시를 경험했다.

그는 카페에 앉아 있었다. 그때 갑자기 자신의 상이 대략 14~18미터 떨어진 곳에서 카페 창문을 통해 안을 들여다보고 있는 것을 알았다. 그 이미지는 거무스름했고, 열아홉 살 때의 그와 똑같은 모습이었다(그때 사고를 당했다). 이미지는 말을 하지 않았고, 머무른 시간은 1분이 조금 안 되는 것 같았다. 그는 마치 한 대 얻어맞은 것처럼 놀라고 불편해서 그 자리를 벗어나야 한다고 느꼈다. 이 증상의 타이밍이 일주일 전 정신과 의사가 물어본 질문의 영향

---

3. 아우구스트 스트린드베리는 자전적 소설 《지옥Inferno》에서 기이한 분신, 즉 그의 모든 동작을 똑같이 따라 하는 "다른 한쪽"에 대해 묘사했다.

> 이 미지의 남자는 한마디도 입 밖에 내지 않았다. 그는 우리를 갈라놓은 나무 칸막이 뒤에서 무언가를 쓰는 일에 몰두하는 듯했다. 하지만 내가 내 의자를 움직일 때마다 그도 자기 의자를 뒤로 미는 것이 아주 이상했다. 그는 나를 흉내 내어 성가시게 하려는 것처럼 나의 모든 동작을 따라 했다. … 내가 잠자리에 들면 그 남자도 내 책상 옆에 있는 방으로 자러 갔다. … 나는 그가 그 침대에 나와 나란히 누워서 몸을 쭉 펴는 소리를 들을 수 있었다. 그뿐 아니라 책장을 넘기는 소리, 등을 끄는 소리, 깊이 숨 쉬는 소리, 뒤척거리다 잠이 드는 소리를 들을 수 있었다.

스트린드베리의 "미지의 남자"는 어떤 의미에서 스트린드베리와 동일하다. 그는 스트린드베리의 투상, 적어도 그의 동작, 행동, 자기상의 투상이다. 그러나 그와 동시에 그는 다른 사람, 때로는 스트린드베리를 "성가시게" 하지만, 다른 때에는 친해지려고 하는 남이다. 그는 말 그대로 스트린드베리의 "다른 한쪽"이고, 그의 "분신"이다.

을 받지 않았다고 확언하기는 어렵다.

자기상 환시의 사례들은 대부분 상당히 단기적이지만, 장기적인 자기상 환시도 가끔 보고된다. 잠보니 등은 2005년의 논문에서 장기적 환각에 대해 자세히 보고했다. 그들의 환자인 B. F.는 임신 중 자간[경련]이 발병하여 이틀 동안 혼수상태에 빠졌다. 회복하기 시작할 무렵 그녀는 피질맹과 양측 부분 마비뿐 아니라 좌반신과 좌측 공간을 인식하지 못하는 편측무시증을 겪는 것이 분명했다. 그 후 회복하면서 그녀는 완전히 시야를 되찾고 색을 잘 구별할 수 있게 되었지만, 사물은 물론이고 형태조차 인식하지 못하는 심한 실인증을 보였다. 잠보니 등은 이 단계에서 그 환자가 처음으로 거울을 보듯 약 1미터 앞에서 자신의 상을 보기 시작했다고 썼다. 그 상은 "유리"에 비친 것처럼 투명했지만 약간 흐릿했다. 실물 크기였고 머리와 어깨로 이루어져 있었지만 아래쪽을 내려다보면 두 다리도 보였다. 상은 항상 그녀와 똑같은 옷을 입고 있었다. 그리고 그녀가 눈을 감으면 사라졌다가 눈을 뜨면 즉시 나타났다(하지만 신기함이 사라지자 그녀는 한 번에 몇 시간 동안 그 상을 "잊을" 수 있게 되었다). 그녀는 그 상에 특별한 감정을 느끼지 않았고 어떤 생각이나 느낌이나 지향성도 그 상의 탓으로 돌리지 않았다.

실인증이 사라짐에 따라 거울상은 점차 희미해졌고, 최초의 뇌수술을 받은 지 6개월이 되자 환영은 완전히 사라졌다. 잠보니 등은 거울상이 오래 지속된 것은 극심한 시력 소실에 더하여 상위 차원들, 즉 측두-두정 연접부에 발생한 것으로 보이는 다감각 통합(시각, 촉각, 고유수용성 감각 등)의 장애와 관련이 있다고 추측했다.

이보다 훨씬 이상하고 복합적인 자기상 환시가 있다. 이른바 '자기 환각'은 자기상 환시의 극히 드문 형태로, 당사자와 분신이 상호작용한다. 상호작용은 때로는 우호적이지만, 종종 적대적이다. 게다가 의식과 자기감이 한쪽에서 다른 쪽으로 자리를 옮기는 경향이 있기 때문에, 누가 '원본'이고 누가 '복제물'인지 대단히 당황스러울 때도 있다. 당사자는 먼저 자신의 눈으로 세계를 보고 다음으로 분신의 눈으로 보는데, 이때 그(다른 한쪽)가 진짜 주인이라는 생각이 들 수 있다. 자기상 환시와는 달리, 경험자는 분신이 자신의 자세와 행동을 수동적으로 따라 한다고 해석하지 않는다. 자기 환각의 분신은 조심스럽게, 자기가 원하는 대로 모든 것을 할 수 있다(혹은 꼼짝 않고 누워서 아무것도 안 할 수 있다).

린네와 룰린이 경험한 것과 같은 '보통의' 자기상 환시는 비교적 온순하다. 환각은 순전히 시각적이고 가끔씩 나타날 뿐, 자율적인 척하거나 지향성을 품거나 상호작용을 하려 하지 않는 일종의 거울상이다. 그러나 자기 환각의 분신은 경험자의 정체성을 조롱하거나 훔치기 때문에 두려움과 공포의 감정을 불러일으키고, 충동적이고 절망적인 행동을 자극한다. 1994년 논문에서 브루거와 그의 연구팀은 측두엽 간질을 앓는 젊은 남성의 증상을 묘사했다.

> 자기 환각 증상은 입원하기 직전에 발생했다. 환자는 페니토닌[항경련제] 복용을 중단하고 맥주를 몇 잔 마신 후, 이튿날 종일 누워 있었다. 그날 저녁 그는 자신의 3층 방 창문 바로 아래에 있는, 거의 망가진 커다란 덤불 아래에서 발견되었다. 그는 혼란에 빠져 중얼거리고 있었다. … 환자는 증상을 이

렇게 설명했다. 그는 아침에 일어날 때마다 현기증을 느꼈다. 뒤를 돌아보면 자신이 아직 침대에 누워 있는 것이 보였고, "이 녀석은 나 자신인데 아직 침대에서 꾸물거리고 있다니, 아차 하면 직장에 늦을 텐데 싶어서" 화가 났다. 그는 침대에 누워 있는 몸을 깨워보려고 처음에는 소리를 질렀고, 그런 뒤 몸을 흔들었으며, 다음에는 분신에게 달려들었다. 누워 있는 몸은 아무 반응도 하지 않았다. 그제야 환자는 자신의 이중적 존재에 당황했고, 둘 중 누가 진짜인지 알 수 없다는 사실에 점점 더 두려움을 느꼈다. 그의 신체 인식은 똑바로 서 있는 반쪽에서 침대에 누워 있는 다른 반쪽으로 몇 번이나 전환되었다. 침대에 누워 있을 때에는, 정신은 깨어 있지만 몸은 완전히 마비되어 있었고 위에서 자신을 때리고 있는 자신의 형상이 무서웠다. 그 순간 그의 유일한 목적은 다시 한 사람이 되는 것이었다. 그래서 (침대에 누워 있는 자신의 몸을 볼 수 있는 곳에서) 창밖을 내다보다가, 갑자기 "둘로 나뉘어 있다는 참을 수 없는 느낌을 끝내기 위해" 뛰어내리기로 결심했다. 그와 동시에 그는 "이렇게 절박한 행동을 하면 침대에 누워 있는 녀석이 겁이 나서 어쩔 수 없이 다시 나와 합치려 하기를" 바랐다. 기억이 돌아왔을 때, 그는 통증과 함께 병원에 누워 있었다.

'자기 환각heautoscopy'이라는 용어는(때로는 héautoscopy로 쓴다) 1935년에 도입되었지만, 항상 유용하다고 인정받지는 못한다. 예를 들어, T. R. 데닝과 게르만 베리오스는 "우리가 보기에 이 용어는 장점이 전혀 없다. 이 용어는 현학적이고 발음하기도 거의 불가능해서 일반 진료에서 널리 쓰이지 않는다"라고 썼다. 그들은 이분법이 아니라 자기 환각 증상의 연속체 또는 스펙트럼에 주목한다. 자신과 환영의 관계가 최소에서 강렬함까지, 무관심에서 깊은 감동까지 다양하게 느껴지고, "현실감"도 똑같이 다양하고 일정하지 않기 때문이다. 1955년 논문에서 케네스 듀허스트와 존 피어슨은 지주막하 출혈이 시작될 때 나흘 동안 자기상의 '분신'을 본 어느 교사에 대해 다음과 같이 묘사했다.

환영은 마치 거울에 비친 것처럼 아주 입체적이었고, 항상 그와 똑같은 옷을 입었다. 환영은 그가 어디를 가든 따라다녔고, 식사 시간에는 의자 뒤에 서 있었으며, 식사가 끝나면 다시 나타났다. 밤이 되면 환영은 같은 아파트의 옆방에서 옷을 벗고 탁자나 소파에 눕곤 했다. 분신은 그에게 한마디도 하지 않았고, 어떤 신호도 하지 않았으며, 단지 그의 행동을 따라 했다. 분신은 항상 슬픈 표정을 짓고 있었다. 환자가 생각하기에 틀림없이 환각이었지만, 어느덧 환자의 무시할 수 없는 일부가 된 나머지, 그는 처음 주치의를 찾아간 날 분신을 위해 의자를 빼주었다.

용어가 만들어지고 한 세기가 지난 1844년, 내과 의사인 A. L. 위건은 자기 환각의 극단적인 사례와 그 비극적 결말을 설명했다.

나는 매우 지적이고 호감을 주는 남자를 알고 있었다. 그는 눈앞에 자기 자신을 불러냈고, 종종 분신을 향해 진심으로 웃었으며, 분신도 항상 웃음으로 화답했다. 그의 분신은 오랫동안 재미있는 이야기와 농담을 주고받는 상대였지만, 최종적인 결과는 비극적이었다. 그는 점차 [그의 다른] 자아가 그를 따라다니며 괴롭힌다고 믿게 되었다. 다른 자아는 그와 집요하게 논쟁을 벌였고, 때로는 억울할 정도로 심하게 그의 이론을 논박했다. 그는 자신의 논리력에 자부심이 컸기 때문에, 그때마다 대단히 굴욕감을 느꼈다. 그는 괴짜였지만, 한 번도 감금되거나 사소한 구속도 받아본 적이 없었다. 마침내 짜증이 날 대로 난 그는 깊이 생각한 끝에 새해를 맞이하지 않기로 결심했다. 그는 모든 빚을 갚고 일주일치 공과금과 집세 등을 종이에 싸놓은 뒤, 권총을 들고 기다리다가 12월 31일 밤에 시계가 12시를 울리자 권총을 입에 넣고 방아쇠를 당겼다.

분신, 도플갱어, 일부는 자신이고 일부는 남인 존재 등은 문학가에겐 거부하기 힘든 주제이며, 대개 죽음이나 재난의 불길한 징조로 그려진다. 에드거 앨런 포의 〈윌리엄 윌슨〉에 나오는 것처럼, 때때로 분신은 눈으로 볼 수 있고 만질 수 있는 죄책감의 투사체이며, 희생자는 점점 참을 수 없게 되어 결국 분신을 죽이려고 덮치지만 그 자신을 찌르고 만다. 반면 기 드 모파상의 소설 〈오를라〉에서처럼 때때로 분신은 보이거나 만져지지 않으며, 다만 존재의 증거를 남긴다(예를 들어, 분신은 소설의 화자가 밤에 마시라고 병에 담아놓은 물을 마신다).

드 모파상은 소설을 쓸 때 자신의 분신, 즉 자기 환각의 상을 보았다고 한다. 그는 한 친구에게 "집에 돌아오면 거의 항상 내 분신을 본다네. 문을 열면 나 자신이 안락의자에 앉아 있는 모습이 보여. 그것을 보는 순간 환각임을 안다네. 하지만 놀랍지 않은가? 냉정한 두뇌의 소유자가 아니라면, 얼마나 무섭겠는가?"

드 모파상은 당시 신경매독을 앓았고, 병이 더 악화됐을 때에는 거울에 비친 자신의 모습도 알아보지 못하고서 거울 속의 자신에게 인사하며 고개를 숙이고 악수까지 하려 했다고 전한다.

자기 환각을 겪는 사람을 괴롭히지만 눈에 보이지 않는 '오를라'는 작가가 자기 환각에서 영감을 얻은 듯하지만, 사실 자기 환각과는 완전히 다르다. 그것은 윌리엄 윌슨과 도스토옙스키의 중편소설에 나오는 골랴드킨의 생령처럼, 기본적으로 고딕풍의 도플갱어 유형에 속한다. 도플갱어 유형은 19세기 말에서 20세기 초에 전성기를 누렸다.

브루거를 비롯한 몇몇 사람들이 극단적인 사례를 보고하긴 했지만, 실제의 삶에서 자기 환각의 분신은 그리 해롭지 않다. 그들은 성격이 좋거나 건설적이고 도덕적인 인물일 수도 있다. 오린 데빈스키의 한 환자는 측두엽 발작으로 자기 환각을 겪은 후, 그 증상을 이렇게 묘사했다. "그건 꿈 같았지만, 나는 깨어 있었다. 갑자기 약 5피트[1.5미터] 전방에 나 자신이 보였다. 나의 분신은 잔디를 깎고 있었는데, 그건 내가 해야 할 일이었다." 이 남성은 나중에도 발작을 일으키기 직전에 그런 증상을 10여 차례나 겪었고, 발작적 뇌 활성과 무관해 보이는 분신 환각도 여러 번 겪었다. 1989년 논문에 데빈스키 등은 다음과 같이 썼다.

그의 분신은 실물 크기보다 약간 작지만, 항상 투명하고 충실한 형상이었다. 분신은 환자와 다른 옷을 입곤 했고, 생각이나 감정이 환자와 달랐다. 분신은 대개 환자가 지금 하고 있어야 한다고 생각하는 활동을 하고 있었기 때문에, 환자는 "그 녀석은 나의 죄책감"이라고 말했다.

체현embodiment은 세상에서 가장 틀림없는 사실, 누구도 논박할 수 없는 사실이다. 우리는 자신이 자신의 몸속에 있고, 자신의 몸은 오직 자신의 것이라고 생각한다. 우리는 자신의 눈으로 세상을 내다보고, 자신의 다리로 걷고, 자신의 손으로 악수한다. 우리는 또한 의식은 자신의 머릿속에 있다고 생각한다. 신체상 또는 신체 도식은 의식 속에 고정되어 있는 안정된 부분이고, 어느 정도 선천적으로 형성되며, 주로 팔다리의 위치 및 운동을 파악하는 관절 및 근육의 수용체에서 끊임없이 들어오는 고유수용성 피드백에 근거하여 유지되고 확인된다는 것이 오래전부터 내려온 가정이다.

따라서 1998년 매튜 보트비니크와 조나단 코헨이 보여준 사실은 모두에게 큰 놀라움을 안겨주었다. 상황이 맞아떨어지면 우리는 고무손을 자신의 손으로 착각할 수 있다는 것이다. 실험 대상자의 손을 탁자 밑에 감추게 하고 탁자 위에 고무손을 보이게 내놓은 상태에서 두 손을 동시에 때리면, 대상자는 머리로는 그렇지 않다는 것을 알면서도 고무손이 자신의 손이라고 확실히 착각한다. 다시 말해, 맞고 있는 감각이 실물과 똑같지만 무생물체에 불과한 고무손에서 일어나고 있다고 착각한다. 내가 로봇의 '눈'을 통해 보면서 깨달은 것처럼, 그런 상황에서 지식은 착각을 몰아내는 데 아무 역할도 하지 못한다. 뇌는 모든 감각을 서로 관련시키기 위해 최선을 다하지만, 이 경우 시각 정보는 촉각 정보를 누르고 판돈을 쓸어간다.

헨리크 에르손은 스웨덴에서 비디오 안경, 마네킹, 고무팔로 이루어진 아주 간단한 장치로 그런 착각을 광범위하게 만들어냈다. 그는 촉각, 시각, 고유수용성 감각의 정상적인 통일성을 교란시켜서 대상자들에게 기이한 경험을 일으켰고, 그 결과 대상자들은 자신의 몸이 줄어들었거나 엄청나게 커졌으며 심지어 그들의 몸이 서로 바뀌었다고 믿었다. 나 역시 스톡홀름에 있는 그의 연구소를 방문했을 때 여러 번 실험을 하면서 그런 착각을 직접 경험했다. 한 실험에서 나는 내 몸에 세 번째 팔이 달려 있다고 믿었고, 다른 실험에서는 내가 2피트 높이의 인형 안에 체현되어 있다고 느꼈다. 비디오 안경에 연결된 '인형의' 눈을 통해 세상을 보자 방 안에 있는 정상적인 물체들이 엄청나게 커 보였다.

이 모든 연구로 보아, 뇌의 신체 표상은 서로 다른 감각들의 입력 정보를 간단히 휘젓기만 해도 깜빡 속아 넘어가기 일쑤라는 사실을 분명히 알 수 있다. 시각과 촉각이 아무리 터무니없는 말이라도 서로 입을 맞춰서 주장하면, 평생 유지되어온 고유수용성 감각과 안정적인 신체상이라도 그들의 주장을 항상 거부하지는 못한다(개인에 따라 착각에 빠지는 경향에는 얼마간 편차가 있을 것이다. 무용수나 운동선수는 자신의 신체가 공간적으로 어디에 있는지 아주 명확히 감지할 줄 알기 때문에 그런 속임수에 잘 안 넘어가리라고 상상해볼 수 있다).

에르손이 연구하고 있는 신체 착각은 파티를 위한 깜짝 쇼와는 차원이 다르다. 그의 연구는 우리의 신체 자아, 자기감이 감각들의 조율을 통해 어떻게 형성되는지, 촉각과 시각뿐 아니라 고유수용성 감각과 전정 지각이 어떤 역할을 하는지 보여준다. 에르손을 비롯한 몇몇 사람들은 뇌의 여러 장소에 있을 '다감각성' 뉴런이 뇌로 들어오는 복합적인 (그리고 대개 일관된) 감각 정보를 조율하는 역할을 한다는 개념에 찬성한다. 그러나 자연이나 실험이 이 역할을 방해하면, 신체와 자아에 대한 난공불락 같은 확신은 일시에 연기처럼 사라질 수 있다.

15장

환상, 환영, 감각 유령

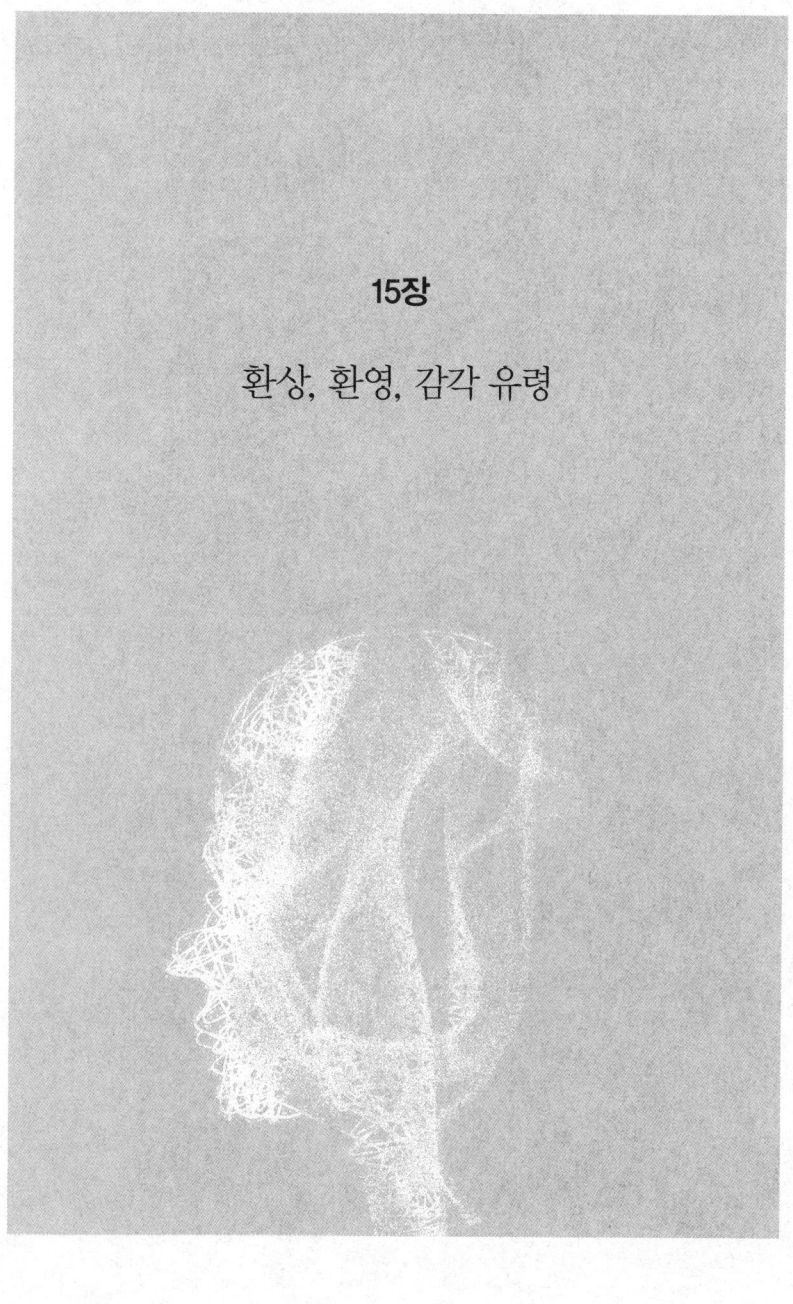

시각 환각과 청각 환각, 즉 '환영'과 '환청'은 《성경》《일리아드》와 《오디세이》를 비롯한 동서고금의 모든 위대한 서사시에 등장하지만, 모든 책을 샅샅이 뒤져봐도 환상지가 존재한다는 언급은 찾아볼 수 없다. 환상지는 절단된 팔다리가 그 자리에 계속 있다는 환각의 느낌이다. 사실 1870년대에 사일러스 웨어 미첼이 환상지phantom limb라고 부르기 전까지는 이름조차 없었다. 그러나 환상지는 흔하다. 미국에서 매년 1만 명 이상이 절단 수술을 받으며, 그들 중 대다수는 수술 후 환상지를 경험한다. 환상지 경험은 절단 수술 자체만큼 오래되었음이 분명하고, 절단 수술은 최근의 일이 아니라 수천 년 전으로 거슬러 올라간다. 《리그베다》에는 전사 비슈플라 여왕이 한쪽 다리를 잃은 후 철제 의족을 차고 전투에 나섰다는 이야기가 있다.

16세기의 프랑스 군의관 앙브루아즈 파레는 수십 명의 부상병에게 절단 수술을 한 뒤 "절단 수술을 받고 나서 오랜 시간이 흘러도 환자들은 여전히 절단 부위에 통증이 온다고 말한다. … 경험해보지 않은 사람은 믿기 힘든 일이다"라고 썼다.

데카르트는 《성찰록Meditationes de Prima Philosophia》에서, 시각이 항상 믿을 만하지 못한 것처럼 "내적 감각"에도 "판단의 오류"가 생길 수 있다고 말했다. "나는 때때로 팔다리가 절단된 사람들에게서 잃어버린 부위에서 통증을 느낀다는 말을 듣는다. 그런 말을 듣는 상황에서 혹시 내가 아픔을 느낀다고 말하면 나의 회원들 중 한 사람이라도 알아주는 척이라도 할까 하는 생각이 든다."

그러나 신경과 의사인 조지 리도크가 1941년에 지적한 것처럼 이 문제는 대체로 침묵과 비밀이 지배하는 이상한 분위기에 싸여 있는 듯하다. "환상지를 자발적으로 설명하는 일은 극히 드물다. 이 과묵함 뒤에는 유별남과 불신, 심지어 정신이상으로 모는 분위기에 대한 두려움이 깔려 있다."

웨어 미첼 본인도 이 주제에 관해 전문적인 글을 쓰기까지 몇 년 동안 주저했다. 그래서 처음에는 소설 형식으로 써서(그는 내과 의사이자 작가였다), 1866년 〈조지 데들로의 이야기〉The Case of George Dedlow라는 제목으로 〈애틀랜틱 먼슬리〉에 익명으로 발표했다. 미첼은 남북전쟁 당시 필라델피아의 육군병원(비공식적으로 "토막 병원Stump Hospital"이라고 불렸다)에서 신경과 군의관으로 일할 때 절단 수술을 받은 수십 명의 환자를 보았고, 호기심과 연민에 이끌려 환자들에게 환상지 경험을 설명해보라고 격려했다. 환자들이 보여주고 들려준 것을 완전히 소화하기까지는 몇 년이 걸렸지만, 1872년에 권위 있는 저서 《신경 손상Injuries of Nerves》을 통해 환상지에 대한 자세한 묘사와 검토를 제시했다. 의학 문헌사상 그 주제를 다룬 최초의 책이었다.[1]

미첼은 마지막 장을 할애해서 다음과 같이 환상지를 소개했다.

잘린 팔다리의 생리학사는 잃어버린 팔다리와 연결되어 있다는 느낌에 쉽게 빠지는 사람들의 감각적 망상을 얼마간이라도 설명하지 않으면 결코 완전해지지 않을 것이다. 이 환상은 아주 생생하고, 이상하고, 저자들의 생각이 거의 미치지 않아서, 연구할 가치가 충분하다. 그와 동시에 오랜 논란에 휩싸여 있는 근육 감각이란 주제를 밝혀주는 그 빛 때문에, 환상들 중 일부는 내게 특별히 가치가 있다.

팔다리를 잃은 사람들은 대부분 사라진 부위에 지속적이든 단속적이든 환상의 부위를 달고 다니는데, 그 정도로 이 '감각 유령'을 자신의 일부로 느낀다.

미첼이 이 주제에 대해 세상의 이목을 집중시키자, 다른 신경학자들과 심리학자들도 환상지 연구에 발을 들였다. 그들 중 윌리엄 제임스는

---

1. 의학적 설명이 나오기 오래전부터 이 현상에 대한 서민적, 통속적 지식이 있었을 것이다. 웨어 미첼이 환상지라고 명명하기 20년 전, 허먼 멜빌은 《모비딕》에 매혹적인 장면을 집어넣었다. 포경선의 목수가 에이해브 선장에게 고래 뼈 다리를 만들어주기 위해 길이를 측정할 때, 에이해브는 목수에게 이렇게 말한다.

    이봐, 목수. 자네는 스스로 진짜 훌륭한 일꾼다운 일꾼이라고 생각하겠지? 그렇다면 자네가 만들고 있는 그 다리를 달고도 내가 바로 그 자리에 또다른 다리, 내가 잃어버린 옛 다리, 피와 살로 되어 있었던 다리를 느낀다면 과연 자네 일솜씨가 훌륭하다고 말할 수 있을까? 자네는 그 빌어먹을 아담 영감을 내쫓을 수 없나?
    [목수가 대답한다.] 그렇군요, 선장님. 이제 좀 알 것 같습니다. 거기에 대해서는 기묘한 이야기를 들은 적이 있지요. 사람은 팔다리를 잃어도 그 팔다리의 감각을 완전히 잃지는 않고, 이따금 그 자리가 쿡쿡 쑤시기도 한다는데, 그게 정말인가요?
    [에이해브가 말한다.] 그렇다네. 자네의 살아 있는 다리를 여기, 내 다리가 전에 있었던 이 자리에 놓아보게. 그러면 눈에는 다리가 하나밖에 보이지 않지만 영혼에는 두 개로 느껴지지. 자네가 약동하는 생명을 느끼는 바로 그곳에서 나도 그걸 느낀단 말일세.[《모비딕》, 김석희 옮김, 작가정신]

800명의 절단 수술 환자들에게 설문지를 보냈고(그는 의족 제작자들의 도움으로 그들과 접촉할 수 있었다), 그들 중 거의 200명이 답을 적어 보냈으며, 몇 명은 그에게 면담을 허락했다.[2]

남북전쟁 중에 절단 환자들을 진료한 탓에 미첼의 관찰은 방금 발현된 신선한 환상지에 머물렀던 반면, 제임스는 훨씬 다양한 집단(한 대상자는 60년 전에 허벅지 절단 수술을 받은 70대 남성이었다)을 연구할 수 있었고, 그래서 수년이나 수십 년에 걸쳐 환상지에 어떤 변화가 오는지 더 나은 입장에서 묘사할 수 있었다. 그는 그 변화들을 1887년의 논문 〈잃어버린 팔다리에 대한 의식The Consciousness of Lost Limbs〉에서 자세히 묘사했다.

제임스는 처음에는 생생하고 움직이기까지 하는 환상지가 시간이 흐르면 점점 짧아지거나 사라지는 경향이 있다는 사실에 특히 흥미를 느꼈다. 그는 환상지의 존재보다 이 발견에 더 놀랐고, 사라진 팔다리의 감각과 운동을 표상하는 뇌 부위에 활성이 남아 있기 때문에 그런 현상이 일어난다는 것 말고는 달리 추측할 가능성이 없었다. "일반인들은 어떻게 해서 사라진 발이 계속 느껴질 수 있는지 궁금할 것이다. 나에게 의문의 초점은 사라진 발을 더이상 느끼지 않는 사람들이다." 다리 환상이나 팔

---

2. 윌리엄 제임스는 1887년의 논문 〈잃어버린 팔다리에 대한 의식〉에서 1인칭 보고의 중요성을 강조했다.

　이렇게 정밀한 조사에서는 전단을 배포하는 방식으로는 아무것도 얻지 못한다. 보통의 환자가 대답하는 식으로 작성한 1,000장의 설문지보다는, 병변이 정확하고 사고가 과학적이며 주의 깊게 이야기를 주고받으며 조사할 수 있는 단 한 명의 환자를 만나는 편이 조사하는 사람이 그의 답변을 철저히 취합하지 못하더라도 우리의 지식을 넓혀줄 가능성이 더 높다.

환상과는 달리 손 환상은 좀처럼 사라지지 않았다(오늘날에는 손가락과 손을 표상하는 뇌 부위가 특별히 넓다는 사실이 알려져 있다). 그러나 중간의 팔은 사라질 수 있고, 그래서 남은 환상 손은 어깨에서 곧바로 싹 터 나온 것처럼 느껴진다는 사실을 발견했다.[3]

제임스는 또한 처음에 움직일 수 있었던 환상지가 갈수록 움직이지 않거나 심지어 마비될 수 있고, 그래서 "아무리 노력해도 그 위치를 바꿀 수 없다"는 사실에 흥미를 느꼈다(드물지만, "위치를 바꾸려는 시도조차 할 수 없게 된" 경우도 있었다). 제임스는 여기에서 '의지'와 '노력'의 신경생리학에 관한 근본적인 문제들과 부딪혔지만 그에 대해 답을 내리지 못했다. 이 문제를 푼 사람은 100여 년 후인 1990년대에 환상지의 마비가 어떻게 '학습'되는지를 밝힌 V. S. 라마찬드란이었다.

환상지는 바깥 세계에 존재하지 않는 것을 지각한다는 점에서 환각이지만, 눈으로 보고 귀로 듣는 환각과 다르다. 시력이나 청력을 잃으면 10~20퍼센트의 사람에게 그에 상응하는 환각이 발생하는 반면, 환상지는 팔다리를 절단한 거의 모든 사람에게 찾아온다. 또한 시력이나 청력을 상실한 사람은 몇 달 또는 몇 년이 지난 후 환각을 경험할 수 있지만 환상지는 절단 후 즉시 또는 며칠 내에 나타나고, 다른 종류의 환각과 달리 신체의 필수적인 부분으로 느껴진다. 마지막으로 샤를보네

---

3. 그 이유는 한 세기 후, fMRI을 통해 절단 수술을 받은 후 뇌의 신체 지도에 일어날 수 있는 변화를 전체적으로 볼 수 있게 되었을 때 밝혀졌다. 캘리포니아대학교 샌프란시스코 캠퍼스의 마이클 머제니치와 그의 연구팀은 원숭이와 인간을 동시에 연구하여 그런 변화가 얼마나 빠르고 철저하게 일어날 수 있는지 보여주었다.

증후군과 같은 시각 환각은 다양하고 대단히 창조적이지만 환상지는 크기와 형태가 절단된 부위와 거의 비슷하다. 진짜 발에 무지외반증(엄지발가락이 바깥쪽으로 휘어 두 번째 관절이 툭 튀어나온 증상—옮긴이)이 있었다면 환상 발에도 똑같은 것이 있고, 진짜 팔에 손목시계를 차고 있었다면 환상 팔에도 손목시계가 느껴진다. 이런 점에서 환상지는 허구라기보다 기억에 가깝다.

절단 수술 후 환상지가 거의 모두에게 나타나고, 또 즉시 나타나며, 새로운 자리를 차지한 환상이 원래의 팔다리와 동일하다는 사실은 어떤 면에서 환상지가 이미 그곳에 있었으며, 이를테면 절단 수술이라는 행위를 통해 드러나게 되었음을 의미한다. 복잡 환시는 일생의 시각적 경험에서 재료를 얻는다. 사람, 얼굴, 동물, 풍경을 환각으로 경험하려면 그것을 본 적이 있어야 하고, 음악 환각을 경험하려면 음악을 들은 적이 있어야 한다. 그러나 자신의 감각 및 운동기관인 팔다리의 느낌은 선천적이고 내장되어 있으며 영구적으로 이어져 있는 듯하다. 그리고 팔다리 없이 태어난 사람들도 그 자리에 생생한 환상지를 경험한다는 사실이 이 가정을 뒷받침한다.[4]

환상지와 다른 환각의 가장 근본적인 차이는 환상지가 자발적으로 움직일 수 있는 반면, 시각 및 청각 환각은 통제를 벗어나서 자율적으로 진행된다는 점에 있다. 웨어 미첼도 이 점을 강조했다.

[절단 환자의 대다수는] 의지에 따라 운동할 수 있고, 분명 어느 정도 효과적으로 운동을 실행한다. … 이 환자들이 확신을 갖고 [환상지 동작을] 설명한다는 점, 그리고 그 부위가 운동하는 위치를 자신 있게 설명한다는 점은 대단

히 주목할 만하다. … 그 효과는 잘린 부위에 경련을 자극하는 경향이 있다. … 어떤 환자들은 손에 붙어 있는 근육의 운동이 완전히 사라졌지만, 그런 환자들도 손가락의 운동과 그 위치 변화를 [손의 근육이 부분적으로 남아 있는 경우와 아주 똑같이] 뚜렷하고 명확하게 의식한다.

다른 환각들은 (종류는 매우 특별해도) 감각이나 지각에 그치는 반면, 환상지는 환상 행동을 할 수 있다. 의수족이 잘 맞으면 환상지는 의수족 안으로 빨려 들어가고("장갑을 낀 손처럼") 그 안에 생명력을 불어넣어서, 환자는 인공 기관을 진짜 팔다리처럼 느끼고 사용할 수 있다. 사실 환자가 의수족을 효과적으로 사용하면 백발백중 그렇게 된다. 인공 팔다리는 신체의 일부, 신체상의 일부가 된다. 시각장애인의 손에 들린 지팡이가 그의 연장물이 되는 것과 같다. 다리를 잃은 사람을 예로 들자면, 의족은 환상지에 "옷을 입히고" 실질적 능력을 부여하며 객관적인 감각-운동을 제공한다. 그래서 그의 의족은 원래의 다리와 거의 똑같이, 지면이 조금

---

4. '선천적' 환상지는 발생하지 않는다고 많은 사람들이 단호하게 주장하지만, (스캐티나가 이 주제에 관한 평론에서 지적했듯이) 몇 건의 보고는 무형성증(팔다리에 선천적 결함이 있거나 팔다리가 없는 상태)을 가진 사람들에게 환상지가 나타난다는 사실을 가리킨다. 1964년 클라우스 푀크는 전완과 손이 없이 태어난 열한 살 여자아이가 자신의 환상 손을 "움직일 줄 안다"고 묘사했다. "입학한 후 처음 몇 해 만에 그 아이는 손가락을 꼽아가며 간단한 산수 문제를 풀 줄 알게 되었다. … 계산할 때 아이는 자신의 환상 손을 책상 위에 올려놓고 쭉 뻗은 손가락을 하나씩 세곤 했다."
팔다리 없이 태어난 사람들 중 왜 일부는 환상지를 경험하고 일부는 경험하지 않는지는 분명치 않다. 펑크, 쉬프라, 브루거가 공동 연구에서 관찰했듯이, 분명한 점은 환상지를 경험하는 사람들이 정상적인 팔다리를 가진 사람들처럼 대뇌에 '행동 관찰 체계'가 있어서, 다른 사람들을 보면서 행동 패턴을 파악하고 그것을 내면화하여 움직일 수 있는 환상지로 표현한다는 것이다.

만 고르지 못해도 그것을 '느끼고' 반응할 수 있다[5](그렇게 해서 위대한 등반가 제프리 윈스럽 영은 제1차 세계대전에서 한 다리를 잃었지만 자신이 직접 설계한 의족을 차고 마테호른을 오를 수 있었다).[6]

더 나아가, 환상지는 원래의 고향(몸)에서 사라지거나 분리된 부위를 채우는 신체상의 한 부위이면서도 외부적인 것이므로 침입성이나 사기성을 내포하고 있다고 말할 수 있다(그래서 환상지 다리로 차도와 인도 사이의 턱을 넘다가 넘어질 위험이 있다). 길을 잃은 환상지(비유적으로 말하자면)는 새로운 고향을 갈망하고, 적당한 의수족을 만나면 그곳에 정착한다. 나는 많은 환자들에게서, 환상지 때문에 밤에는 심란하지만 아침에 의수족을 차는 순간 환상지가 사라져서 안도감이 든다는 말을 들었다. 다시 말해 환상지는 의수족 안으로 사라지고 의수족과 찰떡궁합을 이루며 하나가 된다.

팔다리를 잃은 사람은 (의수족 없이도) 자신의 환상지로 대단히 절묘하고 세련된 일을 할 수 있다. 젊은 학생 시절 에르나 오텐은 뛰어난 피아니스트로서 위대한 파울 비트겐슈타인의 제자였다. 비트겐슈타인은 제1차

---

5. (웨어 미첼이 '환상지'라는 용어를 소개한 지 약 50년 만에) 헨리 헤드가 "신체상"이라는 용어를 소개했을 때, 그가 생각한 의미는 뇌 속의 순수한 감각 상이나 지도가 아니었다. 그는 기능과 행동의 상이나 모델을 염두에 두었고, 그의 개념은 인공 팔다리로 구체화될 필요가 있었다. 철학자들은 "체현"과 "체현된 대행자"라는 표현을 좋아하는데, 환상지 및 환상지가 의수족으로 체현되는 느낌보다 그 개념을 더 간단히 연구할 수 있는 지점은 없을 것이다. 의수족과 환상지는 육체와 영혼처럼 하나가 된다. 나는 루드비히 비트겐슈타인의 철학적 개념들이 그의 형이 겪은 팔 환상지에서 암시를 받았고, 그래서 그의 마지막 저작인 〈확실성에 관하여On Certainty〉가 신체, 즉 체현된 대행자로서의 신체에 대한 확실성에서 시작하지 않았을까 생각한다.
6. 웨이드 데이비스는 《침묵 속으로: 세계대전, 맬러리, 에베레스트 정복Into the Silence: The Great War, Mallory, and the Conquest of Everest》에서 영의 등반을 묘사했다.

세계대전에서 오른팔을 잃었지만 왼손으로 연주를 계속했다(그리고 많은 작곡가에게 왼손을 위한 음악을 써 달라고 의뢰했다). 하지만 제자들을 가르칠 때에는 어떤 의미에서 양손으로 가르쳤다. 오텐은 내가 쓴 기사에 대한 응답으로 〈뉴욕 서평New York Review of Books〉에 이런 편지를 보냈다.

나는 새로운 곡의 핑거링을 연습할 때마다 그의 오른팔 토막이 얼마나 관여하는지 여러 번 봤습니다. 그는 나에게 오른손의 모든 손가락을 느끼고 있으니, 자신의 핑거링 선택을 믿어야 한다고 누차 강조했습니다. 때때로 내가 조용히 앉아 있는 동안 그는 눈을 감고 토막 난 팔을 끊임없이 열정적으로 움직였습니다. 그건 그가 팔을 잃고 나서도 여러 해가 지난 때였습니다.

애석하게도 모든 환상지가 비트겐슈타인처럼 잘 형성되거나 고통이 없거나 움직일 수 있는 것은 아니다. 많은 경우 시간이 흐르면서 축소되거나 '끼워 넣어지는' 경향이 나타난다. 환상 팔은 어깨에서 튀어나온 것처럼 느껴지는 손으로 축소될 수 있다. 축소 경향은 환상지를 의수족에 끼우고 최대한 사용하면 최소로 줄일 수 있다. 환상지는 또한 마비되거나, '근육'의 경련과 함께 통증 부위에 뒤틀림이 오기도 한다. 넬슨 제독은 전투에서 오른팔을 잃은 후에 오른손을 항상 꽉 쥐고 있어서 손가락이 손바닥을 파고들어 몹시 고통스러운 환상지에 시달렸다.[7]

신체상 장애는 오래전부터 설명할 수 없고 치료할 수 없다고 여겨졌다. 그러나 최근 수십 년에 걸쳐 신체상은 과거에 생각했던 것처럼 고정되어 있지 않다는 사실이 밝혀졌다. 오히려 신체상은 대단히 유연하고, 환상지와 함께 광범위한 재편, 즉 뇌 지도의 개편이 일어날 수 있다.

척수나 말초신경에 상해나 질병이 찾아와서 뇌 기능에 장해가 발생하고, 그로 인해 뇌로 들어가는 정상적인 감각 정보가 차단되거나 줄어들면, 신체상에 심각한 장애가 발생할 수 있다. 진짜이지만 감각이 없는 신체 부위 위에 이상한 환각의 상이 겹쳐 나타나는 것이다. 나의 동료 저넷 W.에게 이 증상은 대단히 인상적이었다. 그녀는 자동차 사고로 목이 부러져서, 골절 부위 아래쪽은 감각이 완전히 사라진 사지마비 환자가 되었다. 어떤 의미에서 목 아래가 "절단되었고", 그 아래쪽은 거의 느끼지 못했다. 하지만 그 자리에 불안정하고 쉽게 왜곡되거나 변형되는 환상의 몸이 들어섰다. 그녀는 자신의 몸이 여전히 정상적인 형태와 구조를 유지하고 있다는 것을 눈으로 보고 한동안 왜곡이나 변형을 되돌릴 수 있었다. 그래서 그녀는 진료실과 병원 복도에 여러 개의 거울을 설치해놓고 휠체어를 타고 지나가는 동안 힐끗힐끗 보면서 (그녀의 말에 따르면) [환각에서 깨어나는 약을] "시각적으로 홀짝거렸다".

정상적인 감각이 차단되면 신체상 장애가 아주 빨리 찾아올 수 있다. 대부분의 사람들은 치과에서 마취 주사를 맞은 후 뺨이나 혀가 기이하게 부풀어 오르거나, 변형되거나, 엉뚱한 위치에 있는 것 같은 이상한 환각을 경험한다. 이런 착각은 거울을 봐도 사라지지 않으며, 정상적인 감각

---

7. 그런 상태에서도 넬슨은 자신의 환상지를 "영혼이 존재함을 보여주는 직접적인 증거"로 여겼다. 육신의 팔이 꺾인 후에도 영혼의 팔이 살아 있다는 사실은 육체가 죽어도 영혼은 살아남는다는 것을 압축적으로 보여준다고 생각했던 것이다.

> 그러나 에이해브 선장에게 그것은 경이로운 동시에 두려운 문제였다. "내가 오래전에 잃은 다리의 아픔을 아직도 느끼고 있다면, 육신이 사라져도 불타는 지옥의 고통을 영원히 느낄지도 모르지 않는가? 어때?"[《모비딕》, 김석희 옮김, 작가정신]

이 돌아온 후에야 사라진다. 한 환자는 커다란 뇌종양을 제거하는 수술을 받을 때, 얼굴 한쪽에 있는 감각 신경의 뿌리를 희생시켜야 했다. 그 후 몇 년 동안 그녀는 얼굴의 오른쪽 전체가 "벗겨지고 있거나", "움푹 꺼져 있거나", "사라진" 듯한 느낌과 오른쪽의 혀와 뺨이 엄청나게 부풀어 올라서 기괴한 모습으로 변한 것 같은 느낌에 계속 시달렸다. 나중에 그녀는 다리 절단 수술을 받게 되었고, 수술 직후 환상지를 느꼈다. 그러자 그녀는 이렇게 말했다. "내 얼굴이 뭐가 잘못됐는지 알겠어요. 아주 똑같은 느낌이에요. 그러니까 그것은 환상 얼굴인 셈이군요."

 신체의 몇몇 부위에서 신경을 제거했을 때에도 여분의 팔다리, 즉 과잉 환상지가 생길 수 있다. 리처드 메이요와 프랭크 벤슨은 인상적인 사례를 묘사했다. 그들의 환자는 다발성 경화증을 앓는 젊은 여성으로, 우측편이 저리기 시작하더니 두 저자에 따르면 다음과 같은 증상을 경험했다고 한다.

또 하나의 오른팔이 가슴 하단과 복부 상단이 교차하는 곳에 놓여 있는 것 같은 촉각 환각이 찾아왔다. 여분의 팔은 흉벽[가슴팍]에 붙어 있는 것처럼 느껴졌다. … 전완[팔꿈치와 손목 사이], 손목, 손바닥의 복제 환상은 희미한 느낌이었지만, 복벽 위에 놓여 있는 손가락의 느낌은 생생했다. … 환각은 5~30분 동안 지속되었고, 그동안 환상의 손은 "주먹을 쥐고" 있는 것 같았다. … 환상지 감각은 실제의 오른팔에 뻣뻣함, 저림, 작열감[타는 듯한 통증이나 화끈거림]이 증가하는 느낌과 함께 일어난다.

넬슨의 주먹 쥔 손은 환상지가 겪을 수 있는 기분 나쁜 진화의 예다. 환상지는 처음에는 근육이 부드럽고 움직일 수 있고 의지에 따르지만, 나중에는 마비되고 뒤틀리고 대단히 고통스러워지기도 한다. 1990년대까지는 환상지가 왜 그렇게 얼어버리는지, 어떻게 하면 해동시킬 수 있는지에 대한 그럴듯한 설명이 전혀 없었다. 그러나 1993년 V. S. 라마찬드란은 환상지에 흔히 발생하는 수의운동(마음먹은 대로 할 수 있는 운동—옮긴이)의 진행성 실조를 설명할 수 있는 생리학적 시나리오를 제시했다. 사람이 환상지를 자유롭게 움직일 수 있다는 생생한 느낌은 뇌가 환상지에 내린 자신의 운동 명령을 확인하는 과정과 일치한다고 생각했다. 그러나 운동을 시각 또는 고유수용성 감각으로 확인하지 못하는 상태가 지속되면, 뇌는 사실상 그 팔다리를 '포기'할 수 있다. 라마찬드란은 그런 식으로 마비가 '학습'된다고 생각했고, 그 학습을 폐기할 수는 없는지 궁금해했다.

　시각과 고유수용성 감각의 피드백을 자극하면, 뇌는 이것에 속아서 환상지가 다시 움직일 수 있고 수의운동을 할 수 있다고 믿게 될까? 라마찬드란은 멋지고도 단순한 장치를 고안해냈다. 길쭉한 나무 상자가 있고, 그 윗면은 오른쪽 위에서나 왼쪽 위에서 내려다볼 수 있도록 양쪽이 뚫려 있다(윗면의 중앙에는 세로대가 붙어 있다). 상자 전면의 오른쪽과 왼쪽에는 손을 넣을 수 있는 구멍이 있고, 양면 거울이 상자의 중간을 막고 있어서 어느 구멍으로든 손을 넣고 위에서 내려다보면, 실제로는 한 손과 그 거울상을 보지만 두 손이 다 있는 것 같은 착각이 일어난다. 라마찬드란은 왼팔의 일부가 절단된 젊은 남성에게 이 장치를 시험해보았다. 그의 기록에 따르면, 굳어버린 환상 손이 "마네킹의 수지 케이스 팔뚝처럼 절단 부위 밖으로 불룩 튀어나왔다. 엎친 데 덮친 격으로, 그 손에서 의사들도 속수무책으로 지켜볼 수밖에 없는 고통스러운 경련이 일어났다".

라마찬드란은 자신의 의도를 설명한 후, 젊은이에게 환상 팔을 거울의 왼쪽에 "집어넣어"보게 했다. 그리고 그 과정을 《명령하는 뇌 착각하는 뇌The Tell-Tale Brain》에서 묘사했다.

그는 마비된 환상지를 거울의 왼편에 넣고 고정시킨 다음, 오른쪽에서 상자를 내려다보면서 오른손의 거울상이 그가 느끼는 환상 손의 위치와 일치하도록(겹치도록) 오른손을 조심스럽게 움직였다. 즉시 시각적으로 환상지가 부활한 것 같은 놀라운 느낌이 들었다. 다음으로 그에게 거울을 계속 보면서 양팔과 양손의 거울면 대칭 운동을 해보라고 주문했다. 그러자 그가 소리쳤다. "팔이 다시 끼워진 것 같아요!" 그는 환상지가 자신의 명령을 따르고 있다고 생생히 느꼈고, 몇 년 만에 처음으로 고통스러운 환상 경련이 되살아나자 놀라움을 금치 못했다. 이 거울 시각 피드백 덕분에 마치 그의 뇌가 학습된 마비를 버릴 수 있게 된 듯했다.

극히 간단한 방법이지만(그러나 라마찬드란은 오랫동안 신중히 생각하고, 환상지의 생성과 변화에 포함된 여러 요소와 상호작용에 관한 매우 독창적인 이론을 전체적으로 확립한 끝에 이 방법을 고안했다), 환상지처럼 신체상의 왜곡과 관련된 다양한 증상을 해결할 때 쉽게 수정하여 사용할 수 있다.

손동작이 출현하는 착시는 손이 움직이고 있다는 느낌을 만들어내기에 충분했다. 나는 《마음의 눈》에서 그 반대 과정을 묘사했다. 내 시야에 커다란 맹점이 있었을 때 물론 시각적으로지만 한 손을 "절단"할 수 있었다. 그러나 그렇게 할 때 내가 주먹을 폈다 쥐거나 안 보이는 손가락을 움직이면, 나의 시각적 "토막" 부위에서 살색의 원형질 덩이가 튀어나와 그 손의 (시각적) 환각으로 발전했다.

조나단 콜과 그의 연구팀도 환상지통을 완화시켜주는 가상현실 시스템을 시험하는 과정에서 그와 비슷한 현상을 관찰했다. 다리 및 팔 절단 환자들을 대상으로 한 실험에서, 그들은 절단된 토막 부위에 운동을 포착하는 장치를 연결했다. 이 장치는 그 부위의 움직임을 포착하고 그에 따라 컴퓨터 화면에서 가상의 팔 또는 다리가 어떻게 움직일지 결정했다. 대부분의 대상자들은 자신의 운동과 화면에서 움직이는 아바타의 운동을 잘 연결시켰고, 자신이 중개자나 소유자가 된 듯 느꼈으며, 결국 가상의 팔다리를 놀라울 정도로 정교하게 움직였다(예를 들어, 가상의 식탁으로 손을 뻗어 그 위에 놓여 있는 가상의 사과를 움켜잡았다). 학습은 아주 신속하게, 30분 안에 끝났다. 이런 행위와 지향성의 느낌은 환상지통을 감소시키고, 더 나아가 가상의 지각을 동반한다. 예를 들어, 한 남성은 가상의 사과를 집어들 때 그 사과의 '감촉'을 느꼈다. 콜과 그의 연구팀은 "지각은 팔다리의 운동에만 발생하지 않고 촉각에도 발생하여, 이른바 가상의 시각적 교차 양식적 지각을 형성했다"고 설명했다.

1864년, 웨어 미첼과 그의 두 동료는 의무감 진료실에서 "반사 마비"라는 제목의 특별 안내장을 돌렸다. 반사 마비는 부상당한 팔다리가 온전히 붙어 있지만 움직일 수 없는 증상이다. 팔다리는 신체의 일부가 아니라 없거나 '남의 것'처럼 여겨진다. 어떤 면에서 반사 마비는 환상지의 정반대 증상이다. 외부에는 존재하지만, 존재감과 생명력을 부여하는 내면의 상이 없기 때문이다.

나는 1974년에 등반 사고로 왼쪽 허벅지 근육이 파열됐을 때 그것을 경험했다. 부상은 수술로 회복되었지만 신경근 접합부가 손상되었고, 게다가 문제의 다리가 길고 불투명한 깁스 안에 꼼짝없이 갇히는 바람에 시각과 촉각으로부터 숨어버렸다. 이 상황에서, 즉 다친 근육에 명령을 내릴 수 없고 감각적 시각적 피드백이 전혀 돌아오지 않는 상황에서, 다리는 나의 신체상에서 사라졌고 그 자리에 내 것이 아닌 낯선 무생물체가 대신 들어섰다(꼭 그런 느낌이었다). 이 느낌[소외증후군]은 13일 동안 계속되었다(이 경험을 돌이켜볼 때, 라마찬드란의 거울 상자가 있었다면 내가 다리의 운동과 실재감을 회복하는 데 도움이 되지 않았을까 하는 생각이 든다).

그 경험이 너무 괴이한 나머지, 나는 그때의 일을 한 권의 책 《나는 침대에서 내 다리를 주웠다》로 펴냈고, 농담 반 진담 반으로 독자들에게 척추 마취를 한 상태에서 그 책을 읽으면 그런 경험을 더 쉽게 상상할 수 있다고 말했다. 마취제가 척수의 활성을 차단하면, 하측편이 마비되고 감각이 없어질 뿐 아니라 주관적으로 존재하지 않게 되기 때문이다. 그러면 자신의 몸이 중간에서 끝나는 것 같고, 아래쪽에 있는 엉덩이와 두 다리는 내 것이 아니라 해부학 박물관에서 갖고 온 밀랍 모형이라고 하는 편이 낫다고 느껴진다. 이러한 소유권의 부재, 자기 소외감은 참으로 기이한 경험이다. 나는 13일 동안 왼쪽 다리가 내 것이 아닌 것처럼 느껴지는 소외감을 거의 참아내지 못했다. 암울한 심정으로 내가 과연 회복할 수 있을까, 회복하지 못한다면 쓸모없는 다리를 제거하는 편이 최선일까 하며 고민했다.

아주 드물긴 하겠지만, 다른 면에선 모두 정상인 팔다리에 선천적으로 신체상만 없을 수도 있다. 페터 브루거가 "신체-통합 정체성 장애body-in-tegrity identity disorder"라고 명명한 질환의 수많은 사례 보고가 이를 시사한다. 그런 사람들은 어린 시절부터 자신의 팔다리 또는 그 일부분이 자기 것이 아니라 이질적이고 거추장스러운 장애물이라고 느끼고, 그로 인해 "여분의" 팔다리를 절단해버리고 싶다고 강하게 바랄지도 모른다.

1990년 이전까지 환상지를 비롯한 신체상 장애들을 다루는 분야는 단지 현상적으로 환자들의 진술과 행동을 통해 연구할 수밖에 없었다. 그런 까닭에 그런 증상을 히스테리나 과도한 상상력 탓으로 돌리는 경우가 허다했다. 그러나 정교한 뇌 영상 기술이 발전하여 이상한 경험들의 근저에 깔린 뇌(특히 두정엽의 부위들)의 생리적 변화를 보여주자, 상황은 아주 달라졌다. 라마찬드란의 거울 상자 같은 독창적인 실험과 더불어 뇌 영상 기술 덕분에 체현, 행위체, 자아의 신경학적 기초를 더 분명히 볼 수 있게 되었다. 또한 순전히 임상적인 생각은 물론이고, 때로는 순전히 철학적인 생각까지도 신경과학의 영역으로 끌어들여 시험할 수 있게 되었다.

신체와 신체상이 왜곡되는 환각인 '그림자'와 '분신'은 훨씬 더 이상하다. 신체의 팔다리나 어느 부위가 신경이나 척수 손상으로 '생기'를 잃으면, 당사자는 그 부위를 생명이 없고 비유기적이며 이질적이라고 느낄 수 있다. 그러나 우뇌 두정엽에 손상을 입으면 훨씬 깊게 소원하다고 느낀다. 생기 없는 부위는 (그런 부위가 존재한다고 인정할 때) 다른 사람, 불가사의한 '남'의 것으로 느껴진다. 오래전 의대생 시절에, 나는 두정엽 종양을 제거하기 위해 신경과에 입원한 환자를 보았다. 어느 날 저녁에 수술을 기다리면서 그는 특이한 방식으로, 간호사들의 말로는 마치 스스로 몸을 던지듯 침대에서 떨어졌다. 내가 이유를 묻자, 그는 잠을 자고 있는데 문득 깨어나보니 그의 침대에 차갑게 죽어 있는 털투성이의 다리 하나가 있더라고 말했다. 도대체 어떻게 다른 사람의 다리가 자기 침대에 들어왔는지 알 수 없었지만, 간호사들이 해부학 실험실에서 다리 하나를 가져와 장난으로 그의 침대에 넣어둔 것은 아닐까 하는 생각이 갑자기 들었다. 기겁해서 멀쩡한 오른쪽 다리로 남의 다리를 차서 침대 밖으로 몰아냈고 당연히 그도 침대 밖으로 뛰쳐나왔는데, 기가 막히게도 "그 다리"는 그의 몸에 붙어 있었다. 나는 "그건 선생님 다리예요"라고 말하고는, 두 다리의 크기, 모양, 윤곽, 색이 정확히 똑같다는 점을 지적했다. 하지만 내 말은 씨도 먹히지 않았다. 그는 그것이 다른 사람의 다리라고 절대적으로 확신했다.[8]

나는 여러 해 동안 우반구의 뇌졸중으로 좌측편의 감각과 운동 능력을 완전히 잃어버린 환자들을 보았다. 그들은 어떤 일이 일어났는지 전혀 의식하지 못하곤 했지만, 어떤 사람들은 자신의 좌측편이 남의 것("나의 쌍둥이 형제", "내 옆 사람"이거나, 심지어 "의사 선생, 그건 당신 거잖아. 왜 농담을 하고 그래?")이라고 확신했다. "나의 쌍둥이 형제"라는 말은 몸의 반쪽이 남의 것 같으면서도 자기 자신과 아주 비슷하고 거의 동일하다는 인식을 나타내는 일종의 상형문자다. … 즉, 이상하게 위장한 나 자신이라는 것이다. 여기에서 나는 그런 환자들이 매우 지적이고 명석하고 말이 분명한 사람들이라는 점을 강조하고 싶다. 그들이 초현실적이지만 확실하다고 주장하는 이야기는 이상하게 왜곡된 신체상과 관련된 것들뿐이다.

---

8. 침대에서 떨어진 남자의 이야기는 《아내를 모자로 착각한 남자》의 이야기와 완전히 연결된다.

왼쪽이나 오른쪽에, 혹은 바로 뒤에 누군가 있다는 느낌은 누구나 알고 있다. 이는 단지 애매한 느낌이 아니라 뚜렷한 감각이다. 숨어 있는 인물을 찾으려고 몸을 홱 돌려보기도 하지만, 아무도 보이지 않는다. 반복적인 경험을 통해 이런 종류의 존재감이 환각이거나 착각임을 알게 되더라도 도저히 무시하고 넘어갈 수 없다.

그러한 감각은 혼자, 어둠 속에, 낯선 환경에서, 과민 반응 상태에 있을 때 더 자주 발생한다. 그리고 산악인과 극지 탐험가 사이에는 잘 알려져 있다. 광대하고 위험한 지형, 고립 상태와 체력 고갈(그리고 산이라면 희박한 산소)이 그런 느낌을 불러일으키는 데 일조한다. 존재감, 보이지 않는 동행자, "제3의 사나이", 그림자 인간 등 무엇이라 부르든, 그는 우리를 잘 알고 있고, 호의적이든 악의적이든 명확한 의도를 갖고 있다. 우리를 따라다니는 그림자는 어떤 생각을 품고 있다. 그림자의 지향성이나 행위체를 느끼는 순간, 오싹하게 소름이 끼치거나, 혼자가 아니라 누군가의 보호를 받고 있다는 차분하고 기분 좋은 느낌을 경험한다.

'누군가 있다'는 느낌은 여러 형태의 불안, 다양한 약물, 정신분열병이 유발하는 과도 각성 상태에서 더 자주 발생하지만, 신경학적 질환으로도 발생할 수 있다. R교수와 에드 W.는 둘 다 진행성 파킨슨병 환자로, 끊임없이 존재감을 느낀다. 눈에 보이지 않는 사물 또는 사람이 항상 같은 편에 존재한다. 편두통이나 발작을 겪을 때에도 '누군가 있다'는 느낌이 일시적으로 들 수 있지만, 어떤 존재가 항상 같은 편에 지속적으로 느껴지는 증상은 뇌 손상을 가리킨다(기시감 같은 경험도 마찬가지다. 모든 사람이 가끔씩 기시감을 경험하지만, 경험하는 횟수가 아주 잦다면 발작 장애나 뇌 병변을 의심해볼 수 있다).

2006년 올라프 블랑케와 그의 동료들(샤하르 아르지 외)은 간질 수술을 위해 젊은 여성을 검사하던 중, 좌뇌 측두-두정 연접부에 전기 자극을 가하면 '그림자 인간'을 유발할 수 있음을 알게 되었다. 여성이 침대에 누워 있을 때 그 부위를 약하게 자극하면 그녀는 어떤 사람이 뒤에 있다는 인상을 느꼈고, 자극의 강도를 높이면 젊지만 성별은 확인할 수 없는 "어떤 사람"이 그녀와 똑같은 자세로 누워 있다고 명확히 설명했다. 팔로 무릎을 감싸고 앉은 자세에서 자극을 반복했을 때 자기 뒤에 남자가 똑같은 자세로 앉아서 만져지지 않는 두 팔로 그녀를 꼭 안고 있다고 느꼈다. 그녀에게 언어 학습 시험을 위해 카드를 주고 읽어보라고 했을 때 앉아 있는 "남자"는 그녀의 오른편으로 이동했고, 그녀는 그가 공격적인 의도가 있다고 추측했다("그가 카드를 뺏으려고 해요. … 내가 카드를 읽지 않기를 원해요"). 이런 사례에는 '자아'의 요소(그림자 인간이 그녀의 자세를 흉내 내거나 함께하는 것)뿐 아니라 '타인'의 요소도 존재한다.[9]

블랑케와 그의 연구팀이 2006년의 논문에서 밝힌 것처럼, 신체상 장애와 환각의 "존재들" 사이에 연관성이 있을지도 모른다는 생각은 일찍이 1930년에 엔게르트와 호프가 제시한 적이 있다. 엔게르트와 호프는 뇌졸중을 일으킨 후 반맹이 된 연로한 남성을 묘사했다. 그는 안 보이는 반쪽 시야에서 "은색의 물체들"을 보았고, 다음으로 왼쪽에서 자동차들이 다가오는 것을 보았으며, 그 후로 "셀 수 없이 많은" 사람들을 보았다. 사람

---

9. 몇몇 사람들도 잠이 들거나 깨는 순간에 어떤 존재를 감지한다는 비슷한 이야기를 편지로 써 보냈다. 린다 P.는 언젠가 막 잠에 빠져들 때 "나는 오른쪽으로 누워 있었는데, 마치 어떤 사람이 두 팔로 나를 감싸고 머리를 쓰다듬고 있는 것 같았다. 사랑스러운 느낌이었다. 그때 내가 혼자라는 기억이 났다[그리고 그 느낌은 사라졌다]"라고 말했다.

들은 모두 똑같은 외모에 오른팔을 쭉 펴고 꼴사납게 비틀거리며 걷고 있었다. 이는 환자가 왼쪽에서 오는 사람들과 부딪히지 않으려고 걸어갈 때와 똑같은 모습이었다.

그러나 그는 좌측편에 소외감을 느꼈고, 좌반신이 "이상한 것으로 가득 차 있다"고 느꼈다.

엔게르트와 호프는 이렇게 썼다. "마지막으로 환각이 사라지고 나자, 환자가 '단짝'이라고 부르는 존재가 나타났다. 환자는 어디를 가든 그 사람이 왼쪽에서 함께 걷고 있는 것을 보았다. … 단짝이 나타나는 순간, 신체의 좌측편이 남의 것처럼 느껴지는 소외감은 즉시 사라졌다." 그래서 이렇게 결론지었다. "'단짝'이란 존재를 그의 몸에서 독립한 좌반신으로 본다고 해도 틀렸다고 하긴 어려울 듯하다."

"단짝"을 '존재감'으로 분류해야 할지, 자기상의 '분신'으로 분류해야 할지는 분명치 않다. 양쪽의 성격을 모두 갖고 있기 때문이다. 그리고 어쩌면 뚜렷해 보이는 범주들의 일부가 융합될지도 모른다. 블랑케와 그의 연구팀은 2003년에 신체상 또는 '신체 인식somatognosic' 장애를 다룬 글에서, 이 장애에는 다양한 증상이 포함될 수 있다고 주장했다. 예를 들어, 잃어버린 신체 부위에 대한 착각, 변형된(커지거나 줄어든) 신체 부위, 위치가 바뀌거나 단절된 신체 부위, 환상지, 여분의 팔다리, 자기 신체의 자기상 환시, '존재감' 등이다. 모든 장애는 시각, 촉각, 고유수용성 감각의 환각을 수반하며, 두정엽이나 측두엽의 손상과 관계가 있다고 블랑케는 강조한다.

J. 앨런 체인도 그런 존재감에 관심을 갖고, 의식이 깨어 있을 때 나타나는 비교적 약한 형태와 수면마비를 겪을 때 나타나는 끔찍한 형태를 모두 조사했다. 존재감, 즉 보편적인 인간 감각(어쩌면 동물에게도 존재할지 모르는 감각)에는 생물학적 발단이 있을지 모른다고 추측하면서 그는 이렇게 썼다. "독립적이고 진화상 유용한 '타자 의식'의 활성화가 … 행위체의 단서, 특히 잠재적으로 위협이나 안전과 관련이 있는 존재의 단서를 감지하기 위해 분화한 측두엽의 깊은 부위에서 [일어날지 모른다]."

존재감은 이미 신경학 문헌에 자리 잡았을 뿐 아니라, 윌리엄 제임스의 《종교 체험의 여러 모습들》의 한 장을 가득 채우고 있다. 제임스는 처음에는 침입하고 위협하는 두려운 "존재"의 느낌이 기쁘고 심지어 더없이 행복한 존재로 바뀐 사람들의 많은 사례사를 자세히 들려주었다. 대표적인 예는 그의 친구였다.

1884년 9월경이었지. 그때 처음으로 경험했네. … 갑자기 무엇인가 방으로 들어와서 침대 가까이에 머물더군. 머문 시간은 불과 1~2분이었어. 정상적인 감각으로는 그것이 무엇인지 도저히 알아볼 수 없었지만, 그것과 연결되어 있는 듯한 "기분"은 지독히 불쾌했다네. 그것은 다른 정상적인 지각보다도 더 심하게 내 존재의 뿌리를 흔들었지. … 어떤 것이 나와 함께 있는데, 내가 아는 한 육신을 가진 어떤 생명체보다도 확실하게 존재감이 느껴지더군. 그것이 나타날 때처럼 떠날 때에도 의식이 멀쩡했어. 거의 순식간에 문을 뚫고 나갔지. 그리고 "지독한 기분"도 사라졌지. …

[이후의 경험에서] 단지 어떤 것이 있다는 의식이 아니라, 그에 대한 행복감

이 주를 이루고 그 행복감에 지고한 선善을 깨달았다는 놀라운 인식이 융합되어 있었지. 어렴풋하지 않았고, 시나 풍경이나 꽃이나 음악의 정서적 효과도 아니었어. 누군가 강력한 사람이 가까이 있다는 것을 확신할 수 있었다네.

제임스는 이렇게 덧붙였다. "물론 이와 같은 경험은 종교라는 영역과는 무관하다. … [그리고] 내 친구는… 후자의 경험을 신학적으로, 신의 존재를 드러내는 증거로 해석하지 않는다."

그러나 우리는 다른 성향을 가진 사람이라면 "누군가 강력한 사람이 가까이 있다는 확신"과 "지고한 선을 깨닫는 놀라운 인식"을 종교적인 용어까지는 아니더라도 신비한 용어로 해석하리라고 쉽게 짐작할 수 있다. 제임스의 장에 소개된 다른 사례들이 이러한 추측을 입증하듯, 그는 이렇게 말한다. "많은 사람들이(얼마나 많은지는 알 수 없으나) 믿음의 대상을 지성의 힘으로 이해할 수 있는 개념의 형태로 받아들이지 않고, 직접적으로 감지되는 유사 감각적 실재의 형태로 받아들인다."

따라서 '타자'에 대한 동물적 감각은 위협을 감지하기 위해 진화했을 테지만, 종교적인 열정과 확신에 대한 생물학적 기초로서 인간의 고결하고 초월적인 행위를 일으키는 것으로 보인다. 여기에서 '타자', '존재'는 신의 현현이 된다.

감사의 말

누구보다도, 지난 수십 년 동안 나와 편지를 주고받으면서 그들의 경험을 나누어준 수백 명의 환자들과 편지 발신자들에게 깊이 감사드리고, 특히 이 책에 그들의 말을 인용하고 이야기를 소개하도록 허락해준 이들에게 감사드린다.

나의 친구이자 동료인 오린 데빈스키에게 큰 감사의 마음을 표한다. 그는 이미 발표되었거나 출판될 예정인 수많은 논문으로 나의 생각을 자극했고, 자신이 진료하는 여러 명의 환자를 내게 보냈다. 얀 디르크 블롬과 토론하고 대단히 포괄적인 그의 저서 《환각 사전》과 《환각: 연구와 치료Hallucinations: Research and Practice》를 읽으면서 즐거움과 배움을 함께 얻었다. 나는 동료들인 수 배리Sue Barry, 빌 보든Bill Borden, 윌리엄 버크, 케빈 케이힐, 조나단 콜, 다우베 드라이스마, 헨리크 에르손, 도미니크 피체, 스티븐 프루흐트, 마크 그린, 제임스 랜스, 리처드 메이요, 알바로 파스콸-레온, 스탠리 프루시너Stanley Prusiner, V. S. 라마찬드란, 레너드 셴골드에게 깊이 감사드린다. 또한 자신의 경험(그리고 때때로 환자들)을 공유하게 해준 게일 델라니Gale Delaney, 안드레아스 마브로마티스, 릴라스

모크, 제프 오델Jeff Odel, 로버트 튜니스에게 감사드린다.

또한 반드시 감사드려야 할 사람들이 있다. 몰리 번바움, 대니얼 브리슬로, 레슬리 버크하트Leslie Burkhardt, 엘리자베스 체이스Elizabeth Chase, 앨런 퍼베크Allen Furbeck, 케이 퍼베크Kai Furbeck, 벤 헬프갓, 리처드 하워드, 헤이즐 로소티Hazel Rossotti, 피터 셀진Peter Selgin, 에이미 탠, 보니 톰슨Bonnie Thompson, 카파 워Kappa Waugh, 에드워드 와인버거Edward Weinberger다. 기면증 네트워크의 에벨린 호니히Eveline Honig, 오드리 킨드리드Audrey Kindred, 샤론 스미스Sharon Smith 등은 기면증과 수면마비를 겪고 있는 많은 사람들을 내게 소개시켜주었다. 친구이자 내가 무척 존경하는 작가인 빌 헤이스는 전문가의 눈으로 모든 장을 읽고 가치 있는 제안을 많이 해주었다.

나를 돕고 격려해준 데이비드David와 수지 세인스버리Susie Sainsbury에게 감사드리고, 깊은 인내심으로 (이전의 책들처럼) 원고를 검토하고 또 검토해준 댄 프랭크Dan Frank에게 감사드린다. 헤일리 보이치크Hailey Wojcik는 더없이 소중한 연구 조교이자 타이피스트이자 수영 친구이고, 케이트 에드거Kate Edgar는 나의 친구이자 편집자이며 30년 동안 함께 일한 동업자다. 그녀에게 이 책을 바친다.

참고문헌

Abell, Truman, 1845. Remarkable case of illusive vision. *Boston Medical and Surgical Journal* 33 (21): 409~413.

Adair, Virginia Hamilton. 1996. *Ants on the Melon: A Collection of Poems*. New York: Random House.

Adamis, Dimitrios, Adrian Treloar, Finbarr C. Martin, and Alastair J. D. Macdonald. 2007. A brief review of the history of delirium as a mental disorder. *History of Psychiatry* 18 (4): 459~469.

Adler, Shelley R. 2011. *Sleep Paralysis: Night-mares, Nocebos, and the Mind-Body Connection*. Piscataway, NJ: Rutgers University Press.

Airy, Hubert. 1870. On a distinct form of transient hemiopsia. Communicated by the Astronomer Royal. *Philosophical Transactions of the Royal Society of London* 160: 247~264.

Alajouanine, T. 1963. Dostoiewski's epilepsy. *Brain* 86 (2):209~218.

Ardis, J. Amor, and Peter McKellar. 1956. Hypnagogic imagery and mescaline. *British Journal off Psychiatry* 102: 22~29.

Arzy, Shahar, Gregor Thut, Christine Mohr, Christoph M. Michel, and Olaf Blanke. 2006. Neural basis of embodiment: Distinct contributions of temporoparietal junction and extrastriate body area. *Journal of Neuroscience* 26 (31): 8074~8081.

Asheim, Hansen B., and Eylert Brodtkorb. 2003. Partial epilepsy with "ecstatic" seizures. *Epilepsy & Behavior* 4 (6): 667~673.

Baethge, Christopher. 2002. Grief hallucinations: True or Pseudo? Serious or not? An inquiry into psychopathological and clinical features of a common phenomenon. *Psychopathology* 35: 296~302.

Bartlett, Frederic C. 1932. *Rernembering: A Study in Experimental and Social Psychology*. Cambridge: Cambridge University Press.

Baudelaire, Charles. 1860/1995. *Artificial Paradises*. New York: Citadel.

Berrios, German E. 1981. Delirium and confusion in the nineteenth century: A conceptual history. *British Journal of Psychiatry* 139: 439~449.

Bexton, William H., Woodburn Heron, and T. H. Scott. 1954. Effects of decreased variation in the sensory environment. *Canadian Journal of Psychology* 8 (2): 70~76.

Birnbaum, Molly. 2011. *Season to Taste: How I Lost My Sense of Smell and Found My Way*. New York: Ecco / Harper Collins.

Blanke, Olaf, Stéphanie Ortigue, Alessandra Coeytaux, Marie-Dominique Martory, and Theodor Landis. 2003. Hearing of a presence. *Neurocase* 9 (4): 329~339.

Blanke, Olaf, Shahar Arzy, Margitta Seeck, Stephanie Ortigue, and Laurent Spinelli. 2006. Induction of an illusory shadow person. *Nature* 443" 287.

Bleuler, Eugen. 1911/1950. *Dementia Praecox; or, The Group of Schizophrenias*. Oxford: International Universities Press.

Blodgett, Bonnie. 2010. *Remembering Smell: A Memoir of Losing-and Discovering-the Primal Sense*. New York: Houghton Mifflin Harcourt.

Blom, Jan Dirk. 2010. *A Dictionary of Hallucinations*. New York: Springer.

Blom, Jan Dirk, and Iris E. C. Sommer, eds. 2012. *Hallucinations: Research and Practice*. New York: Springer.

Bonnet, Charles. 1760. *Essai analytique sur les facultéss de l'âme*. Copenhagen: Freres Cl. & Ant. Philibert.

Boroojerdi, Babak, Khalaf O. Bushara, Brian Corwell, Ilka Immisch, Fortunato Battaglia, Wolf Muellbacher, and Leonardo G. Cohen. 2000. Enhanced excitability of the human visual cortex induced by short-term light deprivation. *Cerebral Cortex* 10: 529~534.

Botvinick, Matthew, and Jonathan Cohen. 1998. Rubber hands "feel" touch that eyes see. *Nature* 391: 756.

Brady, John Paul, and Eugene E. Levitt. 1966. Hypnotically induced visual hallucinations. *Psychosomatic Medicine* 28 (4): 351~363.

Brann, Eva. 1993. *The World of the imaginations: Sum and Substance.* Lanham, MD: Rowman & Littlefield.

Brewin, Chris, and Steph J. Hellawell. 2004. A comparison of flash-backs and ordinary autobiographical memories of trauma: Content and language. *Behaviour Research and Therapy* 42 (1): 1~12.

Brierre de Boismont, A. 1845. *Hallucinations; or, The Rational History of Apparitions, Visions, Dreams, Ecstasy, Magnetism and Somnambulism.* First English edition, 1853. Philadelphia: Lindsay and Blakiston.

Brock, Samuel. 1928. Idiopathic narcolepsy, cataplexia and catalepsy associated with an unusual hallucination: A case report. *Journal of Nervous and Mental Disease* 68 (6): 583~590.

Brugger, Peter. 2012. Phantom limb, phantom body, phantom self. A phenomenology of "body hallucinations." In *Hallucinations: Research and Practice,* ed. Jan Dirk Blom and Iris E. C. Sommer. New York: Springer.

Brugger, Peter, R. Agosti, M. Regard, H. G. Wieser, and T. Landis. 1994. Heautoscopy, epilepsy, and suicide. *Journal of Neurology, Neurosurgery and Psychiatry* 57: 838~839.

Burke, William. 2002. The neural basis of Charles Bonnet hallucinations: A hypothesis. *Journal of Neurology, Neurosurgery and Psychiatry* 73: 535~541.

Carlson, Laurie Winn. 1999. *A Fever in Salem: A New Interpretation of the New England Witch Trials.* Chicago: Ivan R. Dee.

Cheyne, J. Allan. 2001. The ominous numinous: Sensed presence and "other" hallucinations. *Journal of Consciousness Studies* 8 (5~7): 133~150.

Cheyne, J. Allan. 2003. Sleep paralysis and the structure of waking-nightmare hallucinations. *Dreaming* 13 (3): 163~179.

Cheyne, J. Allan, Steve D. Rueffer, and Ian R. Newby-Clark. 1999. Hypnagogic and hypnopompic hallucinations during sleep paralysis: Neurological and cultural construction of the night-mare. *Consciousness and Cognition* 8 (3): 319~337.

Chodoff, Paul. 1963. Late effects of the concentration camp syndrome. *Archives of General Psychiatry* 8 (4): 323~333.

Cogan, David G. 1973. Visual hallucinations as release phenomena. *Albrlecht von*

Graefes Archiv für klinische une experimentelle Ophthalmologie 188 (2): 139~150.

Cole, Jonathan, Oliver Sacks, and Ian Waterman. 2000. On the immunity principle: A view from a robot. *Trends in Cognitive Sciences* 4 (5): 167.

Cole, Jonathan, Simon Crowle, Greg Austwick, and David Henderson Slater. 2009. Exploratory findings with virtual reality for phantom limb pain; from stump motion to agency and analgesia. *Disability and Rehabilitation* 31 (10): 846~854.

Cole, Monroe. 1999. When the left brain is not right the right brain may be left: Report of personal experience of occipital hemianopia. *Journal of Neurology, Neurosurgery and Psychiatry* 67: 169~173.

Critchley, Macdonald. 1939. Neurological aspect of visual and auditory hallucinations. *British Medical Journal* 2 (4107): 634~639.

Critchley, Macdonald. 1951. Types of visual perseveration: "Paliopsia" and "illusory visual spread." *Brain* 74: 267~298.

Critchley, Macdonald. 1967. Migraine: From Cappadocia to Queen Square. In *Background to Migraine*, ed. Robert Smith. London: William Heinemann.

Daly, David. 1958. Uncinate fits. *Neurology* 8: 250~260.

Davies, Owen. 2003. The nightmare experience, sleep paralysis, and witchcraft accusations. *Folklore* 114 (2): 181~203.

Davis, Wade. 2011. *Into the Silence: The Great War, Mallory, and the Conquest of Everest*. New York: Knopf.

de Morsier, G. 1967. Le syndrome de Charles Bonnet: Hallucinations visuelles des vieillards sans déficience mentale. *Annales Médico-Psychologiques* 125: 677~701.

Dening, T. R., and German E. Berrios. 1994. Autoscopic phenomena. *British Journal of Psychiatry* 165: 808~817.

De Quincey, Thomas. 1822. *Confessions of an English Opium-Eater*. London: Taylor and Hessey.

Descartes, René. 1641/1960. *Meditations on First Philosophy*. New York: Prentice Hall.

Devinsky, Orrin. 2009. Norman Geschwind: Influence on his career and comments on his course on the neurology of behavior. *Epilepsy & Behavior* 15 (4): 413~416.

Devinsky, Orrin, and George Lai. 2008. Spirituality and religion in epilepsy. *Epilepsy & Behavior* 12 (4): 636~643.

Devinsky, Orrin, Edward Feldman, Kelly Burrowes, and Edward Bromfield. 1989. Autoscopic phenomena with seizures. *Archives of Neurology* 46 (10): 1080~1088.

Devinsky, O., L. Davachi, C. Santchi, B. T. Quinn, B. P. Staresina, and T. Thesen. 2010. Hyperfamiliarity for faces. *Neurology* 74 (12): 970~974.

Dewhurst, Kenneth, and A. W. Beard. 1970. Sudden religious conversions in temporal lobe epilepsy. *British Journal of Psychiatry* 117: 497~507.

Dewhurst, Kenneth, and John Pearson. 1955. Visual hallucinations of the self in organic disease. *Journal of Neurology, Neurosurgery, and Psychiatry* 18: 53~57.

Dickens, Charles. 1861. *Great Expectations*. London: Chapman and Hall.

Dostoevsky, Fyodor M. 1869/2002. *The Idiot*. New York: Everyman's Library.

Dostoevsky, Fyodor M. 1846/2005. *The Double and The Gambler*. New York: Everyman's Library.

Draaisma, Douwe. 2009. *Disturbances of the Mind*. New York: Cambridge University Press.

Ebin, David, ed. 1961. *The Drug Experience: First-Person Accounts of Addicts, Writers, Scientists and Others*. New York: Orion.

Efron, Robert. 1956. The effect of olfactory stimuli in arresting uncinate fits. *Brain* 79 (2): 267~281.

Ehrsson, H. Henrik. 2007. The experimental induction of out-of-body experiences. *Science* 317 (5841): 10048.

Ehrsson, H. Henrik, Charles Spence, and Richard E. Passingham. 2004. That's my hand! Activity in the premotor cortex reflects feeling of ownership of a limb. *Science* 305 (5685): 875~877.

Ehrsson, H. Henrik, Nicholas P. Holmes, and Richard E. Passingham. 2005. Touching a rubber hand: Feeling of body ownership is associated with activity in multisensory brain areas. *Journal of Neuroscience* 25 (45): 10564~10573.

Ellis, Havelock. 1898. Mescal: A new artificial paradise. *Contemporary Review* 73: 130~141 (reprinted in the Smithsonian Institution Annual Report 1898, pp. 537~548).

Escher, Sandra, and Marius Romme. 2012. The hearing voices movement. In *Hallucinations: Research and Practice*, ed. Jan Dirk Blom and Iris E. C. Sommer. New York: Springer.

Fénelon, Gilles, Florence Mahieux, Renaud Huon, and Marc Ziégler. 2000. Hallucinations in Parkinson's disease: Prevalence, phenomenology and risk factors. *Brain* 123 (4): 733~745.

ffytche, Dominic H. 2007. Visual hallucinatory syndromes: Past, Present, and future. *Dialogues in Clinical Neuroscience* 9: 173~189.

ffytche, Dominic H. 2008. The hodology of hallucinations. *Cortex* 44: 1067~1083.

ffytche, D. H., R. J. Howard, M. J. Brammer, A. David, P. Woodruff, and S. Williams. 1998. The anatomy of conscious vision: An fMRI study of visual hallucinations. *Nature Neuroscience* 1(8): 738~742.

Foote-Smith, Elizabeth, and Lydia Bayne. 1991. Joan of Arc. *Epilepsia* 32 (6): 810~815.

Freud, Sigmund. 1891/1953. *On Aphasia: A Critical Study.* Oxford: International Universities Press.

Freud, Sigmund. 1901/1990. *The Psychopathology of Everyday Life.* New York: Norton.

Freud, Sigmund, and Josef Breuer. 1895/1991. *Studies Hysteria.* New York: Penguin.

Friedman, Diane Broadbent. 2008. *A Matter of Life and Death: The Brain Revealed by the Mind of Michael Powell.* Bloomington, IN: AuthorHouse.

Fuller, G. N., and R. J. Guiloff. 1987. Migrainous olfactory hallucinations. *Journal of Neurology, Neurosurgery and Psychiatry* 50: 1688~1690.

Fuller, John Grant. 1968. *The Day of St. Anthony's Fire.* New York: Macmillan.

Funk, Marion, Maggie Shiffrar, and Peter Brugger. Hand movement observation by individuals born without hands: Phantom limb experience constrains visual limb perception. *Experimental Brain Research* 1964 (3): 341~346.

Galton, Francis. 1883. *Inquiries into Human Faculty.* London: Macmillan.

Gastaut, Henri, and Benjamin G. Zifkin. 1984. Ictal visual hallucinations of numerals. *Neurology* 34 (7): 950~953.

Gélineau, J. B. E. 1880. De la narcolepsie. *Gazette des hôpitaux* 54: 635~637.

Geschwind, Norman. 1984. Dostoievsky's epilepsy. In *Psychiatric Aspects of Epilepsy*, ed. Dietrich Blumer (pp. 325~333). Washington D.C.: American Psychiatric Press.

Geschwind, Norman. 2009. Personality changes in temporal lobe epilepsy. *Epilepsy & Behavior* 15: 425~433.

Gilbert, Martin. 1997. *The Boys: The Story of 732 Young Concentration Camp Survivors.*

New York: Holt.

Gowers, W. R. 1881. *Epilepsy and Other Chronic Convulsive Diseases: Their Causes, Symptoms and Treatment.* London: Churchill.

Gowers, W. R. 1907. *The Border-land of Epilepsy.* London: Churchill.

Green, Celia. 1968. *Out-of-the-body Experiences.* Oxford: Institute of Psychophysical Research.

Gurney, Edmund, F. W. H. Myers, and Frank Podmore. 1886. *Phantasms of the Living.* London: Trubner & Co.

Hayes, Bill. 2001. *Sleep Demons: An Insomniac's Memoir.* New York: Washington Square.

Hayter, Alethea. 1998. *Opium and the Romantic Imaginations: Addiction and Creativity in De Quincey, Coleridge, Baudelaire and Others.* New York: HarperCollins.

Heins, Terry, A. Gray, and M. Tennant. 1990. Persisting hallucinations following childhood sexual abuse. *Australian and New Zealand Journal of Psychiatry* 24: 561~565.

Hobson, Allan. 1999. *Dreaming as Delirium: How the Brain Goes Out of Its Mind.* Cambridge, MA: MIT Press.

Holmes, Douglas S., and Louis W. Tinnin. 1995. The problem of auditory hallucinations in combat PTSD. *Traumatology* 1 (2): 1~7.

Hughes, Robert. 2006. *Goya.* New York: Knopf.

Hustvedt, Siri. 2008. Lifting, lights, and little people. In *Migraines: Perspectives on a Headache* (blog). *New York Times*, February 17. 2008. http://migraine.blogs.nytimes.com/2008/02/17/lifting-lights-and-little-people/.

Huxley, Aldous. 1952. *The Devils of Loudon.* London: Chatto & Windus.

Huxley, Aldous. 1954. *"The Doors of Perception"* and *"Heaven and Hell"* New York: Harper & Row.

Jackson, John Hughlings. 1925. *Neurological Fragments.* London: Oxford Medical.

Jackson, John Hughlings. 1932. *Selected Writings.* Vol. 2, ed. James Taylor, Gordon Holmes, and F. M. R. Walshe. London: Hodder and Stoughton.

Jackson, John Hughlings, and W. S. Colman. 1898. Case of epilepsy with tasting movements and "dreamy state"-very small patch of softening in the left uncinate gyrus. *Brain* 21 (4): 580~590.

Jaffe, Ruth. 1968. Dissociative phenomena in former concentration camp inmates. *International Journal of Psycho-Analysis* 49: 310~312.

James, William. 1887. The consciousness of lost limbs. *Proceedings of the American Society for Psychical Research* 1 (3): 249~258.

James, William. 1890. *The Principles of Psychology*. London: Macmillan.

James, William. 1896/1984. *William James on Exceptional Mental States: The 1896 Lowell Lectures*, ed. Eugene Taylor. Amherst: University of Massachusetts Press.

James, William. 1902. *The Varieties of Religious Experience: A Study in Human Nature*. London: Longmans, Green.

Jaynes, Julian. 1976. *The Origin of Consciousness in the Breakdown of the Bicameral Mind*. New York: Houghton Mifflin.

Jones, Ernest. 1951. *On the Nightmare*. New York: Grove Press.

Kaplan, Fred. 1992. *Henry James: The Imagination of Genius*. Baltimore: Johns Hopkins University Press.

Keynes, John Maynard. 1949. *Two Memoirs: "Dr. Melchior, a Defeated Enemy" and "My Early Beliefs."* London: Rupert Hart-Davis.

Klüver, Heinrich. 1928. *Mescal: The "Divine" Plant and Its Psychological Effects*. London: Kegan Paul, Trench, Trübner.

Klüver, Heinrich. 1942. Mechanisms of hallucinations. In *Studies in Personality*, ed. Q. McNemar and M. A. Merrill (pp. 175~207). New York: McGraw-Hill.

Kraepelin, Emil. 1904. *Lectures on Clinical Psychiatry*. New York: William Wood.

La Barre, Weston. 1975. Anthropological perspectives on hallucination and hallucinogens. In *Hallucinations: Behavior, Experience, and Theory*, ed. R. K. Siegel and L. J. West (pp. 9~52). New York: John Wiley & Sons.

Lance, James. 1976. Simple formed hallucinations confined to the area of a specific visual field defect. *Brain* 99 (4): 719~734.

Landis, Basile N., and Pierre R. Burkhard. 2008. Phantosmias and Parkinson disease. *Archives of Neurology* 65 (9): 1237~1239.

Leaning, F. E. 1925. An introductory study of hypnagogic phenomena. *Proceedings of the Society for Psychical Research* 35: 289~409.

Leiderman, Herbert, Jack H. Mendelson, Donald Wexler, and Philip Solomon. 1958.

Sensory deprivation: Clinical aspects. *Archives of Internal Medicine* 101: 389~396.

Leudar, Ivan, and Philip Thomas. 2000. *Voices of Reason, Voices of Madness: Studies of Verbal Hallucinations*. London: Routledge.

Lewin, Louis. 1886/1964. *Phantastica: Narcotic and Stimulating Drugs*. London: Routledge & Kegan Paul.

Lhermitte, Jean. 1922. Syndrome de la calotte du pédoncule cerebral: Les troubles psycho-sensoriels dans les lésions du mésocéphale. *Ravue Neurologique* (Paris) 38: 1359~1365.

Lhermitte, Jean. 1951. Visual hallucinations of the self. *British Medical Journal* 1 (4704): 431~434.

Lippman, Caro W. 1952. Certain hallucinations peculiar to migraine. *Journal of Nervous and Mental Disease* 116 (4): 346~351.

Liveing, Edward. 1873. *On Megrim, Sick-Headache, and Some Allied Disorders: A Contribution to the Pathology of Nerve-Storms*. London: J. & A. Churchill.

Luhrmann, T. M. 2012. *When God Talks Back: Understanding the American Evangelical Relationship with God*. New York: Knopf.

Macnish, Robert. 1834. *The Philosophy of Sleep*. New York: D. Appleton.

Maupassant, Guy de. 1903. *Short Stories of the Tragedy and Comedy of Life*. Akron, OH: St. Dunstan Society.

Maury, Louis Ferdinand Alfred. 1848. Des hallucinations hypnagogiques, ou des erreurs des sens dans l'état intermediaire entre la veille et le sommeil. *Annales medico-psychologiques du système nerveux* 11: 26~40.

Mavromatis, Andreas. 1991. *Hypnagogia: The Unique State of Consciousness Between Wakefulenss and Sleep*. London: Routledge.

Mayeux, Richard, and D. Frank Benson. Phantom limb and multiple sclerosis. *Neurology* 29: 724~726.

McGinn, Colin. 2006. *Mindsight: Image, Dream, Meaning*. Cambridge, MA: Harvard University Press.

McKellar, Peter, and Lorna Simpson. 1954. Between Wakefulness and sleep: Hypnagogic imagery. *British Journal of Psychology* 45 (4): 266~276.

Melville, Herman. 1851. *Moby-Dick; or, The Whale*. New York: Harper and Brothers.

Merabet, Lotfi B., Denise Maguire, Aisling Warde, Karin Alterescu, Robert Stickgold, and Alvoro Pascual-Leone. 2004. Visual hallucinations during prolonged blindfolding in sighted subjects. *Journal of Neuro-Ophthalmoloty* 24 (2): 109~113.

Merzenich, Michael. 1998. Long-term change of mind. *Science* 282 (5391): 1062~1063.

Mitchell, Silas Weir. 1866. The case of George Dedlow. *Atlantic Monthly*.

Mitchell, Silas Weir. 1872/1965. *Injuries of Nerves and Their Consequences*. New York: Dover.

Mitchell, Silas Weir. 1896. Remarks on the effects of *Anhelonium lewinii* (the mescal button). *British Medical Journal* 2 (1875): 1624~1629.

Mitchell, Silas Weir, William Williams Keen, and George Read More-house. 1864. *Reflex Paralysis*. Washington, D. C.: Surgeon General's Office.

Mogk, Lylas G., and Marja Mogk. 2003. *Macular Degeneration: The Complete Guide to Saving and Maximizing Your Sight*. New York: Ballantine Books.

Mogk, Lylas Gl, Anne Riddering, David Dahl, Cathy Bruce, and Shannon Brafford. 2000. Charles Bonnet syndrome in adults with visual impairments from age-related macular degeneration. In *Vision Rehabilitation (Assessment, Intervention and Outcomes)*, ed. Cynthia. Stuen et al. (pp. 117~119). Downingtown, PA: Swets and Zeitlinger.

Moody, Raymond A. 1975. *Life After Lift: The Investigation of a Phenomenon-Survival of Bodily Death*. Atlanta: Mockingbird Books.

Moreau, Jacques Joseph. 1845/1973. *Hashish and Mental Illness*. New York: Raven Press.

Myers, F. W. H. 1903. *Human Personality and Its Survival of Bodily Death*. London: Longmans, Green.

Nabokov, Vladimir. 1966. *Speak, Memory: An Autobiography Revisited*. New York: McGraw-Hill.

Nasrallah, Henry A. 1985. The unintegrated right cerebral hemispheric consciousness as alien intruder: A possible mechanism for Schneiderian delusions in schizophrenia. *Comprehensive Psychiatry* 26 (3): 273~282.

Nelson, Kevin. 2011. *The Spiritual Doorway in the Brain: A Neurologist's Search for the God Experience*. New York: Dutton.

Newberg, Andrew B., Nancy Wintering, Mark R. Waldman, Daniel Amen, Dharma S.

Khalsa, and Abass Alavi. 2010. Cerebral blood flow differences between long-term meditators and non-meditators. *Consciousness and Cognition* 19 (4): 899~905.

Omalu, Bennet, Jennifer L. Hammers, Julian Bailes, Ronald L. Hamilton, M. Ilyas Kamboh, Garrett Webster, and Robert P. Fitzsimmons. 2011. Chronic traumatic encephalopathy in an Iraqi war veteran with posttraumatic stress disorder who committed suicide. *Neurosurgical Focus* 31 (5): E3.

Otten, Erna. 1992. Phantom limbs [letter to the editor and reply from Oliver Sacks]. *New York Review of Books* 39 (3): 45~46.

Parkinson, James. 1917. *An Essay on the Shaking Palsy*. London: Whittingham and Bowland.

Penfield, Wilder, and Phanor Perot. 1963. The brain's record of auditory and visual experience. *Brain* 86 (4): 596~696.

Peters, J. C. 1853. *A Treatise on Headache*. New York: William Radde.

Podoll, Klaus, and Derek Robinson. 2008. *Migraine Art: The Migraine Experience from Within*. Berkeley, CA: North Atlantic Books.

Poe, Edgar Allan. 1902. *The Complete Works of Edgar Allan Poe*. New York: G. P. Putnam's Sons.

Poeck, K. 1964. Phantoms following amputation in early childhood and in congenital absence of limbs. *Cortex* 1 (3): 269~274.

Ramachandran, V. S. 2012. *The Tell-Tale Brain*. New York: W. W. Norton.

Ramachandran, V. S., and W. Hirstein. 1998. The perception of phantom limbs. *Brain*. 121(9): 1603~1630.

Rees, W. Dewi. 1971. The hallucinations of widowhood. *British Medical Journal* 4: 37~41.

Richards, Whitman. 1971. The fortification illusions of migraines. *Scientific American* 224 (5): 88~96.

Riddoch, George. 1941. Phantom limbs and body shape. *Brain* 4 (4): 197~222.

Rosenhan, D. L. 1973. On being sane in insane places. *Science* 179 (4070): 250~258.

Sacks, Oliver. 1970. *Migraine*. Berkeley: University of California Press.

Sacks, Oliver. 1973. *Awakenings*. New York: Doubleday.

Sacks, Oliver. 1984. *A Leg to Stand On*. New York: Summit Books.

Sacks, Oliver. 1985. *The Man Who Mistook His Wife for a Hat*. New York: Summit Books.

Sacks, Oliver. 1992. Phantom faces. *British Medical Journal* 304: 364.

Sacks, Oliver. 1995. *An Anthropologist on Mars*. New York: Knopf.

Sacks, Oliver. 1996. *The Island of the Colorblind*. New York: Nkopf.

Sacks, Oliver. 2004. In the river of consciousness. *New York Review of Books*, January 15, 2004.

Sacks, Oliver. 2004. Speed. *New Yorker*, August 23, 2004, 60~69.

Sacks, Oliver. 2007. *Musicophilia: Tales of Music and the Brain*. New York: Knopf.

Sacks, Oliver. 2010. *The Mind's Eye*. New York: Knopf.

Salzman, Mark. 2000. *Lying Awake*. New York: Knopf.

Santhouse, A. M., R. J. Howard, and D. H. ffytche. 2000. Visual hallucinatory syndromes and the anatomy of the visual brain. *Brain* 123: 2055~2064.

Scatena, Paul. 1990. Phantom representations of congenitally absent limbs. *Perceptual and Motor Skills* 70: 1227~1232.

Schneck, J. M. S. 1989. Weir Mitchell's visual hallucinations as a grief reaction. *American Journal of Psychiatry* 146 (3): 409.

Schultes, Richard Evans, and Albert Hofmann. 1992. *Plants of the Gods: Their Sacred, Healing and Hallucinogenic Powers*. Rochester, VT: Healing Arts Press.

Shanon, Benny. 2002. *The Antipodes of the Mind: Charting the Phenomenology of the Ayahuasca Experience*. Oxford: Oxford University Press.

Shengold, Leonard. 2006. *Haunted by Parents*. New Haven: yale University Press.

Shermer, Michael. 2005. Abducted! *Scientific American* 292: 34.

Shermer, Michael. 2011. *The Believing Brain: From Ghosts and Gods to Politics and Conspiracies-How We Construct Beliefs and Reinforce Them as Truths*. New York: Times Books.

Shively, Sharon B., and Daniel P. Perl. 2012. Traumatic brain injury, shell shock, and posttraumatic stress disorder in the military-past, present, and future. *Journal of Head Trauma Rehabilitation*, in press.

Siegel, Ronald K. 1977. Hallucinations. *Scientific American* 237 (4): 132~140.

Siegel, Ronald K. 1984. Hostage hallucinations: Visual imagery induced by isolation and life-threatening stress. *Journal of Nervous and Mental Disease* 172 (5): 264~272.

Siegel, Ronald K., and Murray E. Jarvik. 1975. Drug-induced hallucinations in animals and man. In *Hallucinations: Behavior, Experience, and Theory*, ed. R. K. siegel and L. J. West (pp. 81~162). New York: John Wiley & Sons.

Siegel, Ronald K., and Louis Jolyon West. 1975. *Hallucinations: Behavior, Experience, and Theory.* New York: John Wiley & Sons.

Simpson, Joe. 1988. *Touching the Void.* New York: HarperCollins.

Sireteanu, Ruxandra, Viola Oertel, Harald Mohr, David Linden, and Wolf Singer. 2008. Graphical illustration and functional neuroimaging of visual hallucinations during prolonged blindfolding: A comparison to visual imagery. *Perception* 37: 1805~1821.

Smith, Daniel B. 2007. *Muses, Madmen, and Prophets: Hearing Voices and the Borders of Sanity.* New York: Penguin.

Society for Psychical Research. 1894. Report on the census of hallucinations. *Proceedings of the Society for Psychical Research* 10: 25~422.

Spinoza, Benedict. 1883/1955. *On the Improvement of the Understanding, The Ethics, and Correspondence.* Vol. 2. New York: Dover.

Stevens, Jay. 1998. *Storming Heaven: LSD and the American Dream.* New York: Gorve.

Strindberg, August. 1898/1962. *Inferno.* London: Hutchinson.

Swartz, Barbara E., and John C. M. Brust. 1984. Anton's syndrome accompanying withdrawal hallucinosis in a blind alcoholic. *Neurology* 34 (7): 969.

Swash, Michael. 1979. Visual perseveration in temporal lobe epilepsy. *Journal of Neurology, Neurosurgery, and Psychiatry* 42 (6): 569~571.

Taylor, David C., and Susan M. Marsh. 1980. Hughlings Jakson's Dr Z: The paradigm of temporal lobe epilepsy revealed. *Journal of Neurology, Neurosurgery, and Psychiatry* 43: 758~767.

Teunisse, Robert J., F. G. Zitman, J. R. M. Cruysberg, W. H. L. Hoefnagels, and A. L. M. Verbeek. 1996. Visual hallucinations in psychologically normal people: Charles Bonnet's syndrome. *Lancet* 347 (9004): 794~797.

Thorpy, Michael J., and Jan Yager. 2001. *The Encyclopedia of Sleep and Sleep Disorders.* 2nd ed. New York: Facts on File.

Van Bogaert, Ludo. 1927. Peduncular hallucinosis. *Revue neurologique.* 47: 608~617.

Vygotsky, L. S. 1962. *Thought and Language*, ed. Eugenia Hanfmann and Gertrude Vahar. Cambridge, MA: MIT Press and John Wiley & Sons. Original Russian edition published in 1934.

Watkins, John. 1998. *Hearing Voices: A Common Human Experience*. Melbourne: Hill of Content.

Waugh, Evelyn. 1957. *The Ordeal of Gilbert Pinfold*. Boston: Little, Brown.

Weissman, Judith. 1993. *Of Two Minds: Poets Who Hear Voices*. Hanover, NH: Wesleyan University Press / University Press of New England.

Wells, H. G. 1927. *The Short stories of H. G. Wells*. London: Ernest Benn.

West, L. Jolyon, ed. 1962. *Hallucinations*. New York: Grune & Stratton.

Wigan, A. L. 1844. *A New View of Insanity: The Duality of the Mind Provided by the Structure, Functions, and Diseases of the Brain*. London: Longman, Brown, Green, and Longmans.

Wilson, Edmund. 1990. *Upstate:Records and Recollections of Northern New York*. Syracuse: Syracuse University Press.

Wilson, S. A. Kinnier. 1940. *Neurology*. London: Edward Arnold.

Wittgenstein, Ludwig. 1975. *On Certainty*. Malden, MA: Blackwell.

Zamboni, Giovanna, Carla Budriesi, and Paolo Nichelli. 2005. "Seeing oneself": A case of autoscopy. *Neurocase* 11(3): 212~215.

Zubek, John P., ed. 1969. *Sensory Deprivation: Fifteen Years of Research*. New York: Meredith.

Zubek, John P., Dolores Pushkar, Wilma Sansom, and J. Gowing. 1961. Perceptual changes after prolonged sensory isolation (darkness and silence). *Canadian Journal of Psychology* 15 (2): 83~100.

찾아보기

B박사(수호천사) 266~267
D박사(출면 환각) 264
H. S.(시각적 보속증) 212
J. D.(수면마비) 278
LSD 128, 134, 136, 138~143, 146, 148, 198, 301
R교수(파킨슨병) 112, 350

《이상한 나라의 앨리스Alice in Wonderland》 165
"정신이 온전한 사람들의 각성 시 환각에 대한 국제적 통계 조사International Census of Waking Hallucinations in the Sane" 83

| ㄱ |

가니, 조Garnie, Joe 62
가상현실 345
가워스, 윌리엄Gowers, William 169~170, 177, 183, 185~186, 189, 195, 197, 228

간질 70, 93, 100, 169, 175~206, 209~210, 212, 266, 319~321, 324, 350
  성격 변화 195, 200~201
  냄새 187~188
  수술 8, 194, 195~196, 319
감각 및 운동 인체 모형(호문쿨루스) 196
감각 박탈 또는 단조로움 53~60, 100, 133, 266
개구리 커밋Kermit the Frog 212~213
거니, 에드문드Gurney, Edmund 266
게슈빈트, 노먼Geschwind, Norman 200~201, 206
고든 B.Gordon B.(음악 환각) 96
고든 C.Gordon C.(후각 환각) 67
고든 H.Gordon H.(반맹) 221~222, 224
고딕풍 문학 327~328
고무손 착각 329
고야, 프란시스코Goya, Francisco 129, 233~234
고유수용성 감각 60, 323, 329~330, 344

찾아보기   **371**

고티에, 테오필Gautier, Théophile 129, 135
골턴, 프랜시스Galton, Francis 250~252
공감각 136, 138~139, 186
과민 반응 92, 178, 287, 350
광학 흐름 34
구회(갈고리이랑) 186
귀울림 92~93, 95, 101
그린, 마크Green, Mark 167
그린, 셀리아Green, Celia 315
기도 126, 305~306
기면증 네트워크 272~273, 276
기면증 271~277, 279, 313
　　수면마비 항목 참조
기번, 에드워드Gibbon, Edward 274~275
기보법 환각 29~30, 40~41, 235
　　텍스트 환각 항목 참조
기시감 93, 176, 183, 193, 201, 350
기억 40, 68, 117, 165, 171, 243, 251, 264, 289, 292, 317
　　간질 196~197, 201
　　음악 263
　　외상 후 293~294, 298~299
　　이론들 197
기하학적 도형 163~164, 167, 170, 172
　　무늬 항목 참조
길버트, 마틴Gilbert, Martin 300
깊이의 변화 37, 138, 163
꿈 9, 42~43, 114, 183~185, 194, 238~240, 259, 263~266, 279~281, 286, 295, 319
　　환각이나 섬망과의 비교 9, 111, 244, 250, 255, 259, 263~266

박탈 61
간질 183, 194
기면증 274~275

|ㄴ|

나보코프, 블라디미르Nabokov, Vladimir 232, 254
나스랄라, 헨리 A.Nasrallah, Henry A. 91
나팔꽃 134, 142, 148
남색 146~147
낸시 C.Nancy C.(목소리) 82
냄새 환각 71, 73, 166, 191, 296
　　후각 환각 항목 참조
넬슨, 케빈Nelson, Kevin 205, 319
넬슨, 호레이쇼 제독Melson, Admiral Horatio 341
노시보 효과 281
뇌 영상 348
뇌교 환각 115~116
뇌염후증후군(《깨어남》) 환자들 61, 106, 120, 244, 295, 301
뇌진탕 193, 297
뉴버그, 앤드루Newberg, Andrew 304
뉴턴, 아이작Newton, Isaac 146
니븐, 데이비드Niven, David 186

|ㄷ|

다윈, 찰스Darwin, Charles 233, 251
다이앤 G.Diane G.(기보법 환각) 93~94

단백질 섬망 229
단순포진 71
대시증과 소시증 138
　소인 환각 항목 참조
댈리, 데이비드Daly, David 185~186
데닝, T. R.Denning, T. R. 321, 325
데버러 D.Deborah D.(편두통) 164
데번 B.Devon B.(섬망) 231
데빈스키, 오린Devinsky, Orrin 166, 201~202, 328
데이비스, 오언Davies, Owen 301
데이비스, 웨이드Davis, Wade 340
데카르트, 르네Descartes, René 334
델마 B.Thelma B.(간질) 186, 189
도로시 S.Dorothy S.(샤를보네증후군) 27
도스토옙스키, 표도르Dostoevsky, Fyodor 198~200, 328
도트 대고모Aunt Dot(반맹) 217~219
도파민 105, 107, 116, 140~141
　엘도파 항목 참조
독서 불능증 211, 216
독성 상태 236
　엘도파, 아편 항목 참조
두정엽 30~31, 180, 212~213, 348, 352
　측두-두정 연접부 항목 참조
듀허스트, 케네스Dewhurst, Kenneth 205, 326
드라이스마, 다우베Draaisma, Douwe 20~21, 321
드퀸시, 토머스De Quincey, Thomas 128, 132, 258

디메틸트립타민DMT 133
디킨스, 찰스Dickens, Charles 156, 239, 287

| ㄹ |

라 바르, 웨스턴La Barre, Weston 9
라리암 239~240
라마찬드란, V. S.Ramachandran, V. S. 337, 344~345, 347~348
라이, 조지Lai, George 202
라이더만, 헤르베르트Leiderman, Herbert 60
라임병 190
랜디스, 바실 N.Landis, Basile N. 114
랜스, 제임스Lance, James 221~222
러셀, 버트런드Russell, Bertrand 145
레너드 L.Leonard L.(뇌염후증후군) 106
레르미트, 장Lhermitte, Jean 115, 321
레빈, 루이스Lewin, Louis 130
레빗, 유진 E.Levitt, Eugene E. 303
레슬리 D.Leslie D.(유령 출몰) 307
레이 P.Ray P.(육상선수의 지구력, 사별) 290~291
로라 H.Laura H.(후각 상실) 73~75
로라 M.Laura M.(간질) 183~185
로봇으로의 체현 317
로빈슨, 데릭Robinson, Derek 167~168
로이더, 이반Leudar, Ivan 86
로잘리 M.Rosalie M.(샤를보네증후군) 17, 310
로젠한, 데이비드Rosenhan, David 80

로크, 존Locke, John 20
롬메, 마리우스Romme, Marius 86
루어만, T. M.Luhrmann, T. M. 304~306
루이소체병 44, 115~119
룰린, 샤를Lullin, Charles 20~22, 42, 48, 321
리닝, F. E.Leaning, F. E. 256
리도크, 조지Riddoch, George 334
리빙, 에드워드Liveing, Edward 155~158
리스, W. D.Rees, W. D. 290
리어리, 티모시Leary, Timothy 141
리즈Liz(수호천사) 89~90
리처즈, 휘트먼Richards Whitman 169
리프먼, 새러Lipman, Sarah 92
리프먼, 캐로 W.Lippman, Caro W. 165
린 O.Lynn O.(기면증) 276
린네, 칼Linnaeus, Carl 320, 324
린다 P.Linda P.(존재감) 351
릴케, 라이너 마리아Rilke, Rainer Maria 87

| ㅁ |

마그나니, 프랑코Magnani, Franco 292
마녀 32, 280~282, 300~302
마를린 H.Marlene H.(반맹) 214, 216
마리오리 J.Marjorie J.(기보법 환각) 28~30
마리화나 138, 140, 142, 146, 183~184
마브로마티스, 안드레아스Mavromatis, Andreas 255~256, 259
마사 N.Martha N.(뇌염후증후군) 106
마시, 수전 M.Marsh, Susan M. 186
마이어스, F. W. H.Myers, F. W. H. 186, 265
마이어스, 아서 토머스Myers, Arthur Thomas (Z박사) 186
마이크로 수면 274~275
마이클 F.Michael F.(단백질 섬망) 229
마이클Michael(음악 환각) 98
마황(에페드라) 127
만성 외상적 뇌병증 297
만화 같은 환각들 28, 38~39, 55, 179, 212, 257
말런 S.Marlon S.(샤를보네증후군) 44~47
맛 환각(미각 환각) 71~72, 136, 185, 193
매리언 C.Marion C.(사별) 287
매켈러, 피터MaKellar, Peter 252~253, 256~257
맥각중독 301
맥긴, 콜린McGinn, Colin 18
맥니시, 로버트Macnish, Robert 272
맥베스Macbeth 286
맬러니 K.Malonnie K. 292
머제니치, 마이클Merzenich, Michael 337
메라베, 로프티Merabet, Lofti 57, 59
메리 B.Mary B.(후각부전) 70, 72
메스칼린 131~132, 134, 138~139, 141~142, 170, 252, 257
메요, 리처드Mayeux, Richard 343
메이휴, 헨리Mayhew, Henry
멜빌, 허먼Melville, Herman 335
　　에이해브 선장 항목 참조
모듈 이론(뇌에 관한) 20
모로, 자크 조제프Moreau, Jacques Joseph

132
모르몬 티 127
모르핀 150~151, 227
　　아편 항목 참조
모리, 알프레드Maury, Alfred 250
모차르트 5중주 263
모크, 릴라스와 마리야Mogk, Lylas and Marja 26
모파상, 기 드Maupassant, Guy de 327
목소리 환각 24, 55, 61~62, 79~92, 97, 99, 137, 143~145, 189, 201~205, 243~245, 254, 287, 294, 310
　　시적인 이용 87
몬테베르디Monteverdi 〈저녁 기도Vespers〉 147
몽족 문화 281
몽환 상태 177, 200, 236
무늬(기하학적) 54, 58, 107, 132, 171, 257
무디, 레이먼드Moody, Raymond 318
무아경 발작 198, 200~201, 204~206
무아경의 북소리 303
미시감 176, 192, 201
미첼, 사일러스 웨어Mitchell, Silas Weir 130~132, 134, 138, 196, 288, 333~336, 338, 346
미키마우스 167, 214, 230
민속과 신화 281~282
　　소인 환각, 악마 또는 악귀, 악몽, 요정, 유령, 천사 항목 참조

|ㅂ|

바이스만, 유디트Weissman, Judith 87
바틀릿, 프레더릭Bartlett, Frederic 197
반 보가에르트, 루도Van Bogaert, Ludo 115
반맹 209~210, 216~217, 220~222, 351
반복시 7, 182, 213
　　시각적 상의 증식 항목 참조
반사 마비 346
발레리 L.Valerie L.(간질) 180~183
방추상회 8, 39
백색소음 97
버넷, 캐럴Burnett, Carol 153
버크, 윌리엄Burke, William 40
버크하드, 피에르 R.Burkhard, Pierre R. 114
번바움, 몰리Birnbaum, Molly 69
베리오스, 게르만Berrios, German 228, 321, 325
베인, 리디아Bayne, Lydia 204
베트게, 크리스토퍼Baethge, Christopher 291
벡스턴, 윌리엄Bexton, William 54
벤슨, 프랭크Benson, Frank 343
벨라돈나 열매 142 ⇒ 아르테인
보나르, 오거스타Bonnard, Augusta 147~148
보네, 샤를Bonnet, Charles 19, 48
보들레르, 샤를Baudelaire, Charles 128, 132, 258
보로예르디, 바바크Boroojerdi, Babak 59
보트비니크, 매튜Botvinick, Mattew 329
복시 7, 33, 182, 257

시각적 상의 증식 항목 참조
복제(카그라스증후군) 148~149
브래디, 존 폴Brady, John Paul 303
브랜, 에바Brann, Eva 258
브러스트, 존 C. M.Brust, John C. M. 223
브로이어, 요세프Breuer, Josef 301~302
브로트코브, 에일레트Brodtkorb, Eylert 201
브록, 새뮤얼Brock, Samuel 271~272
브루거, 페터Brugger, Peter 319, 324, 328, 339, 347
브루윈, 크리스Brewin, Chris 298~299
브뤼헐Brueghel의 그림 27, 238
브리슬로, 대니얼Breslaw, Daniel 134~136, 138
브리에르 드 부아스몽, 알렉상드르Brierre de Boismont, Alexandre 9
블랑케, 올라프Blanke, Olaf 319~320, 350~352
블로일러, 오이겐Bleuler, Eugen 80~82
블로짓, 보니Blodgett, Bonnie 74
블롬, 얀 디르크Blom, Jan Dirk 6
비고츠키, 레프Vygotsky, Lev 87
비어드, A. W.Beard, A. W. 205
비젤, 토르스텐Wiesel, Torsten 141~170
비타민 독성 236
비트겐슈타인, 루트비히Wittgenstein, Ludwig 340
비트겐슈타인, 파울Wittgenstein, Paul 340~341
빌링, 페터Billing, Peter 265

| ㅅ |

사별 266, 286~288, 290, 292
사우디, 로버트Southey, Robert 258
사카우(카바) 155
상상의 친구 307~308
상측두구 39, 213
새러 B.Sarah B.(유체이탈 체험) 314~316
색의 신경학적 기초 38~39
샌트하우스, A. M.Santhouse, A. M.
샐즈먼, 마크Salzman, Mark
샤론 S.Sharon S.(기면증) 273~374
샤를보네증후군 19~20, 22~28, 30, 32~35, 37, 40~48, 59, 70, 100, 116, 119, 210, 285, 310
  이국풍의 옷 17~18, 21~22, 37, 42
  신경학적 기초 37~42
  발병률 24
섀넌, 베니Shanon, Benny 133
섬망 30, 100, 154, 227~245
  정의 228
세로토닌 140~141
세일럼 마녀재판 300~301
세잔, 폴Cézanne, Paul 138
셔머, 마이클Shermer, Michael 62~63
셴골드, 레너드Shangold, Leonard 297
소아마비 60
소외증후군 91, 347
소인 환각 6, 8, 37~38, 117, 138, 168
소크라테스Socrates 197
소피, 마이클Thorpy, Michael 276
수면마비 272, 277~281, 301, 313~314, 319,

352
수면
　주기 140, 274
　박탈 또는 장애 557, 61, 63, 92, 114, 239, 279
　REM수면 279, 281, 319
　기면증, 입면 환각, 출면 환각 항목 참조
수전 F.Susan F.(목소리) 253
수전 M.Susan M.(사별) 290
수호천사 266
수화 274
숫자 환각 34, 40, 168, 190~191, 231~232, 256, 278
쉬프라, 매기Shiffrar, Maggie 339
슈네크, 제롬Schneck, Jerome 288
슐테스, 리처드 에반스Schultes, Richard Evans 9, 127~128
스미스, 대니얼Smith, Daniel 84~85
스베보, 이탈로Svevo, Italo 168
스워시, 마이클Swash, Michael 212
스워츠, 바버라 E.Swartz, Barbara E. 223
스캐티나, 폴Scatena, Paul 339
스테퍼니 W.Stephanie W.(기면증) 275~276
스튜어트, 데이비드Stewart, David 26~27, 48
스트린드베리, 아우구스트Strindberg, August 322
스티븐 L.Stephen L.(간질) 192~195, 201
스티븐스, 제이Stevens, Jay 128
스피노자, 베네딕트Spinoza, Benedict 265
시각적 단어 형성 영역 8, 39, 41

시각적 보속증 212
　반복시, 복시 항목 참조
시각적 상의 증식 33, 37, 167, 182, 218, 220, 257, 259
시각피질과 시각계 38~39, 59, 115, 133, 141, 169~170, 209, 256, 258~259
　V4 영역 39
　후두피질 항목 참조
시간의 왜곡 135, 137~139, 151, 165, 187, 292, 294
　기시감, 미시감 항목 참조
시겔, 로널드 K.Siegel, Ronald K. 7, 57, 141
시레티아누, 룩산드라Sireteanu, Ruxandra 59
시모어 L.Seymour L.(뇌염후증후군) 244~245
신
　존재 165, 199~200, 203~206, 305~306, 354
　목소리 86, 91, 201, 203
신경전달물질 105, 116, 127, 140~141, 285
신체상 165, 231, 320, 329~330, 339~342, 345~352
　유체이탈 체험, 자기 환각, 존재감, 환상지 항목 참조
실로시빈 134, 141
실명 또는 시각 장애 19, 25, 28, 30, 48, 59, 99, 128, 210~217, 223
　샤를보네증후군 항목 참조
심령연구협회 83, 186
심상(자발적) 251~252

심슨, 로나Simpson, Lorna 256
심슨, 조Simpson, Joe 88
싱거, 울프Singer, Wolf 59

|ㅇ|

아다미스, 디미트리오스Adamis, Dimitrios 228
아르디스, J. 아모르Ardis, J. Amor 257
아르지, 샤하르Arzy, Shahar 350
아르테인 142
아산화질소 126
아서 S.Arthur S.(기보법 환각) 29~30, 41~42
아세린스키, 유진Aserinsky, Eugene 279
아세임, 한센Asheim, Hansen 201
아야와스카 133
아이비 L.Ivy L.(청각 환각, 샤를보네증후군) 34, 98
아이스너, 톰Eisner, Tom 145
아쟁쿠르Agincourt 150~151
아편 132, 140~141, 150~151, 227, 234, 241, 258
악마 또는 악귀 8, 46, 86, 262, 265, 282, 300~301
악몽night-mare('마녀 할망구') 280~282, 300~301
악몽nightmares(일반적인) 106, 114, 152, 233, 240, 263, 280, 295
안구 운동 279
안나 O.Anna O.(프로이트의 환자) 302~303

안토넬라 B.Antonella B.(음악적 입면 환각) 253
안톤증후군 222~224
알라주아닌, 테오필Alajouanine Théophile 200
알츠하이머, 알로이스Alzheimer, Alois 21
알츠하이머병 17, 44, 119
　치매 항목 참조
알코올 126~130, 141, 223, 236, 242
암페타민 146, 155~158
애그니스 R.Agnes R.(파킨슨병) 111~112
애들러, 셸리Adler, Shelley 280~281
앤 M.Anne M.(섬망) 237~238
약물 치료 179, 183, 194, 227, 276, 298, 319
　독성 상태, 라리암, 비타민 독성, 엘도파, 쿠에타핀 항목 참조
어데어, 버지니아 해밀턴Adair, Virginia Hamilton 48
어터, 로버트Utter, Robert 249~250, 258
얼굴 환각 8, 38~39, 211, 256
에드 W.Ed W.(파킨슨병) 107~109, 111~112
에드나 B.Edna B.(루이소체병) 117~118
에르손, 헨리크Ehrsson, Henrik 329~330
에리카 S.Erika S.(섬망) 230
에릭 S.Eric S.(LSD) 136
에빈, 데이비드Ebin, David 129, 134
에빙하우스, 헤르만Ebbinghaus, Hermann 197
에셔, 산드라Escher, Sandra 86
에스더 B.Esther B.(파킨슨병) 113
에스퀴롤, 장-에티엔느Esquirol, Jean-Ét-

ienne 5
에어리, 휴버트Airy, Hubert 170
에이벨, 트루먼Abell, Truman 25
에이해브 선장Ahab, Captain 335, 341
에프론, 로버트Efron, Robert 186
엔게르트Engerth와 호프Hoff 351~352
엘도파 105~107, 110, 112, 114, 116~117, 120, 140, 244~245, 295
엘런 O.Ellen O.(반맹) 210~214
엘리너 S.Elinor S.(사별) 289
엘리스, 해블록Ellis, Havelock 130
엘리자베스 J.Elizabeth J.(사별) 289
엘린 S.Elyn S.(입면 환각) 262
열병 30, 43, 100, 133, 141, 231, 234~236
영, 제프리 윈스럽Young, Geoffrey Winthrop 340
영적 수련 126, 305
　　종교적 감정 항목 참조
영화 같은 환영 139
오든, W. H.Auden, W. H. 243
오렉신orexin 272
오말루, 베넷Omalu, Bennet 297
오텐, 에르나Otten, Erna 340
왓킨스, 존Watkins, John 84
요정 8, 36, 138, 281
우울증 98, 151, 293, 297
운동 지각의 왜곡 37
워, 에벌린Waugh, Evelyn 242
워즈워스, 윌리엄Wordsworth, William 126
월리스, 알프레드 러셀Wallace, Alfred Russel 233

웨스트, L. 졸리언West, L. Jolyon 141, 210
웰스, H. G.Wells, H. G. 287
위건, A. L.Wigan, A. L. 326
윌리엄스, 로빈Williams, Robin 273
윌슨, S. A. 키니어Wilson, S. A. Kinnier 167
윌슨, 에드먼드Wilson, Edmund 253
유령 8, 47, 70, 106, 262, 265, 286, 291, 307, 321, 335
　　사별 항목 참조
유체이탈 체험 8, 194, 201, 278, 314~318, 320
　　임사 체험 항목 참조
육상선수의 지구력 219
음악 환각 28, 92~96, 98~100, 186, 235, 263, 338
의수족 339~341
이사벨 R.Isabelle R.(섬망) 236
이중 의식 187, 196
인질 환각 62~63
임사 체험 318~319
임사 환각(임종 환각) 36, 310, 318~320
입면 환각 9, 250, 252~253, 255~260, 262, 272, 285
잉그리드 K.Ingrid K.(편두통) 166

| ㅈ |

자기 환각 324~328
자기상 환시 201, 321~324, 352
　　유체이탈 체험 항목 참조
자기조직화 172

자비크, 머리 E.Jarvik, Murray E. 7
잔다르크 203~204
잠보니, 지오반나Zamboni, Giovanna 323
재닛 B.Janet B.(샤를보네증후군) 46
재스퍼, 허버트Jasper, Herbert 195~196
재피, 루스Jaffe, Ruth 295
잭슨, 존 헐링스Jackson, John Hughlings 177~178, 186~187, 200, 210
저넷 B.Jeanette B.(기면증) 272, 313
저넷 W.Jeanette W.(신체상)정신병 342
정신분열병 80, 82, 84, 98, 132, 149, 154, 202, 259, 272~273, 294, 321, 350
제럴드 P.Gerald P.(섬망) 228
제시 R.Jesse R.(편두통) 164
제시카 K.Jessica K.(청각 환각) 97
제인스, 줄리언Jaynes Julian 91
제임스, 윌리엄James, William 6, 83, 126, 203, 300, 303, 335
제임스, 헨리James, Henry 241
젠 W.Jen W.(간질) 178
젤다Zelda(샤를보네증후군) 30~35, 37~38, 47
젤리노, 장-밥티스트-에두아르Gélineau, Jean-Baptiste-Édouard 271
조니 M.Johnny M.(섬망) 235
조제 B.Josée B.(섬망) 230
존스, 어니스트Jones, Ernest 280
존재감 56, 346, 350, 352~353
종교적 감정 204, 206, 304
죄의식 286
주베크, 존Zubek, John 55, 57

주술 127, 300, 304
진 G.Jean G.(음악 환각) 94
진전 섬망 236
질로프, R. J.Guiloff, R. J. 166

| ㅊ |

차도프, 폴Chodoff, Paul 295
창조력 262
천국 81, 141, 148, 205, 235, 281, 310, 318
천사 46, 48, 86, 90, 201, 204~205, 235, 261, 265, 275
   수호천사 항목 참조
청각 환각 24, 54~55, 90~92, 97, 185, 243, 253~254, 277, 293, 333, 338
청각피질 90, 259
체인, J. 앨런Cheyne, J. Allan 279~280, 313, 352
초자연성 280, 304
   무아경 발작, 종교적 감정 항목 참조
촉각 환각 113, 235, 277, 343
최면 상태 302~303
   약물 치료, 황홀경 항목 참조
출면 환각 9, 260, 262~263, 264, 266~267
춤 22, 35, 44, 110, 220, 249, 303, 310
측두-두정 연접부 323, 351
측두피질 60, 179, 196
치매 44, 46, 92, 95, 116, 119, 149
치아 17, 38~39, 211, 213
치코리아, 토니Cicoria, Tony(벼락) 317~318
친근감 166, 182, 193, 201

기시감, 미시감 항목참조

| ㅋ |

카그라스, 조지프Capgras, Joseph 21
카그라스증후군 149
　복제 항목 참조
칼슨, 로리 윈Carlson, Lauri Winn 301
캐럴, 루이스Carroll, Lewis 165
캐플런, 프레드Kaplan, Fred 241
케이트 E.Kate E.(섬망) 235
케이힐, 케빈Cahill, Kevin 240
케인스, 존 메이너드Keynes, John Maynard 238
코건, 데이비드 G.Cogan, David G. 210
코발레프스키, 소피아Kowalewski, Sophia 198
코카 155
코카인 141
코헨, 조나단Cohen, Jonathan 329
콘, 에릭Korn, Eric 139
콜, 먼로Cole, Monroe 220
콜리지, 새뮤얼Coleridge, Samuel 132
콜먼, W. S.Colman, W. S. 186
쿠에타핀 34, 35
크레펠린, 에밀Kraepelin, Emil 236
크리스티 C.Christy C.(기보법 환각) 235
크리스티나 K.Christina K.(수면마비) 277
크리츨리, 맥도널드Critchley, Macdonald 182, 186, 320
클라이트먼, 너새니얼Kleitman, Nathaniel 279
클로랄하이드레이트 151, 154, 186, 242, 263
클뤼버, 하인리히Klüver, Heinrich 132~133, 140~141, 170

| ㅌ |

탈력 발작 271~274
탈수증 23, 43, 61, 154
탠, 에이미Tan, Amy 1190
테일러, 데이비드 C.Taylor, David C. 186
텍스트 환각 27~28, 34, 39, 41
토니 P.Toni P.(편두통) 164
토머스, 필립Thomas, Philip 86
톰 C.Tom C.(파킨슨병) 110
톰 W.Tom W.(입면 환각) 309
투렛, 조르주 질 드 라Tourette, Georges Gilles de la 21
튜니스, 로버트Teunisse, Robert 24, 26
티닌, 루이스 W.Tinnin, Louis W. 293

| ㅍ |

파돌, 클라우스Podoll, Klaus 167~168
파레, 앙브루아즈Paré, Ambroise 333
파스콸-레온, 알바로Pascual-Leone, Alvaro 57
파월, 마이클Powell, Michael 186
파킨슨, 제임스Parkinson, James 105
파킨슨병 또는 파킨슨증 105~121, 140, 244, 295, 350

펑크, 매리언Funk, Marion 339
페늘롱, 질Fénelon, Gilles 105
페리어, 데이비드Ferrier, David 186
페요테 130 ⇒ 메스칼린
펜필드, 와일더Penfield, Wilder 195~198, 319
편두통 70, 131~133, 141, 155~157, 161~172, 178~183, 209~210, 215, 249, 314, 320
    다른 환각 유형들과의 비교 141, 183, 209~210
    색스의 어린 시절의 관심 161, 169
포, 에드거 앨런Poe, Edgar Allan 258, 327
폭탄 충격 297
푀크, 클라우스Poeck, Klaus 339
푸트-스미스, 엘리자베스Foote-Smith, Elizabeth 204
풀러, G. N.Fuller, G. N. 166, 168
풀러, 존 그랜트Fuller, John Grant 301
프로이트, 지그문트Freud, Sigmund 42, 84, 89, 297, 301~302
프루스트, 마르셀Proust, Marcel 24, 197
프루아사르, 장Froissart, Jean 150
프루흐트, 스티븐Frucht, Steven 109
프리드먼, 다이앤Friedman, Diane 186
플래시백 183~184, 198, 285, 293~297
    PTSD 293~300
피라네시, 지암바티스타Piranesi, Giambattista 234
피시, 도널드Fish, Donald 260, 262
피아제, 장Piaget, Jean 308
피어슨, 존Pearson, John 326
피체, 도미니크ffytche, Dominic 28, 30, 38~41, 256
피터 S.Peter S.(유체이탈 체험) 314
피터스, J. C.Peters, J. C. 162
피프스, 새뮤얼Pepys, Samuel 27

| ㅎ |

하워드 H.Howard H. 113
하워드, 리처드Howard, Richard 240
하측두피질 8, 100
해시시 클럽Club des Hashischins 129
해시시 129, 131~132, 135, 258
햄릿Hamlet 286
향수 71~72, 186, 188
허블, 데이비드Hubel, David 141, 170
허스베트, 시리Hustvedt, Siri 165, 168
헉슬리, 올더스Huxley, Aldous 132~133, 138, 141~142, 300
헤더 A.Heather A.(후각상실) 73
헤드, 헨리Head, Henry 340
헤로인 316
헤브, 도널드Hebb, Donald 54
헤이스, 빌Hayes, Bill 272
헤이즐 R.Hazel R.(유체이탈 체험) 316~317
헤이터, 앨리시아Hayter, Alethea 234, 258
헤인스, 테리Heins, Terry 294
헤일리 W.Hailey W.(상상의 친구) 307
헨슬로, 조지Henslow, George 251~252
헨슬로, 존 스티븐스Henslow, John Stevens 251

헬프갓, 벤Helfgott, Ben 299~300
호프만, 알베르트Hofmann, Albert 128, 139
홈스, 더글러스 S.Holmes, Douglas S. 293
홉스, 토머스Hobbes, Thomas 116
홉슨, 앨런Hobson, Allan 259
환상지 288, 333~348
   선천적 339
황반변성 25~26, 29, 34, 98, 221
황홀경 126, 259, 266, 302~303, 314
후각 신경 71
후각 환각 70, 93, 114, 118, 166, 185~186
   간질 93, 185~186
   편두통 166
   파킨슨증 114, 118
후두피질 59, 100, 209, 214, 319
휴스, 로버트Hughes, Robert 233~234
히브리어 글자 28, 35
히스테리 86, 259, 278, 298, 300~303, 348
히포크라테스Hippocrates 175, 228

지은이 올리버 색스Oliver Sacks는 1933년 영국 런던에서 태어났다. 옥스퍼드대학 퀸스칼리지에서 의학학위를 받았고, 미국으로 건너가 샌프란시스코와 UCLA에서 레지던트 생활을 했다. 1965년 뉴욕으로 옮겨가 이듬해부터 베스에이브러햄병원에서 신경과 전문의로 일하기 시작한 그는 알베르트 아인슈타인 의과대학과 뉴욕대학을 거쳐 2007년 가을부터 컬럼비아대학에서 신경정신과 임상 교수로 재직 중이다. 신경과 전문의로 활동하면서 만난 환자들의 사연을 책으로 펴냈고, 그 책을 통해 인간의 뇌와 정신 활동에 대한 매우 흥미로운 이야기들을 쉽고 재미있게 그리고 감동적으로 들려주는 작가이기도 하다. 《마음의 눈》《오악사카 저널》《목소리를 보았네》《나는 침대에서 내 다리를 주웠다》《깨어남》《뮤지코필리아》《편두통》을 비롯해 《아내를 모자로 착각한 남자》《화성의 인류학자》《엉클 텅스텐》 등 지금까지 모두 10여 권의 책을 발표했다. 2002년 록펠러대학은 과학에 관한 탁월한 저술을 남긴 사람에게 수여하는 '루이스 토머스 상'을 그에게 주었고, 모교인 옥스퍼드대학을 비롯한 여러 대학에서 명예박사 학위를 받았다.
올리버 색스 홈페이지 www.oliversacks.com

옮긴이 김한영은 강원도 원주에서 태어나 서울대학교 미학과를 졸업했고 서울예술대학교에서 문예창작을 공부했다. 전문번역가로 활동 중이다. 대표적인 번역서로는 《본성과 양육》《마음은 어떻게 작동하는가》《빈 서판》《언어본능》《신의 축복이 있기를, 로즈워터 씨》《신의 축복이 있기를, 닥터 키보키언》《갈리아 전쟁기》《카이사르의 내전기》《사랑을 위한 과학》들이 있고, 최근 번역서로는 《죽음과 섹스》《진선미》《지혜의 집》《모든 언어를 꽃피게 하라》들이 있다. 제45회 한국백상출판문화상 번역부문을 수상했다.

환각

1판 1쇄 찍음 2013년 6월 20일
1판 7쇄 펴냄 2023년 7월 12일

지은이 올리버 색스
옮긴이 김한영
펴낸이 안지미

펴낸곳 (주)알마
출판등록 2006년 6월 22일 제2013-000266호
주소 04056 서울시 마포구 신촌로4길 5-13, 3층
전화 02.324.3800 판매 02.324.7863 편집
전송 02.324.1144

전자우편 alma@almabook.by-works.com
페이스북 /almabooks
트위터 @alma_books
인스타그램 @alma_books

ISBN 978-89-94963-88-4 03440

이 책의 내용을 이용하려면 반드시 저작권자와 알마 출판사의 동의를 받아야 합니다.

알마는 아이쿱생협과 더불어 협동조합의 가치를 실천하는 출판사입니다.